Explodierende Sonnen

Isaac Asimov

Explodierende Sonnen

Die Geheimnisse der Supernova

Aus dem Amerikanischen
und mit einem Schlußkapitel von
Hermann-Michael Hahn

Kiepenheuer & Witsch

Titel der Originalausgabe The Exploding Suns
The Secrets of the Supernovas
Zuerst erschienen in den USA by E.P. Dutton, New York, a division of NAL PENGUIN, Inc.
Aus dem Amerikanischen und
mit einem Schlußkapitel von Hermann-Michael Hahn
© 1989 by Verlag Kiepenheuer & Witsch, Köln
Umschlag Manfred Schulz, Köln
Satz Fotosatz Froitzheim, Bonn
Druck und Bindearbeiten Bercker Graphischer Betrieb, Kevelaer
ISBN 3 462 01996 1

Inhalt

1 Neue Sterne

Der unveränderliche Himmel

Wer in einer sternklaren, mondscheinlosen Nacht zum Himmel blickt, ist jedesmal aufs neue von der scheinbaren Unveränderlichkeit des Anblicks beeindruckt. Die Sterne leuchten mit konstanter Helligkeit an festen, untereinander unverrückbaren Positionen und bewegen sich mit majestätischer Ruhe allesamt auf Kreisbahnen um einen Mittelpunkt unweit des Polarsterns (sofern der Beobachter auf der Nordhalbkugel der Erde steht); dabei benötigen sie für einen Umlauf knapp 24 Stunden.

Der Anblick genau um Mitternacht verschiebt sich von Nacht zu Nacht geringfügig, gerade so, als würde sich die Sonne vor den Hintergrundsternen bewegen; allerdings vollzieht sich diese Wanderung sehr viel langsamer als die tägliche Drehung: Die Sonne vollendet einen Umlauf in rund 365,25 Tagen. Beide Bewegungen laufen jedoch mit großer Regelmäßigkeit ab, und sie haben keinen Einfluß auf die Anordnung der Sterne untereinander.

Der griechische Philosoph Aristoteles (384–322 v. Chr.) sah in dieser Unveränderlichkeit des Himmels eine Art Naturgesetz. Während nach seiner Überzeugung alle Dinge auf der Erde einer ständigen Veränderung und einem schließlichen Zerfall unterworfen waren, erschienen ihm die himmlischen Objekte unverändert, vollkommen und dauerhaft. Irdische Gegenstände verharrten entweder an ihrem Platz (sofern sie nicht lebendig waren und daher ihren Ort verändern konnten) oder fielen herab; die himmlischen Körper dagegen hielten niemals in ihrer Bewegung inne, sondern zogen auf stetigen, endlosen Kreisen einher.

Aristoteles glaubte, daß Himmel und Erde aus verschiedenen Stoffen zusammengesetzt waren. Alle irdischen Dinge bestanden seiner Meinung nach aus vier »Elementen«, den Grundstoffen Erde, Wasser, Feuer und Luft. Der Himmel und die in ihm enthaltenen Objekte hingegen mußten aus einer fünften Substanz bestehen, die vollkommen war und aus sich heraus leuchtete; er nannte sie *aither*, was im griechischen soviel wie »leuchtend« heißt (das auch bei uns gebräuchliche Wort »Äther« leitet sich von diesem Begriff ab).

Zweifellos haben auch andere frühe Denker an die Unveränderlichkeit des Himmels geglaubt – Aristoteles war nur der bekannteste von ihnen; und weil seine Gedanken und Schriften überliefert wurden, wird er auch heute noch als die große Autorität für diese Weltsicht zitiert.

Die Vorstellung erscheint plausibel, wird sie doch den Alltagserfahrungen gerecht, die jeder von uns machen kann. Jeder kann mit seinen eigenen Augen sehen, wie Dinge auf der Erde entstehen, wachsen, sich verändern, zerstört werden, zerfallen und schließlich aufhören zu existieren. Demgegenüber geht die Sonne jeden Tag aufs neue auf, kehren die Sterne nachts in stets gleicher Form wieder.

Gewiß, es gibt einige Erscheinungen, die dem aristotelischen Bild eines unveränderlichen Himmels zu widersprechen scheinen; bei einer sorgfältigen Beobachtung kann man sie nicht übersehen. Es *gibt* durchaus Veränderungen am Himmel, die zum Teil sehr auffällig sind. So tauchen zum Beispiel Wolken auf und verschwinden wieder, vereinen sich zu einer dichten, zusammenhängenden Decke oder lösen sich in Nichts auf. Regen und andere Niederschläge fallen vom Himmel und verschwinden schließlich wieder.

Wolken und Niederschläge treten jedoch im Bereich der Atmosphäre auf, und die Luft ist eines der vier irdischen Elemente des Aristoteles. Diese Ansicht jedenfalls vertrat der griechische Naturphilosoph, und die heutigen Astronomen stimmen darin sicher mit ihm überein. Aristoteles glaubte allerdings, daß die irdische Lufthülle bis zum Mond reiche, dem nächstgelegenen Himmelskörper. Der himmlische Äther und damit die Unvergänglichkeit des Himmels begann nach seiner Ansicht erst beim Mond und schloß alles jenseits des Mondes ein, aber nichts unterhalb des Mondes.

Es gibt aber auch noch andere Veränderungen am Himmel, die nichts mit dem Wetter zu tun haben. Gelegentlich kann man beobachten, wie ein Lichtpunkt auftaucht, rasch über das dunkle Himmelsgewölbe hinweghuscht und dann verlischt. Fast immer gewinnt man den Eindruck, als habe sich ein Stern vom Firmament gelöst, sei abgerutscht und schließlich auf die Erde herabgefallen. Im Volksmund wird eine solche Erscheinung daher vielfach auch Sternschnuppe genannt, obwohl es sich gar nicht um einen Stern handeln kann, denn ganz gleich, wieviele Sternschnuppen man auch registriert, bislang ist noch kein Stern am Himmel dafür verschwunden.

Aristoteles hielt die Sternschnuppen ebenfalls für Erscheinungen innerhalb der irdischen Lufthülle. Entsprechend heißen sie im wissenschaftlichen Jargon Meteore (nach dem griechischen Wort für »Dinge in der Luft«). Genau genommen bezeichnet man damit nur die Leuchtspur, und so gesehen hatte Aristoteles sogar recht, denn die Leuchtspur entsteht tatsächlich in der Atmosphäre. Sie wird durch einen kleinen Körper hervorgerufen, der durch den Raum zwischen den Planeten treibt und schließlich mit der Erde zusammenstößt. Dabei rast er mit hoher Geschwindigkeit durch die Atmosphäre, wird vom Luftwiderstand gebremst und zur Weißglut gebracht.

Die Körper selbst werden (im englischen Sprachbereich) mittlerweile Meteoroide genannt. Die kleineren verdampfen, lange bevor sie die Erdoberfläche erreichen, und treiben dann sehr langsam als extrem feiner Staub zu Boden. Die größeren können die »Feuerprobe« zumindest teilweise überstehen, so daß Trümmerstücke auf die Erdoberfläche treffen können; diese werden dann *Meteorite* genannt. (Die Wissenschaftler haben bis ins frühe 19. Jahrhundert daran gezweifelt, daß feste Körper vom Himmel fallen könnten).

Mitunter taucht auch ein Komet am Himmel auf, unerwartet zumeist und von seltsamer, unregelmäßiger Form, die sich gelegentlich sogar von Nacht zu Nacht verändert. Aristoteles hielt die Kometen für Gebilde aus brennenden Dämpfen in der oberen Atmosphäre, rechnete sie also der Erde und nicht dem himmlischen Bereich zu (hier irrte Aristoteles, doch wurde der Fehler erst im späten 16. Jahrhundert erkannt).

Wenn wir das Wetter, die Meteore und die Kometen außer acht lassen, bleiben am Firmament nur noch der Mond und alle jene himmlischen Objekte jenseits des Mondes.

Der Mond selbst zeigt auch unübersehbare Veränderungen. So wechselt sein Anblick von Nacht zu Nacht im Rhythmus der *Phasen* (so benannt nach dem griechischen Wort für »Erscheinung«). Selbst dann, wenn der Mond voll und rund am Himmel steht (wie man es für ein Himmelsobjekt erwartete), erkennt man dunkle Flecken, die als Zeichen der Unvollkommenheit gewertet werden können.

Solcherlei Störungen ließen sich mit zwei verschiedenen Argumentationsketten wegdiskutieren. Eine Reihe von Gelehrten im Altertum und Mittelalter verwies auf die Tatsache, daß der Mond als erdnächster Himmelskörper den Einflüssen der unvollkommenen, vergänglichen Erde am stärksten ausgesetzt sei – in ihren Augen waren die dunklen Flecken das Ergebnis irdischer Ausdünstungen.

Andere räumten ein, daß Veränderungen auch bei vollkommenen, himmlischen Körpern denkbar seien, wenn sie nur in einem endlosen Zyklus wiederkehrten. Veränderungen waren nicht notwendigerweise ein Zeichen von Unvollkommenheit, falls sie selbst in unveränderter Form immer wiederkehrten.

Und die Anordnung der dunklen Flecken blieb über die Zeiten ebenso konstant wie der Wechsel der Mondphasen, den man schließlich sogar über Jahre hinaus vorhersagen konnte.

Allerdings gab es noch eine Besonderheit beim Mond, die Beachtung fand: Er ging zwar wie die Sonne und die Sterne im Osten auf, wanderte westwärts über das Firmament und verschwand wieder am Westhorizont, doch hielt er dabei nicht Schritt mit den Sternen. Jede Nacht stand er in einer anderen Blickrichtung, und eine genauere Beobachtung ergab, daß er sich gegenüber den Sternen im Hintergrund beständig nach Osten bewegte, wobei er für einen vollen Umlauf etwas mehr als 27 Tage benötigte.

Ich erwähnte schon, daß sich auch die Sonne von West nach Ost am Himmel bewegt – allerdings sehr viel langsamer: Sie braucht für einen vollständigen Umlauf durch die Sternbilder 365,25 Tage.

Zwar bewegen sich Mond und Sonne nicht *völlig* gleichmäßig vor dem Hintergrund der Sterne, doch sorgten fünf helle Sterne, die ebenfalls durch die Sternbilder wanderten, bei den Gelehrten des Altertums für eine noch größere Verwirrung. Aufgrund ihrer rätselhaften Bewegung hatte man sie nach Göttern benannt, und wir benutzen heute noch die lateinischen Formen dieser Namen: Merkur,

Venus, Mars, Jupiter und Saturn. Anders als Mond und Sonne ziehen sie nicht beständig in West-Ost-Richtung durch die Sternbilder, sondern verlangsamen hin und wieder ihren Lauf, kehren ihre Richtung um und bewegen sich dann »rückläufig« von Ost nach West, ehe sie erneut umkehren und wieder in der gewohnten Weise (»rechtläufig«) weiterwandern.

Die Griechen bezeichneten die sieben beweglichen Gestirne – Mond, Sonne, Merkur, Venus, Mars, Jupiter und Saturn – als *planetes* (»Wandelsterne«); von diesem Wort leitet sich auch der bei uns gebräuchliche Begriff *Planet* ab.

Zur Erklärung der eigenständigen Bewegungen eines jeden Planeten nahmen die Griechen an, daß sie auf voneinander unabhängigen Sphären die Erde umrundeten, wobei diese Sphären einander wie Zwiebelschalen umgaben. Dabei vermutete man, daß ein erdnaher Planet schneller wandern müsse als ein erdferner, so daß der Mond als nächstes Objekt angesehen wurde, gefolgt von Merkur, Venus, Sonne, Mars, Jupiter und Saturn. Jede dieser Planetensphären war absolut transparent (»kristallen«) und daher unsichtbar. (Von dieser Vielzahl an Sphären leitete sich die heute kaum noch gebräuchliche Pluralform »die Himmel« ab). Man nahm an, daß sie sich drehten und so den jeweiligen Planeten über das Firmament führten.

Plato (427–347 v. Chr.), der Lehrer des Aristoteles, hatte nur regelmäßige Kreisbewegungen als vollkommen angesehen. So mußten auch die unregelmäßigen Bewegungen der Planeten aus einer Überlagerung von Kreisbewegungen erklärt werden, wenn man an der Vollkommenheit des Himmels festhalten wollte. Entsprechend versuchten Aristoteles und spätere griechische Denker, durch immer kompliziertere Verschachtelungen kreisförmiger Bahnen den ungleichförmigen Lauf der Planeten zu erklären, um auch die Vollkommenheit der Planeten zu retten.

Heute wissen wir, daß die Meteoroide, die Kometen und die sieben Planeten des klassischen Altertums, ebenso wie die Erde, allesamt zum Sonnensystem gehören. Dabei bewegen sich die einzelnen Mitglieder (einschließlich der Erde) um die Sonne. Diese Sonne ist ein Stern, der nur wegen seiner großen Nähe anders aussieht als die übrigen Sterne.

Wenn wir die Mitglieder des Sonnensystems ausnehmen und nur die Sterne weiter

draußen betrachten, erscheint die Vorstellung des Aristoteles von einem unveränderlichen Himmel auch heute noch den meisten Menschen als richtig. Wenn wir
heute den Himmel (wie die Menschen des Altertums und des Mittelalters) mit
bloßem Auge Nacht für Nacht, jahrein, jahraus, betrachten, werden wir dabei
wahrscheinlich kaum eine Veränderung bemerken.

Veränderungen unter den Sternen

Den Menschen im Altertum erschienen die rund 6 000 mit bloßem Auge sichtbaren Sterne an die äußere Sphäre jenseits des Saturns festgeheftet. Im Unterschied
zu den beweglichen Planeten nannte man sie Fixsterne.
Diese äußere Sphäre der Sterne war nun nicht transparent, sondern schwarz, und
dagegen hoben sich die Sterne wie winzige leuchtende Perlen ab. Die gesamte
Fixsternsphäre drehte sich mit konstanter Regelmäßigkeit einmal pro Tag um die
Erde und führte dabei die Sterne mit herum, so daß sich ihre Positionen untereinander nicht veränderten. Wenn die Sonne aufging, verfärbte sich der Himmel
blau, und die Sterne verblaßten, doch dies lag nur daran, daß die Sterne von der
Sonne überstrahlt wurden.
Tatsächlich schien die Lehrmeinung des Aristoteles von der Vollkommenheit der
Himmel ohne viel Wenn und Aber auf die Fixsterne zuzutreffen.
Doch dann tauchte der griechische Astronom Hipparch auf (190–120 v. Chr.), der
als der größte Astronom seines Volkes angesehen werden kann. Wenn man be-
rücksichtigt, daß ihm keinerlei Beobachtungsinstrumente zur Verfügung standen
(mit Ausnahme jener sehr einfachen Meßgeräte, die er selbst erfunden hatte) und
auch die Aufzeichnungen früherer Generationen nur sehr lückenhaft waren, rückt
er aufgrund seiner Leistungen sogar in die Gruppe der größten Astronomen aller
Zeiten auf.
Hipparch lebte auf der Insel Rhodos vor der Südwestküste der heutigen Türkei.

Um die scheinbaren Bewegungen der Planeten zu erklären, schuf er ein System aus ineinander verschachtelten Kreisen, das alle bis dahin präsentierten Entwürfe in den zwei Jahrhunderten seit Platos Tod übertraf. Sein System überdauerte mit nur geringfügigen Verbesserungen 1700 Jahre.

Rund drei Jahrhunderte später faßte Claudius Ptolemäus (100–170 n. Chr.) das System des Hipparch in leicht veränderter Form in einem Buch zusammen, das – im Gegensatz zu den Originalschriften des Hipparch – bis heute überliefert wurde. Deshalb wird das astronomische Weltbild mit der von allen Körpern umkreisten Erde im Zentrum des Universums vielfach auch als ptolemäisches Modell bezeichnet, wiewohl dies gegenüber dem früheren Astronomen sehr unfair ist.

Im Jahre 134 v. Chr. erstellte Hipparch den ersten brauchbaren Sternkatalog mit 850 helleren Sternen (Ptolemäus übernahm die Karte in sein Buch und fügte 170 weitere Sterne hinzu). Hipparch beschrieb den Ort eines jeden Sterns in einem System aus himmlischer Länge und Breite und gab die Sternhelligkeit in einem von ihm entwickelten Raster von Größenklassen an. Darin werden die Sterne in sechs Gruppen unterteilt. Die »erste Größenklasse« umfaßte die 20 hellsten Sterne am Himmel, während zur 6. Größenklasse jene rund 2 000 Sterne gerechnet wurden, die man in einer mondscheinlosen Nacht kaum oder gerade noch mit bloßem, scharfsichtigem Auge erkennen kann. Dazwischen liegen noch die Sterne der zweiten, dritten, vierten und fünften Größenklasse.

Es ist schon überraschend, daß Hipparch sich einer solchen Aufgabe gewidmet hat. Die Sterne erschienen den Astronomen im Altertum nämlich als wenig bedeutungsvoll; man sah in ihnen lediglich ein fleckiges Hintergrundmuster, vor dem sich die Planeten bewegten. Diese Planeten fesselten die gesamte Aufmerksamkeit der Astronomen: Viele Menschen glaubten, daß sie durch ihre Bewegungen irdische Dinge, vielleicht sogar das Schicksal der Menschen, beeinflussen konnten. Wenn es daher gelänge, die Bewegung der Planeten möglichst exakt vorherbestimmen zu können, sollte es vielleicht auch möglich sein, ihre Einflüsse auf das Schicksal eines Menschen im voraus zu erkennen. Entsprechend war die Entwicklung einer solchen *Astrologie* im Altertum von allgemeinem Interesse.

Sonne, Mond und die fünf punktförmig erscheinenden Planeten zogen in einem schmalen Streifen über das Firmament. Dieser Gürtel war in zwölf Bereiche unterteilt worden, deren jeder ein Sternbild enthielt; jedes Sternbild aber wurde mit einem bestimmten Lebewesen, zumeist einem Tier, identifiziert. Zusammen bildeten die zwölf Sternbilder den Tierkreis.

Zwölf Sternbilder sind es übrigens, weil die Sonne in jeder dieser Figuren etwa so lange verweilte, wie der Mond für einen Umlauf um die Erde brauchte und ein (Sonnen)Jahr annähernd zwölf (Mond)Monate umfaßt.

Irgendwann teilten die Astronomen auch den übrigen Himmel in Sternbilder auf. Und als die Seefahrer – und in ihrer Folge die Astronomen – zu Beginn der Neuzeit immer weiter nach Süden vordrangen und dort Sterne vorfanden, die für Beobachter auf mittleren nördlichen Breiten (wo die meisten frühen Hochkulturen existierten) unsichtbar bleiben, wurden auch dort Sternbilder entworfen. Heute kennen wir 88 Sternbilder am gesamten Himmel, doch immer noch spielen die 12 Figuren des Tierkreises für viele leichtgläubige Menschen eine besondere Rolle.

Wenn Hipparch die Bewegung der Planeten erklären wollte, mußte er ihre Positionen möglichst lückenlos verfolgen und dabei mit denen benachbarter Sterne vergleichen. Zweifellos kannte er die helleren Sterne am Himmel sehr genau, vor allem im Bereich des Tierkreises.

Der römische Schriftsteller Plinius der Ältere (23–79 n. Chr.) schrieb zwei Jahrhunderte später in seiner Enzyklopädie des menschlichen Wissens (Naturalis Historia), daß ein »neuer Stern« im Sternbild Skorpion Hipparch veranlaßt habe, seinen Sternkatalog zusammenzustellen.

Wir können uns das Erstaunen des Hipparch ausmalen, als er plötzlich einen Stern erkannte, den er zuvor an dieser Stelle nie gesehen hatte.

Erstaunlich? Unmöglich! Wie konnte es an einem ewig unveränderlichen, vollkommenen Himmel einen neuen Stern geben?

Er muß diesen Stern Nacht für Nacht ungläubig betrachtet haben, bis er wieder verblaßte und schließlich ganz verschwand.

Vielleicht kam ihm dabei der Gedanke, daß dies keine einmalige Erscheinung sein mochte. Vielleicht tauchten immer wieder neue Sterne auf, um nach einiger Zeit wieder unbemerkt zu verschwinden, weil niemand die Sterne mit der erforderlichen Genauigkeit beobachtete und daher kaum jemand zu sagen vermochte, daß ein neuer Stern am Himmel erschienen sei. Nicht einmal die Astronomen konnten sicher sein, ob ein bestimmtes Objekt wirklich neu war, und so pflegte ein solcher Stern unbeobachtet wieder zu verblassen, ohne daß jemand Notiz von ihm genommen hätte.

Mit einer Sternkarte, die alle dauerhaften Sterne enthielt, erleichterte Hipparch sich und späteren Astronomen die Aufgabe, neu auftauchende Sterne als solche zu erkennen. Ein verdächtiges Objekt brauchte nur noch mit der entsprechenden Region der Karte verglichen zu werden. Das alleine reichte bereits, um die Arbeit für eine solche Sternkarte zu rechtfertigen.

Als Anekdote mag sich die Geschichte von Hipparch und dem neuen Stern gut anhören, aber entspricht sie auch der Wahrheit? Plinius war ein sehr produktiver Schriftsteller ohne besonderes Urteilsvermögen. Er neigte dazu, alles weiterzugeben, was er gehört hatte, und so wissen wir nicht, wie zuverlässig seine Quelle war. Fand er die entsprechenden Hinweise in einer der Originalarbeiten des Hipparch, die damals womöglich noch existierten? Eine solche Quelle wäre über alle Zweifel erhaben. Aber vielleicht stützte er sich auch nur auf vage Überlieferungen Dritter, die er einfach interessant fand.

Zwei Jahrhunderte nach Plinius erwähnte ein römischer Geschichtsschreiber noch einmal den neuen Stern des Hipparch; er nannte ihn allerdings einen *Kometen*.

Das muß nichts heißen. Damals mag jedes unbekannte Objekt am Himmel als Komet bezeichnet worden sein (heute ist dann gleich von UFOs die Rede).

Allerdings ist an keiner anderen Stelle in den überlieferten Aufzeichnungen der Griechen und Babylonier die Rede von einem neuen Stern; einzig Hipparch soll laut Plinius einen Stern an einer Stelle beobachtet haben, wo zuvor nichts zu sehen war.

Heute wissen wir sehr wohl, daß neue Sterne auftauchen, sogar gar nicht so

selten – und manche von ihnen werden hell genug, daß sie mit bloßem Auge
gesehen werden können. Warum also ist in den Berichten des Altertums und des
Mittelalters keine Rede davon?

Ich erwähnte schon, daß es gar nicht so leicht ist, einen neuen Stern als wirklich
neu zu erkennen. Wer nur hin und wieder zum Himmel aufblickt, sieht lediglich
ein wirres Durcheinander von zahllosen Sternen. Könnte man über Nacht einen
neuen, durchaus hellen Stern irgendwo hinzufügen, so würde er vermutlich nur
von Astronomen und Sternfreunden bemerkt. Doch die Astronomen in Babylo-
nien und in Griechenland richteten ihr Augenmerk hauptsächlich auf die Planeten
und jene Sterne im Tierkreis, die in unmittelbarer Umgebung der Planeten zu
finden waren. So mag ihnen ein neuer Stern außerhalb des Tierkreises sehr wohl
entgangen sein. Vielleicht hat auch Hipparch den neuen Stern nur deshalb bemerkt, weil er in einem der Tierkreis-Sternbilder aufleuchtete.

Darüber hinaus war durch die Lehrmeinung des Aristoteles von der Vollkommenheit des Himmels eine zusätzliche Barriere errichtet worden. Nachdem sich
die Astronomen an den Gedanken gewöhnt hatten, daß es keine Veränderungen
am Himmel geben sollte, dürften sie kaum bereit gewesen sein, Meldungen über
vielleicht doch aufgetretene Veränderungen zu verbreiten. Sie hätten ein ungläu-
biges Kopfschütteln ihrer Mitmenschen riskiert und um ihren guten Ruf fürchten
müssen. Statt dessen redeten sie sich wahrscheinlich ein, daß ihre Sehkraft nach-
lasse oder sie einer optischen Täuschung erlegen seien. Auf diese Weise ließen sich
unpopuläre Äußerungen umgehen.

So wäre die Meldung über jedwede Veränderung am Himmel schließlich beinahe
einem Sakrileg gleichgekommen. Die Astronomen des Mittelalters, ganz gleich,
ob christlichen oder moslemischen Glaubens, sahen in der Vollkommenheit des
Himmels (und hier vor allem der Sonne) ein Symbol für die Vollkommenheit
Gottes. Die Entdeckung auch des geringsten Makels hätte Zweifel an der vollen-
deten Schöpfung Gottes geweckt, und dies mußte als schlimmer Frevel erscheinen. Vielleicht war die Erde am Ende nur deshalb unvollkommen, weil Adam und
Eva im Paradies von der Frucht des verbotenen Baumes gegessen hatten. Hätten

sie das nicht getan, wäre die Erde möglicherweise genauso vollkommen wie die Himmel.

So ist es also durchaus möglich, daß auch in der Frühzeit der Astronomie hin und wieder neue Sterne auftauchten, sie aber von den Astronomen entweder übersehen, angezweifelt oder aber geflissentlich verschwiegen wurden.

Der chinesische »Gaststern«

Europa und der Nahe Osten waren jedoch nicht die einzigen Stätten der Zivilisation.

Über einen Zeitraum von 2000 Jahren (zwischen 500 v. Chr. und 1500 n. Chr.) waren die Chinesen den übrigen Völkern der Erde in Wissenschaft und Technik weit voraus. Während der ganzen Zeit beobachteten chinesische Astronomen den Himmel sehr aufmerksam und hielten jedes ungewohnte Ereignis in ihren Chroniken fest. Sie brauchten sich an keinen Vorstellungen über die angebliche Vollkommenheit des Himmels zu orientieren und lebten in einer Gesellschaft, deren Denken kaum durch die Furcht vor irgendwelchen übernatürlichen Wesen eingeengt wurde.

So vermeldeten sie im Jahre 134 v. Chr. die Erscheinung eines Kometen und stützen damit die Äußerung des römischen Geschichtsschreibers über das, was Hipparch am Himmel beobachtet haben könnte.

Gewiß, auch die Chinesen interessierten sich nicht aus purer Neugier für das himmlische Geschehen; sie waren vielmehr, wie die Babylonier und Griechen, an der Astrologie interessiert. Sie hatten für alle möglichen Erscheinungen am Himmel Deutungen entwickelt und versuchten nun, daraus die Wahrscheinlichkeit bestimmter Ereignisse auf der Erde abzuleiten.

Da es sich bei den durch die himmlischen Zeichen vorhergesagten Ereignissen zumeist um Katastrophen handelte – um Kriege, Epidemien oder Tod –, mußten die Mitglieder der Oberschicht und selbst der Kaiser gewappnet sein, um durch entsprechende Aktionen das drohende Unheil abwenden zu können. Falls irgendein Unglück ohne Vorwarnung eintrat, konnte das durchaus den Kopf des jeweiligen Hofastronomen kosten.

So beobachteten die chinesischen Astronomen den Himmel sehr sorgfältig und verzeichneten unter anderem jeden »Gaststern«, der vorübergehend zwischen den gewohnten Fixsternen auftauchte. Mehr als 50 solcher Sterne konnten in den Chroniken nachgewiesen werden, Objekte, die allesamt von westlichen Astronomen übersehen oder verschwiegen wurden. Auch koreanische und japanische Astronomen, welche die Wissenschaft und Technik der Chinesen übernahmen und weiterentwickelten, vermeldeten einige dieser Ereignisse.

Manche der von den Chinesen beschriebenen neuen Sterne waren sehr hell und blieben für ein halbes Jahr und länger sichtbar. Fünf solcher besonders hellen Objekte sind in den Chroniken bis zum ausgehenden Mittelalter erwähnt. So tauchte im Jahre 183 n. Chr. zum Beispiel ein sehr heller Gaststern im Sternbild Centaur auf, 210 Jahre später ein weniger heller Stern im Skorpion.

Es überrascht kaum, daß wir aus Europa keine Berichte über diese Sterne kennen: Die Hochkultur der Griechen – und mit ihr die Astronomie – war längst untergegangen, und die Römer hatten der Wissenschaft nie ein ernsthaftes Interesse entgegengebracht.

Der neue Stern im Skorpion war sicher kaum heller als Sirius, der hellste Fixstern am irdischen Firmament, und solange niemand den Himmel mit geübtem Blick betrachtete und in die entsprechende Richtung blickte, dabei entweder die Positionen der Fixsterne genau kannte oder aber eine Karte zum Vergleich heranziehen konnte, solange mochte dieser Stern durchaus ebenso unbemerkt wieder verschwinden, wie er aufgetaucht war.

Und wenngleich der neue Stern im Skorpion auch über acht Monate hindurch zu beobachten war (wie die chinesischen Quellen berichten), kann er nur während der ersten Nächte so hell wie Sirius gewesen sein. Danach mußte er langsam, aber stetig verblassen, und je schwächer er wurde, desto weniger konnte er jemandem auffallen, der den Himmel nicht so eifrig durchmusterte wie die chinesischen Astronomen.

Der neue Stern des Jahres 183 im Sternbild Centaur war nach Angaben der chinesischen Chroniken wesentlich heller als jener zwei Jahrhunderte später im Skorpion. Einige Wochen hindurch erschien er wahrscheinlich heller als jedes andere Himmelsobjekt (ausgenommen Sonne und Mond). Ein solcher Stern hätte eigentlich nicht übersehen werden können, doch tauchte er sehr weit am Südhimmel auf, und das erschwerte die Beobachtung selbst eines so hellen Gestirns erheblich. Von der chinesischen Sternwarte in Lo-yang aus erreichte der neue Stern nie mehr als 3 Grad Höhe über dem Horizont.

Entsprechend blieb dieser Stern in ganz Mitteleuropa, in Frankreich, Deutschland und selbst in Italien, jenseits des Horizonts und hätte nur von Sizilien oder Athen aus eben noch beobachtet werden können. In Alexandria dagegen, damals noch einer Hochburg der griechischen Wissenschaft, stieg er hoch genug über den Horizont, um auffallen zu müssen. Dennoch finden wir diesen Stern bei keinem griechischen Astronomen erwähnt. Auch wenn man diesen hellen Stern über dem Südhorizont bemerkt hatte, so verbot der Respekt vor der Autorität des Aristoteles einen schriftlichen Bericht darüber; und wenn es solche Berichte dennoch gegeben haben sollte, so dürften sie kaum anerkannt worden und bald wieder in Vergessenheit geraten sein.

Für einen Zeitraum von mehr als 600 Jahren nach dem Gaststern im Skorpion vermelden auch die chinesischen Chroniken kein weiteres Ereignis dieser Art. Erst im Jahre 1006 findet man wieder einen Bericht, diesmal über einen Stern im Sternbild Wolf, das an den Centaur angrenzt und daher ähnlich weit im Süden liegt.

Trotz seiner südlichen Lage wurde dieser Gaststern sowohl von chinesischen als auch von japanischen Astronomen erwähnt. Im westlichen Kulturkreis wurde die Astronomie zu jener Zeit hauptsächlich von den Arabern gepflegt, die damals gerade die Glanzzeit ihrer Wissenschaft erlebten. So gibt es auch mindestens drei Berichte arabischer Beobachter.

Überraschen kann diese Vielzahl an Meldungen allerdings nicht, denn alle Berichte stimmen darin überein, daß es sich um einen extrem hellen Stern gehandelt hat. Nach Einschätzung einiger heutiger Astronomen erreichte er möglicherweise eine Helligkeit, die jene der Venus um das 200fache übertraf, also etwa ein Zehntel der Helligkeit des Vollmondes ausmachte; er blieb womöglich drei Jahre hindurch mit bloßem Auge sichtbar, kann aber kaum länger als einige Wochen heller als die Venus erschienen sein.

Dieser Stern kam für Beobachter im südlichen Europa hoch genug über den Horizont, und so sollte man annehmen dürfen, daß die Menschen in Italien, Spanien und Südfrankreich des Nachts damals voller Ehrfurcht und Erstaunen in Richtung Süden blickten. Mitnichten! Zumindest findet man nirgendwo einen Bericht darüber. Lediglich die Chroniken zweier Klöster (in der Schweiz und Italien) enthalten für jenes Jahr vage Hinweise auf etwas, hinter dem sich ein heller Stern verbergen könnte, doch mehr nicht.

Da dieser Stern im Jahre 1006 aufleuchtete, würde man erwarten können, daß die Europäer sein Erscheinen als Vorboten für das nahe Ende der Welt angesehen hätten – etliche Menschen glaubten damals nämlich, dieses Ende der Welt würde rund tausend Jahre nach der Geburt Christi über sie hereinbrechen. Doch nicht einmal diese furchterregende Möglichkeit reichte aus, um sie zu einem Bericht über das Ereignis zu veranlassen.

Dann platzte im Jahre 1054 (nach modernen Berechnungen am 4. Juli) ein neuer Stern in die majestätische Ruhe hinein, diesmal im Sternbild Stier, das ein gutes Stück nördlich des Himmelsäquators liegt. Anders als die weit im Süden erschienenen neuen Sterne der Jahre 185 und 1006 war dieser Gaststern von der gesamten Nordhalbkugel der Erde aus zu sehen. Darüber hinaus leuchtete er in einem Tierkreis-Sternbild auf, wo er eigentlich nicht hätte übersehen werden können.

Schließlich erreichte dieser Stern nicht bloß Siriushelligkeit wie sein Vorgänger aus dem Jahre 393, der ebenfalls im Tierkreis erschienen war: Das Objekt im Stier war anfangs mindestens zwei- oder dreimal so hell wie die Venus zur Zeit des größten Glanzes und konnte über einen Zeitraum von drei Wochen neben der

Sonne am Taghimmel gesehen werden (falls man wußte, wo man nach ihm Ausschau halten sollte), während Gegenstände nachts in seinem Licht einen schwachen Schatten warfen (ähnliches gilt unter günstigen Voraussetzungen bereits für
die Venus). Am Nachthimmel konnte man den Stern noch fast zwei Jahre hindurch beobachten. Möglicherweise war er der zweithellste neue Stern in histori-
scher Zeit nach dem Objekt des Jahres 1006.

Später schien es, als hätten nur chinesische und japanische Astronomen diese eindrucksvolle, leicht zu beobachtende Erscheinung registriert. Nirgends fand man
einen Bericht über europäische oder arabische Beobachtungen.

Wie ist so etwas denkbar? Den ganzen Juli über muß der Stern in den Stunden vor
Sonnenaufgang unübersehbar gewesen sein. Vielleicht schliefen die meisten Europäer um diese Zeit, vielleicht versperrte aber auch eine dicke Wolkendecke den
Blick nach oben. Vielleicht hielten ihn aber auch jene, die ihn sahen, irrtümlich für
die Venus, die ja auch hin und wieder im Sternbild Stier zu sehen ist. Wer aber
sicher war, daß dies nicht die Venus sein konnte, mag an Aristoteles und an die
Vollkommenheit der göttlichen Schöpfung gedacht und den Blick geflissentlich
abgewendet haben.

In den letzten Jahren ist jedoch ein arabischer Bericht aufgetaucht, der auf einen
hellen Stern im Jahre 1054 zu verweisen scheint, und ein ähnlicher Hinweis wurde
in einer italienischen Chronik gefunden.

Für viele mag dies eine große Erleichterung gewesen sein, mögen sie doch – ver-
wurzelt in der westlichen Tradition – vielleicht gedacht haben, daß der Stern nicht
wirklich existierte, wenn er in europäischen Berichten nicht erwähnt wurde. Es ist
schließlich leichter zu vermuten, daß weit entfernt lebende Fremde einem Hirnge-
spinst erliegen, als daß europäische Beobachter etwas Unübersehbares vor ihren
Augen nicht bemerken. Ich werde jedoch noch zeigen, daß wir selbst dann, wenn
keine westlichen Berichte gefunden worden wären, den chinesischen und japanischen Meldungen bedenkenlos hätten vertrauen können.

Im Jahre 1181, so die fernöstlichen Chroniken, tauchte wieder ein neuer Stern auf,
diesmal im Sternbild Kassiopeia, das für weite Teile der nördlichen Halbkugel nie

unter dem Horizont verschwindet. Allerdings erreichte dieser Stern lediglich die Helligkeit von Wega, dem zweithellsten Fixstern am nördlichen Himmel; er scheint in Europa nicht beobachtet worden zu sein.

Während der nächsten vier Jahrhunderte wurden keine weiteren neuen Sterne registriert. In dieser Zeit änderten sich die Verhältnisse: Zwar galten chinesische und japanische Astronomen auch weiterhin als erfahrene, umsichtige Beobachter, doch war in Europa das Interesse an der Wissenschaft neu erwacht. Europäische Gelehrte übernahmen die Führungsrolle.

Die erste Nova

Im Jahre 1543 veröffentlichte Nikolaus Kopernikus (1473–1543) ein Buch mit dem mathematischen Rüstzeug zur Berechnung der Planetenpositionen unter der Annahme, daß die Erde zusammen mit Merkur, Venus, Mars, Jupiter und Saturn um die Sonne lief (der Mond war auch für Kopernikus ein Begleiter der Erde). Eine solche Voraussetzung vereinfachte die Beschreibung der Planetenbewegungen enorm und führte zu besseren Vorhersagen, obwohl Kopernikus die Umlaufbahnen der Planeten noch als Kreise ansah.

Das Buch, das kurz vor seinem Tode erschien (man nimmt an, daß Kopernikus ein druckfrisches Exemplar erst auf dem Sterbebett erhielt), löste eine große Kontroverse aus. Nur sehr wenige Menschen waren bereit zu glauben, daß die riesige und schwere Erde mit großer Geschwindigkeit durch den Raum rasen sollte – schließlich spürte man überhaupt nichts von einer solchen Bewegung. So dauerte es mindestens ein halbes Jahrhundert, ehe die Astronomen das »heliozentrische« Modell akzeptierten, obwohl in der Zwischenzeit das von Hipparch und Ptolemäus entwickelte Modell schwer erschüttert wurde.

Drei Jahre nach Kopernikus' Tod wurde Tycho Brahe (1546–1601) in der südlichsten Provinz Schwedens geboren, die damals zu Dänemark gehörte. Als Kind interessierte er sich für die Juristerei, doch nachdem er, vierzehnjährig, eine Sonnenfinsternis beobachtet hatte, widmete er seine Aufmerksamkeit fortan der Astronomie (zum Glück für ihn und die Astronomie).

Seine große Chance kam 1572. Damals war er 26 Jahre alt und in Europa noch weitgehend unbekannt.

Bis zu jenem Jahr wußten die Europäer, einschließlich der Astronomen, nichts von neuen Sternen. Da gab es den vagen Hinweis auf den neuen Stern des Hipparch, der jedoch leicht in das Reich der Fabeln verwiesen werden konnte, zumal Ptolemäus kein Wort darüber verloren hatte. Und die wenigen Hinweise auf die neuen Sterne von 1006 und 1054 in ein oder zwei westlichen Chroniken waren so versteckt, daß vermutlich kein Astronom des 16. Jahrhunderts von ihnen wußte.

Und das war schon alles! Mit Sicherheit kannte kein europäischer Astronom die Aufzeichnungen der Chinesen und Japaner über die diversen neuen Sterne.

Doch dann, als Tycho Brahe am 11. November 1572 aus der chemischen Werkstatt seines Onkels ins Freie trat, sah er einen Stern, der ihm zuvor noch nie aufgefallen war. Er leuchtete im Sternbild Kassiopeia, hoch am Himmel, und erschien heller als jeder andere Stern dieser einprägsamen Figur. Für jemanden, der sich so gut am Himmel auskannte wie Tycho, war dieser Stern nicht zu übersehen.

Wie schon der Gaststern des Jahres 1054 strahlte das neue Objekt heller als die Venus. Anders als damals konnte aber niemand glauben, es sei die Venus, denn das Sternbild Kassiopeia liegt weit abseits des Tierkreis-Gürtels: Dorthin konnte sich kein Planet »verirren«.

In seiner Aufregung bat Tycho jeden, der ihm begegnete, nach dem Stern zu schauen; so erhoffte er sich Auskunft darüber, ob jemand diesen Stern vielleicht schon am Abend zuvor dort bemerkt hatte.

Jeder bestätigte Tycho, daß auch er den Stern sehe; offenbar war Tycho keiner optischen Illusion erlegen. Aber niemand vermochte zu sagen, ob dieser Stern neu war oder nicht oder wann er ihn zum ersten Mal gesehen hatte. Es war ein heller Stern, zweifellos. Doch konnte er nach Auskunft aller Befragten schon immer an dieser Stelle gestanden haben.

Tycho war dagegen überzeugt, daß ihm das Objekt bei seiner letzten Beobachtung dieser Gegend nicht aufgefallen war. Allerdings hatte er sich zuletzt etwas stärker für die chemischen Experimente in der Werkstatt seines Onkels interessiert und deshalb die Beobachtung des Himmels etwas vernachlässigt, und so konnte er nicht mit Sicherheit sagen, ob der Stern in den Nächten zuvor noch nicht zu sehen gewesen war. (Der deutsche Astronom Wolfgang Schuler scheint den Stern bereits am Morgen des 6. November, also fünf Tage vor Tycho, bemerkt zu haben.)

Tycho begann nun eine allnächtliche Beobachtungsreihe (was vor ihm noch kein anderer Astronom versucht hatte). Während eines früheren Aufenthaltes in Deutschland hatte er sich einige Meßgeräte von hervorragender Qualität gebaut, von denen er eines sofort benutzte: einen Sextanten, mit dem er die Winkelabstände des neuen Sterns zu den übrigen Sternen der Kassiopeia bestimmen konnte. Er eichte das Instrument sorgfältig, um jedwede Fehler, die sich aus einer unvollkommenen Konstruktion ergeben mochten, auszumerzen, und er berücksichtigte als erster die Refraktion des Lichtes in der Atmosphäre (eine geringfügige Ablenkung des Lichtes vom geraden Weg, die durch den schrägen Lichteinfall bei horizontnahen Gestirnen hervorgerufen wird). Darüber hinaus notierte er zusammen mit jeder Messung auch sorgfältig die Bedingungen, unter denen das Ergebnis zustandegekommen war.

Ein Teleskop stand ihm noch nicht zur Verfügung (das Fernrohr wurde erst 36 Jahre später erfunden), aber Tycho erwies sich als der beste Beobachter in der ganzen Geschichte der Astronomie vor der Erfindung des Fernrohrs. Seine Beobachtungen des neuen Sternes markieren – vielleicht mehr noch als die neue Theorie des Kopernikus – den Anfang der modernen Astronomie.

Der neue Stern stand so weit nördlich, daß er im Verlauf der täglichen Drehung des Himmels nicht unter den Horizont sank. Entsprechend konnte Tycho ihn die ganze Nacht über beobachten. Und am nächsten Morgen stellte er zu seiner Überraschung fest, daß der Stern hell genug leuchtete, um auch am Taghimmel sichtbar zu bleiben.

Doch der strahlende Glanz des Sterns war nur von kurzer Dauer; seine Helligkeit nahm von Nacht zu Nacht ab. Im Dezember 1572 erschien er nicht mehr heller als Jupiter, im Februar 1573 war er kaum noch zu erkennen, und im März 1574 verschwand er schließlich. Tycho hatte ihn zuletzt über einen Zeitraum von 485 Tagen beobachten können. Übrigens haben auch chinesische und koreanische Astronomen den neuen Stern bemerkt, aber sie stellten nicht so präzise Positionsmessungen an wie Tycho – die große Zeit der fernöstlichen Astronomie neigte sich ihrem Ende zu.

Was verbarg sich hinter dem neuen Stern? War es wirklich eine atmosphärische Erscheinung, wie man angesichts der aristotelischen Vorstellung von einem vollkommenen und unveränderlichen Himmel vermuten mußte? Konnte aber ein atmosphärisches Gebilde über einen Zeitraum von 485 Tagen unverrückt an ein und demselben Ort verharren? Immerhin hatte Tycho bei seinen Positionsmessungen während der ganzen Zeit nicht die geringste Bewegung relativ zu den übrigen Sternen der Kassiopeia feststellen können.

Tycho versuchte sogar, die Entfernung direkt zu messen. Dies geht mit Hilfe der Parallaxenmethode, indem man ermittelt, wie sehr sich die Position eines astronomischen Objektes relativ zu weiter entfernten Sternen verlagert, wenn man es von verschiedenen Orten aus betrachtet.

Der Mond besitzt als der nächstgelegene Himmelskörper eine kleine Parallaxe, die jedoch noch groß genug ist, um ohne Fernrohr gemessen werden zu können. Seit Hipparch wußte man, daß der Mond rund 30 Erddurchmesser von der Erde entfernt ist (in modernen Einheiten entspricht dies einer Distanz von etwa 380 000 km).

Alle Objekte mit einer noch kleineren Parallaxe mußten weiter entfernt sein als der Erdtrabant und daher dem Himmel zugerechnet werden. Die Parallaxe des neuen Sterns war aber offenbar so klein, daß nicht einmal Tycho sie mit seinen besten Instrumenten messen konnte. Der neue Stern *konnte* also keine atmosphärische Erscheinung sein, sondern erwies sich als Stern unter Sternen.

Diese Erkenntnis war so bedeutungsschwer, daß Tycho sich nach langem Zögern entschloß, ein Buch darüber zu schreiben. Tycho zählte sich zu den Adligen, und Adlige ließen sich damals gewöhnlich nicht herab, dem niederen Volk etwas zu erklären. Doch die sensationelle Konsequenz seiner Messung erschien ihm so wichtig, daß er schließlich von der Notwendigkeit des Buchs überzeugt war.

Die Schrift, die – wie damals bei Gelehrten üblich – in lateinischer Sprache verfaßt war, erschien 1573. Es handelte sich um ein großformatiges Werk, das 52 Seiten umfaßte. Der Titel fiel ziemlich lang aus und wurde daher zumeist in Kurzform zitiert: »*De Nova Stella*« (Über den neuen Stern).

Der Text enthielt zahlreiche Ausführungen über die astrologische Bedeutung des neuen Sterns, denn Tycho war – wie die meisten anderen Astronomen seiner Zeit – ein kritikloser Anhänger der Astrologie. Darüber hinaus beschrieb er die Helligkeit des Sterns und ihre Veränderung von Woche zu Woche. Er gab die gemessene Position an und fertigte sogar eine Skizze des umgebenden Sternbildes einschließlich des neuen Sterns an, damit die Leser sich genau vorstellen konnten, was Tycho beobachtet hatte.

Vor allem aber wies er darauf hin, daß die Position während der gesamten Beobachtungszeit unverändert geblieben war und der Stern keine meßbare Parallaxe gezeigt hatte. Es mußte ein Stern, ein *neuer* Stern, gewesen sein. Damit war erstmals eine Veränderung am Himmel dokumentiert worden.

Das Buch war eine Sensation, denn es markierte das Ende der griechischen Astronomie. Alle Aussagen über die Beständigkeit und Vollkommenheit des Himmels waren hinfällig geworden. Und als wenige Jahre später, 1577, ein heller Komet über das Firmament zog, konnte Tycho auch bei diesem Objekt keine Parallaxe messen. Kometen konnten also ebenfalls keine atmosphärischen Erscheinungen sein, sondern mußten sich jenseits des Mondes bewegen.

Die Schrift über den neuen Stern machte Tycho mit einem Schlag zum bekanntesten Astronomen in ganz Europa. Und das Wort *nova*, das nichts anderes als »neu« bedeutet, wurde zum Synonym für diesen und alle weiteren neuen Sterne: Seither wird ein Gaststern am Himmel Nova (Mehrzahl: Novae) genannt.

Weitere Novae

Eine Konsequenz aus dem Bericht Tychos war, daß viele Astronomen nun damit begannen, die Sterne etwas genauer zu beobachten, anstatt sich nur auf die Planeten zu konzentrieren. Die Entdeckung einer Nova, das hatte das Beispiel Tychos gezeigt, konnte einen berühmt machen. Innerhalb nur einer Generation wurde deutlich, daß Veränderungen unter den Fixsternen gar nicht so selten waren.

So bemerkte der ostfriesische Astronom David Fabricius (1564 bis 1617), ein Freund Tychos, im Jahre 1596 im Sternbild Walfisch einen Stern, den er zuvor an dieser Stelle noch nie beobachtet hatte. Er erwies sich als Objekt der dritten Größenklasse, besaß also nur mittlere Helligkeit, doch die Astronomen waren nicht mehr gewillt, irgend etwas zu übersehen.

War es aber wirklich ein neuer Stern? Die Entscheidung war nicht schwer zu fällen, denn man brauchte das Objekt nur weiterhin zu beobachten. Mit der Zeit nahm seine Helligkeit ab, und schließlich verschwand der Stern, so daß Fabricius sich in seiner Meinung bestätigt fühlte und die Entdeckung einer Nova bekanntgab.

Bei der nächsten Nova begegnen wir dem deutschen Astronomen Johannes Kepler (1571–1630).

Kepler hatte mit Tycho während dessen letztem Lebensjahr zusammengearbeitet. Tycho hatte mittlerweile viel Zeit damit verbracht, die wechselnden Positionen des Mars vor den Hintergrundsternen sorgfältig zu vermessen, in der Hoffnung, damit eines Tages beweisen zu können, daß sein Modell vom Sonnensystem der Wirklichkeit entsprach. Tycho glaubte, daß Merkur, Venus, Mars, Jupiter und Saturn zwar um die Sonne kreisten, diese aber zusammen mit den Planeten um die Erde lief.

Als Tycho im Jahre 1601 starb, überließ er all seine Aufzeichnungen seinem Schüler Kepler, damit dieser den noch ausstehenden Beweis für das »Tychonische System« erbringen konnte.

Kepler gelang dieser Nachweis natürlich nicht. Was er aber statt dessen im Jahre

1609 herausfand, war, daß Mars sich nicht auf einem Kreis oder einer Überlagerung aus mehreren Kreisen um die Sonne bewegte, wie Plato gefordert und alle westlichen Astronomen seither (einschließlich Kopernikus) angenommen hatten. Mars bewegte sich vielmehr auf einer Ellipse, in deren einem Brennpunkt die Sonne stand. Kepler machte sich sogleich daran, die Ellipsennatur auch der übrigen Planetenbahnen zu überprüfen.

Dabei schuf er schließlich die heute noch gültige Beschreibung des Sonnensystems, die – im Gegensatz zu den Vorstellungen des Kopernikus – der Wirklichkeit entsprach. In den beinahe vier Jahrhunderten seit Kepler haben die Astronomen keine wesentlichen Änderungen mehr an diesem Modell vornehmen müssen. Zwar wurden umfassendere Theorien entwickelt und weitere Planeten entdeckt, doch die elliptischen Umlaufbahnen sind geblieben und werden mit Sicherheit auch Bestand haben.

Noch bevor Kepler sein System vollständig entwickelt hatte, leuchtete 1604 im Sternbild Schlangenträger ein neuer Stern auf. Er war heller als die Nova des Fabricius, wenn auch bei weitem nicht so hell wie der neue Stern Tychos. Der Stern im Schlangenträger strahlte etwa so hell wie Jupiter und erreichte damit nur ein Fünftel der Venushelligkeit.

Dennoch bot der Stern eine prächtige Erscheinung, die nunmehr von mehreren Astronomen umfassend beobachtet wurde. Kepler und Fabricius machten sorgfältige Positionsmessungen und verfolgten die Helligkeitsentwicklung von Woche zu Woche. Es dauerte ein ganzes Jahr, bis der Stern wieder verschwand.

Damit waren innerhalb von 32 Jahren oder gut einer Generation drei Novae am Himmel beobachtet worden, von denen zwei ziemlich hell waren. Alle drei waren eindrucksvolle Erscheinungen und keineswegs so selten, wie ihre Beobachter zunächst vermuten mochten.

2 Veränderliche Sterne

Das Unsichtbare sehen

Zu Beginn des 17. Jahrhunderts, als Kepler die Erscheinung der Nova verfolgte, hielten die Astronomen immer noch an der aus dem Altertum stammenden Vorstellung von Himmel fest: Sie sahen ihn als eine Sphäre aus irgendeiner festen Substanz an, und die Sterne erschienen ihnen als leuchtende Perlen, die irgendwie an diesem »Firmament« befestigt waren.

Hin und wieder tauchte eine zusätzliche Perle – eine Nova – auf, wie von einer unsichtbaren Hand ergänzt. Diese neuen Sterne blitzten zunächst sehr hell auf, doch verblaßten allesamt innerhalb vergleichsweise kurzer Zeit. Je heller sie am Anfang leuchteten, desto länger blieben sie sichtbar, doch früher oder später waren sie alle verschwunden.

Mochte eine Nova auch danach noch weiterexistieren und dabei nur so lichtschwach sein, daß man sie mit dem menschlichen Auge nicht mehr erkennen konnte? Gab es am Ende Sterne, die *immer* nur so schwach leuchteten, daß man sie nicht sehen konnte? Sterne, die von Anfang an existierten, ohne daß sie je von einem Menschen gesehen worden wären?

Einigen Gelehrten muß dieser Gedanke gar nicht so abwegig erschienen sein. So glaubte zum Beispiel der deutsche Kirchenmann Nikolaus von Kues (1401–1464), daß es eine endlose Zahl von Sternen in einem unendlichen Universum gebe, Sterne wie unsere Sonne, die nur deshalb so klein und (im Vergleich zur Sonne) lichtschwach erschienen (falls man sie überhaupt sehen konnte), weil sie so viel weiter entfernt waren. Jeder dieser Sterne, so Nikolaus von Kues weiter, werde von Planeten umgeben, unter denen wenigstens einige mit intelligenten Wesen bevölkert seien. Wenn es aber endlos viele Sterne gibt, von denen nur einige tausend auf der Erde sichtbar sind, dann mußte die überwiegende Mehrzahl aller Sterne zu schwach leuchten, um beobachtet werden zu können.

Die Ansichten des Nikolaus von Kues klingen sehr modern, doch wir haben nicht die leiseste Ahnung, wie er zu solchen Vorstellungen gelangte. Allerdings vermochte er seine Zeitgenossen auch nicht von seiner Hypothese zu überzeugen, weil er sie auf keine Beobachtungsdaten stützen konnte.

Seine Ideen wurden anderthalb Jahrhunderte später von dem italienischen Gelehrten Giordano Bruno wieder aufgegriffen. Inzwischen fühlte sich die offizielle Amtskirche jedoch durch die Reformation angegriffen und in Frage gestellt, so daß ihr ungewohnte Gedankengänge von vornherein verdächtig erschienen; entsprechend gefährlich war es, solche Ideen zu äußern oder gar öffentlich für sie einzutreten. Genau dies aber tat Giordano Bruno, und er hatte offenbar seine Freude daran, die Mitmenschen durch seine Ansichten herauszufordern und zu verunsichern. Am Ende wurde er auf dem Scheiterhaufen verbrannt.

Dabei hatte auch Bruno keinerlei Beweise für seine Vorstellungen. Als er starb, glaubte niemand an Sterne, die aufgrund ihres schwachen Leuchtens unsichtbar blieben. Warum sollten sie existieren, warum sollte Gott sie erschaffen haben, wenn sie am Ende doch niemand sehen konnte? Für manche war es ein Sakrileg, zu denken, Gott habe etwas Sinnloses, Unnützes geschaffen.

Im Jahre 1609 erfuhr ein anderer italienischer Gelehrter, Galileo Galilei (1564–1642), von einer Erfindung in den Niederlanden, mit deren Hilfe man entfernte Dinge größer und näher sehen konnte; sie bestand aus einem Rohr mit je einer Glaslinse an beiden Enden. Er begann sofort, mit den genannten Einzelteilen zu experimentieren, und konnte innerhalb kurzer Zeit dieses »Teleskop« nachbauen. Und Galilei wagte es, dieses Teleskop auf den Himmel zu richten.

Das hatte vor ihm noch niemand versucht, und so war Galilei der erste, der den Himmel mit einem optischen Hilfsgerät durchmusterte. Sein erstes Fernrohr war klein und äußerst primitiv, so daß seine Leistung nicht besonders groß sein konnte. Aber es sammelte mehr Licht als das bloße Auge und leitete es gebündelt auf die Netzhaut, so daß die betrachteten Objekte heller oder größer aussahen oder sogar beides. Der Mond erschien größer, und man konnte mehr Einzelheiten erkennen. Gleiches galt für die Sonne, falls man Vorkehrungen traf, um die bei direkter Beobachtung drohende Erblindungsgefahr zu vermeiden. Die Planeten erschienen größer, als kleine Lichtscheiben. Die Sterne dagegen waren so klein, daß sie selbst solchermaßen vergrößert bloße Lichtpunkte blieben – aber diese Punkte waren heller als bei der Betrachtung mit bloßem Auge.

Wohin Galilei sein Teleskop auch richtete – überall sah er neue und überraschende Dinge. Auf dem Mond erkannte er Berge und Krater und ebene Flächen, die er für »Meere« hielt. Auf der Sonne bemerkte er Flecken, beim Jupiter vier Monde. Und bei der Venus erkannte er Lichtphasen ähnlich denen beim Mond. Nach allem, was das Fernrohr enthüllte, schienen die Planeten erdähnliche Welten zu sein, die vielleicht ebenso veränderlich und unvollkommen waren wie die Erde. Selbst die Sonne konnte angesichts der Flecken nicht länger als makellos angesehen werden. Und die Lichtphasen der Venus schließlich durften nach dem ptolemäischen Weltbild gar nicht existieren, während sie im kopernikanischen Modell zwanglos zu erklären waren.

Mit seinem Teleskop konnte Galilei erstmals starke Stützen für das kopernikanische Weltbild liefern, und dies rief die päpstliche Inquisition auf den Plan. Er wurde am Ende gezwungen, dem kopernikanischen System abzuschwören. Allerdings taten sich die konservativen kirchlichen Kreise damit keinen Gefallen, denn bei den Gelehrten Europas war der Siegeszug des neuen Weltmodells mit der Sonne im Mittelpunkt und den auf Keplerschen Ellipsenbahnen umlaufenden Planeten nicht mehr aufzuhalten, so daß sich die Kirche sehr bald ins wissenschaftliche Abseits gerückt sah.

Dabei hatte die allererste Entdeckung des Galilei gar nichts mit dem Sonnensystem zu tun. Als er zum ersten Mal durch sein Fernrohr zum Himmel blickte, richtete er das Instrument auf die Milchstraße und bemerkte, daß sie gar kein nebliges Band war, sondern aus ungezählten lichtschwachen Sternen bestand, die man mit bloßem Auge nicht einzeln erkennen konnte. Und auch abseits der Milchstraße stieß er auf viele Sterne, die ohne Fernrohr unsichtbar blieben.

Dies ließ keinen Zweifel mehr daran offen, daß es sehr viele Sterne geben mußte, die man wegen ihres schwachen Leuchtens nicht mit bloßem Auge sehen konnte, die sich aber dem Betrachter in einem lichtsammelnden Teleskop offenbarten.

Dann aber mochte eine Nova am vermeintlichen Ende ihrer Erscheinung nicht wirklich wieder zu existieren aufhören, sondern nur so lichtschwach werden, daß sie dem bloßen Auge entschwinden mußte. Vielleicht war eine Nova am Ende überhaupt gar kein neuer Stern, sondern lediglich ein Stern, der normalerweise nur schwach leuchtete und daher dem bloßen Auge unsichtbar blieb, dann plötzlich aufblitzte, langsam an Helligkeit verlor und schließlich wieder unsichtbar wurde.

Im Jahre 1638 fand der niederländische Astronom Johannes Phocylides Holwarda (1618–1651) einen Stern genau an jener Position, an der 42 Jahre zuvor die Nova des Fabricius aufgeleuchtet war. Holwarda sah, wie die Helligkeit des Sterns abnahm und unter die Grenze für das bloße Auge sank, dann aber wieder anstieg. Der Stern veränderte seine Helligkeit in einem regelmäßigen Zyklus von etwa elf Monaten, wobei er während des Lichtminimums im Fernrohr noch beobachtet werden konnte; seine Helligkeit sank bis zur neunten Größenklasse (das Helligkeitssystem des Hipparch, bei dem die schwächsten, mit bloßem Auge sichtbaren Sterne der 6. Größenklasse angehören, läßt sich zu noch schwächeren Sternen ausweiten).

Während des Lichtminimums strahlte der Stern des Fabricius somit rund 250mal schwächer als zu Zeiten des Lichtmaximums. Fabricius hatte also keine Nova im strengen Sinn, keinen wirklich »neuen« Stern beobachtet. Doch auch so paßte das Objekt nicht in die Vorstellung von einem ewig unveränderlichen Himmel: Ein Stern, dessen Helligkeit schwankte, widersprach dem aristotelischen Diktum von einem unveränderlichen, dauerhaften Himmel ebenso wie eine Nova.

Sterne mit wechselnder Helligkeit werden heute als veränderliche Sterne bezeichnet; Holwarda hat als erster ihre Existenz erkannt. Allerdings sprach man bei Sternen, deren Helligkeitsanstieg plötzlich und unerwartet erfolgte, weiterhin von einer Nova, obwohl es sich auch dabei nicht um wirklich *neue* Sterne handelte. Der Stern des Fabricius aber, dessen Helligkeit regelmäßig schwankt, wurde nun nicht länger als Nova angesehen, sondern nur noch als veränderlicher Stern.

Der deutsche Astronom Johannes Bayer (1572–1625) präsentierte 1603 ein System zur Identifizierung von Sternen: Jeder Stern wurde mit einem griechischen Buchstaben und dem Sternbild bezeichnet, dem er angehörte. Bayer hatte den Stern des Fabricius als »omicron Ceti« in seinen Sternatlas aufgenommen, ohne dabei zu bemerken, daß es sich um die von Fabricius gemeldete »Nova« handelte. Als man die Veränderlichkeit dieses Sterns erkannt hatte, gab der in Danzig lebende Astronom Johannes Hevelius (1611–1687) ihm den Beinamen »Mira« (nach dem lateinischen Wort für »wundervoll«).

Anfangs mag Mira aufgrund der veränderlichen Helligkeit wirklich als wundersamer Stern erschienen sein, doch war dieses Verhalten schon bald nichts besonderes mehr. Im weiteren Verlauf des 17. Jahrhunderts wurden ähnliche Lichtwechsel noch bei drei weiteren Sternen entdeckt, von denen einer ein sehr bekanntes Objekt war: Algol, der zweithellste Stern im Sternbild Perseus, von Johannes Bayer als »beta Persei« bezeichnet.

Der italienische Astronom Geminiano Montanari (1633–1687) bemerkte im Jahre 1667, daß die Helligkeit von Algol periodisch schwankte. Gewiß, Algols Lichtwechsel konnte sich nicht mit dem von Mira messen, denn er fällt weit geringer aus: Normalerweise leuchtet Algol mit einer Helligkeit von 2,2 Größenklassen, um dann vorübergehend auf 3,5 Größenklassen abzunehmen. Während des Lichtminimums erscheint Algol also rund dreimal schwächer als gewöhnlich.

Dies könnten die Araber schon früher bemerkt haben. Schließlich wird der legendäre Held Perseus normalerweise dargestellt, wie er den Kopf der Medusa in Händen hält. Der Sage nach war die Medusa ein schreckliches Wesen, dessen Blick jeden, der in ihre Augen schaute, zu Stein erstarren ließ, und dieser Medusenkopf wurde durch den Stern Algol repräsentiert (der Name lehnt sich an die arabische Bezeichnung *al gul* an, die soviel wie »Dämon« bedeutet). Offen ist allerdings, ob dieser Sternname nur auf den Medusenkopf Bezug nimmt oder eine Anspielung auf die Veränderlichkeit des Sterns sein soll nach dem Motto, wenn etwas Vollkommenes doch unvollkommen erscheint, muß dies pures Teufelswerk sein. Wußten am Ende vielleicht sogar die Griechen schon um den Helligkeitswechsel von Algol und identifizierten den Stern deshalb mit dem Medusenkopf? Im Jahre 1782 beobachtete der 17jährige taubstumme Engländer John Goodricke

(1764–1786) den Stern Algol mit großer Sorgfalt und fand, daß der Lichtwechsel vollkommen regelmäßig ablief und sich dabei etwa alle 69 Stunden wiederholte. Goodricke nahm an, daß Algol in Wirklichkeit ein Doppelsternsystem sei, dessen Partner verschieden hell waren. Die beiden umkreisten einander, und alle 69 Stunden zog der dunklere der beiden Sterne vor dem helleren Partner her, so daß das Licht von Algol vorübergehend abgeschwächt wurde. Goodrickes Modell erwies sich später als völlig richtig, und heute kennt man rund 200 solcher »Bedeckungs-veränderlicher«*. Algol ist also kein wirklich veränderlicher Stern im strengen Sinne, weil jeder der beiden Sterne konstant mit gleichbleibender Helligkeit leuchtet. Erst die besondere Lage ihrer Umlaufbahnen läßt beide Sterne zusammen als veränderlich erscheinen.

Zwei Jahre später fand Goodricke, daß der Stern »delta« im Cepheus ebenfalls Helligkeitsschwankungen aufweist, die allerdings noch geringer ausfallen als bei Algol: Delta Cephei leuchtet während des Maximums nur etwa doppelt so hell wie zur Zeit des Lichtminimums. Auch sein Lichtwechsel erfolgt äußerst regel-mäßig mit einer Periode von etwa 5,37 Tagen. Die Art und Weise der Helligkeits-änderung läßt sich jedoch nicht mit einer einfachen Verfinsterung zweier Sterne erklären: Die Abnahme der Helligkeit vollzieht sich viel langsamer als der Wie-deranstieg, während bei einer Sternfinsternis beide Phasen etwa gleich lang dauern sollten.

In den gut zwei Jahrhunderten seither wurde eine Vielzahl weiterer veränderlicher Sterne mit Lichtkurven ähnlich der von delta Cephei gefunden, wobei man auf Perioden zwischen 2 und 45 Tagen traf; sie werden als »Cepheiden-Veränderli-che« zu einer Gruppe zusammengefaßt. In den 20er Jahren unseres Jahrhunderts konnte der englische Astronom Arthur Stanley Eddington (1882–1944) schließ-lich auch die Natur des Lichtwechsels erklären: Delta-Cepheiden verändern ihre Helligkeit, weil sie sich regelmäßig aufblähen und wieder zusammenziehen – sie pulsieren.

* Hier irrt Asimov: Die Zahl der bekanntgewordenen Bedeckungsveränderlichen beläuft sich längst auf mehrere Tausend, von denen rund 65 Prozent zum Algol-Typ gehören (Anm. d. Ü.).

Die meisten veränderlichen Sterne, deren Lichtwechsel auf innere Vorgänge zurückgeht, gehören zu dieser Gruppe der »Pulsations-Veränderlichen«; einige Typen zeigen kurzperiodische Helligkeitsschwankungen, andere langperiodische, und mitunter findet man auch nur halbregelmäßige oder gar unregelmäßige Helligkeitsverläufe.

Die Novae werden inzwischen auch zu den veränderlichen Sternen gerechnet, weil auch sie keine konstante Helligkeit besitzen. Sie unterscheiden sich von den »normalen« veränderlichen Sternen allerdings durch die Größe des Helligkeitswechsels: Eine Nova leuchtet während des Maximums einige zehntausendmal heller als im »Ruhezustand«, zu dem sie erst nach einem sehr langen und langsamen Helligkeitsabfall zurückkehrt. Hinzu kommt, daß die meisten Veränderlichen eine mehr oder minder deutliche Periode erkennen lassen, die zu einem regelmäßig sich wiederholenden Lichtwechsel führt. Ein Nova-Ausbruch dagegen ist für sich genommen ein abgeschlossenes Ereignis, das in den meisten Fällen auch nur einmal beobachtet wurde (und selbst dort, wo man wiederholt Nova-Ausbrüche eines Sterns registrieren konnte, folgen sie in unregelmäßigen, unberechenbaren Abständen aufeinander).

Bewegung und Entfernung

Nach den spektakulären Novae, die von Tycho und Kepler beobachtet worden waren, und der nicht zuletzt daraus abgeleiteten Erkenntnis, daß die himmlischen Objekte ebenfalls Veränderungen unterliegen, vergingen etwa anderthalb Jahrhunderte, ohne daß eine neue Nova beobachtet werden konnte. Während dieser Zeit stellte sich überdies noch heraus, daß der Stern, den Fabricius für eine Nova gehalten hatte, lediglich ein veränderlicher Stern gewesen war.

Dies muß nicht bedeuten, daß über einen solch langen Zeitraum keine Nova aufgeflammt wäre. Jede Nova innerhalb dieses Zeitraums muß jedoch so wenig auffallend geblieben sein, daß sie nicht vermeldet wurde. Obwohl die Zahl der Himmelsbeobachter allmählich zunahm, gab es einfach nicht genug von ihnen, um jeden Flecken des Himmels mit der erforderlichen Intensität überwachen zu können: Mit den neuen Fernrohren wurden so viele Sterne sichtbar, daß eine wenig spektakuläre Nova leicht übersehen werden konnte. Selbst heute, da den Astronomen hervorragende Sternkarten und die Technik der Astrofotografie zur Verfügung stehen, werden Novae vielfach zunächst übersehen und erst später, während des anschließenden Helligkeitsabfalls, entdeckt. Es kommt sogar vor, daß eine Nova erst nachträglich bei einer genaueren Untersuchung früherer Aufnahmen bemerkt wird, wenn die Erscheinung längst weit zurückliegt.

Trotzdem blieb die Erforschung der Sterne auch während der anderthalb Jahrhunderte ohne Nova-Erscheinung nicht stehen. Selbst hundert Jahre nach der Erfindung des Fernrohrs und seiner Nutzung für die Astronomie gab es noch keinen endgültigen Beweis gegen die Auffassung, der Himmel sei eine feste Sphäre unmittelbar jenseits der Bahn des Saturn, auf der die Sterne wie kleine leuchtende Punkte befestigt waren (Saturn galt auch zu Beginn des 18. Jahrhunderts – wie schon im Altertum – noch als Grenze des Sonnensystems). Sicher, die Zahl dieser leuchtenden Punkte war durch die Beobachtung mit dem Fernrohr deutlich angewachsen, aber der Himmel bot genügend Platz für sie alle.

Gegen Ende des 17. Jahrhunderts hatte der englische Astronom Edmond Halley (1656–1742) erstmals zeigen können, daß ein Komet sich auf einer festen, berechenbaren Bahn um die Sonne bewegt und entsprechend periodisch wiederkehren kann. Der Komet, der Halley als Studien- und Beweisobjekt gegolten hatte, trägt heute seinen Namen: Komet Halley.

In späteren Jahren widmete sich Halley dem Problem, die Positionen von Sternen möglichst genau zu bestimmen. Die erreichbare Präzision wuchs mit der Leistungsfähigkeit der Teleskope.

Als Halley seine Ergebnisse mit denen früherer Beobachter verglich, mußte er erstaunt feststellen, daß die Griechen im Altertum einige Sterne offenbar falsch lokalisiert hatten. Gut, die Griechen hatten keine Fernrohre benutzen können und sich mit einer entsprechend geringeren Genauigkeit begnügen müssen, aber warum gab es dann nur bei einigen der helleren Sterne solche Abweichungen? Halley fand dafür nur eine Erklärung: Nicht die alten Griechen hatten sich geirrt, sondern die betreffenden Sterne hatten ihre Position innerhalb von rund anderthalb Jahrtausenden verändert. Im Jahre 1718 verkündete Halley, daß sich die hellen Sterne Sirius, Procyon und Arktur seit Ptolemäus auffällig bewegt hätten, ja selbst geringfügige Abweichungen gegenüber den anderthalb Jahrhunderte zuvor von Tycho gemessenen Positionen nachweisbar seien.

Halley gewann den Eindruck, daß die Sterne keineswegs an einer Sphäre fixiert sein konnten, sondern sich wie Bienen auf zufällig erscheinenden Bahnen durch gewaltige Räume bewegten. Weil aber die Sterne so unvorstellbar weit entfernt waren, fiel ihre wirkliche Bewegung winzig gegenüber der Entfernung Stern-Erde aus und konnte daher weder von Nacht zu Nacht noch über den Zeitraum nur eines Jahres hinweg nachgewiesen werden (dies gelang erst später, als die mit immer besseren Teleskopen erzielbare Meßgenauigkeit hierfür ausreichte).

Wenn man jedoch Generationen oder gar Jahrhunderte auseinanderliegende Messungen miteinander verglich, würden sich – vor allem bei den näheren Sternen – allmähliche Verschiebungen bemerkbar machen können. So nahm Halley an, daß Sirius, Procyon und Arktur zu den näheren Sternen gehören mußten – dafür sprach neben ihrer von ihm erkannten »Eigenbewegung« auch die beachtliche Helligkeit dieser Sterne.

Aber wie weit waren die Sterne entfernt? Eine Auskunft hierüber konnte eine Parallaxenmessung liefern. Ein näherer Stern würde seine Position relativ zu einem weiter entfernten Vergleichsstern langsam verändern müssen, während die Erde die Sonne umkreiste und dabei innerhalb eines halben Jahres ihren eigenen Ort um rund 300 Millionen Kilometer verlagerte. Diese scheinbare Verschiebung selbst der nächsten Sterne fiel jedoch offenbar so gering aus, daß Halley sie mit seinem Teleskop nicht nachweisen konnte. Selbst hundert Jahre später reichte die Präzision der Teleskope noch immer nicht, hatte noch kein Astronom eine Fixsternparallaxe messen können.

Erst im Jahre 1838 gelang dem deutschen Astronomen Friedrich Wilhelm Bessel (1784–1846) die Bestimmung einer Fixsternentfernung. Er hatte sich für seine Messungen den Stern 61 Cygni ausgesucht, ein Doppelsternsystem, das nicht gerade besonders hell erschien, ihm aber durch seine ungewöhnlich große Eigenbewegung aufgefallen war. Bessel fand heraus, daß dieses Sternpaar rund 106 Billionen Kilometer von der Erde entfernt war. Solche Zahlen sind selbst für Astronomen zu groß, und so geben sie Distanzen unter anderem in Lichtjahren an; dabei ist ein Lichtjahr die Strecke, die das Licht in einem Jahr zurücklegt: etwa 9,46 Billionen Kilometer. Der Doppelstern 61 Cygni steht mithin 11,2 Lichtjahre von uns entfernt.

Etwa zur gleichen Zeit bestimmte der schottische Astronom Thomas Henderson (1798–1844) die Entfernung von alpha Centauri zu rund 4,3 Lichtjahren. Damit ist alpha Centauri – ein Doppelsternsystem mit einem dritten, weit abseits gelegenen Begleiter – der nächste bekannte Stern.

Die »offizielle« Entfernungseinheit der Astronomen ist allerdings das *Parsek*, das 3,26 Lichtjahren entspricht (ein Stern ist ein Parsek entfernt, wenn sein Parallaxenwinkel – bezogen auf den Radius der Erdbahn – dem Winkel von einer Bogensekunde entspricht; aus der Abkürzung der Begriffe Parallaxe und Sekunde entstand die Bezeichnung Parsek; Anm. d. Ü.). In diesem Maßstab ist alpha Centauri 1,3 Parsek (pc) entfernt, 61 Cygni dagegen 3,4 pc.

Es war also wirklich so, wie Nikolaus von Kues es rund vier Jahrhunderte zuvor angenommen hatte. Zwar mochte es nicht unendlich viele Sterne geben, aber zumindest doch außerordentlich viele; und sie alle waren Sonnen, die in großen Entfernungen voneinander über gewaltige Räume verteilt waren.

Die Vorstellung der Astronomen vom Himmel hatte sich unwiderruflich geändert. Von den Vorstellungen des Altertums war so gut wie nichts geblieben.

Moderne Novae

Der englische Astronom Sir John Herschel (1792–1871) beobachtete 1838 von Südafrika aus die Sterne in der Umgebung des Himmelssüdpols, die in Europa nie über den Horizont steigen. Dabei registrierte er im Sternbild Carina einen Stern der ersten Größenklasse. Frühere Astronomen hatten an dieser Stelle stets nur ein Sternchen der vierten Größenklasse beobachtet, das wegen seiner geringen Helligkeit mit dem griechischen Buchstaben »eta« belegt worden war (die Reihenfolge der griechischen Buchstaben richtet sich mit wenigen Ausnahmen nach der Helligkeit der einzelnen Sterne; Anm. d. Ü.).

Sollte es sich dabei um eine Nova handeln? Anscheinend. Während der folgenden Jahre ging die Helligkeit von eta Carinae langsam zurück, bis der Stern 1843 erneut aufblitzte und dabei für kurze Zeit fast so hell wie Sirius leuchtete. Danach ging die Helligkeit allmählich bis zur sechsten Größenklasse zurück. Dies ist nicht das typische Verhalten einer Nova, sondern kann allenfalls als Anzeichen für eine sehr ungewöhnliche, höchst unregelmäßige Veränderlichkeit angesehen werden. Wir werden diesem Stern später noch einmal begegnen.

Die erste wirkliche Nova seit der Erfindung des Fernrohrs wurde 1848 von dem englischen Astronomen John Russell Hind (1823–1895) im Sternbild Schlangenträger beobachtet. In diesem Sternbild war auch die Keplersche Nova aufgeleuchtet, doch stand der von Hind registrierte Stern an einer deutlich anderen Stelle, so daß es sich nicht um einen neuerlichen Ausbruch der früheren Nova handeln konnte. Darüber hinaus war diese Erscheinung alles andere als eindrucksvoll, erreichte die Helligkeit doch selbst während des Maximums nicht einmal die vierte Größenklasse.

Im weiteren Verlauf des 19. Jahrhunderts wurden noch drei oder vier weitere unauffällige Novae gefunden, darunter eine im Sternbild Auriga (Fuhrmann) und daher Nova Aurigae genannt, im Jahre 1892 von dem schottischen Büroangestellten T. D. Anderson.

Anderson war Amateurastronom. Er entdeckte die Nova, obwohl sie nur eine

Helligkeit der 5. Größenklasse erreichte. Offenbar kannte er sich unter den mit bloßem Auge sichtbaren Sternen so gut aus, daß er diesen einen »zusätzlichen« Lichtpunkt als Fremdkörper erkannte.

Als das 19. Jahrhundert zu Ende ging, mußten die Astronomen enttäuscht feststellen, daß inzwischen nahezu 300 Jahre verstrichen waren, ohne daß sie – abgesehen von dem zweifelhaften Fall eta Carinae – eine Nova zumindest der ersten Größenklasse hätten beobachten können.

Doch dann entdeckte T. D. Anderson am Abend des 21. Februar 1901 auf dem Heimweg seine *zweite* Nova. Sie leuchtete im Sternbild Perseus auf und wurde daher als Nova Persei bezeichnet. Anderson informierte sogleich die Sternwarte Greenwich über seine Entdeckung, und dort richteten die Astronomen ihre großen Teleskope auf den Stern. Anderson hatte die Nova sehr früh aufgespürt, zu einem Zeitpunkt, da ihre Helligkeit noch anstieg: Erst zwei Tage nach der Entdeckung erreichte sie mit einer Helligkeit von 0,2 Größenklassen ihr Maximum – fast so hell wie Wega, der Hauptstern der Leier.

Damals nutzten die Astronomen bereits eifrig die Technik der Himmelsfotografie, die ihnen gegenüber ihren Vorgängern wesentliche Vorteile bescherte. Sie konnten jetzt einfach nachschauen, ob die entsprechende Gegend früher bereits einmal fotografiert worden war, um herauszufinden, was vorher an der Stelle der Nova zu sehen gewesen war.

Sie hatten Glück. Am Harvard-Observatorium war genau die Gegend um die Nova Persei zwei Tage vor der Entdeckung Andersons aufgenommen worden. Das Foto zeigte an der Stelle der Nova ein Sternchen der 13. Größenklasse, also etwa 630mal lichtschwächer als ein Objekt, das man eben noch mit bloßem Auge erkennen konnte.

Innerhalb von 4 Tagen hatte die Nova Persei ihre Helligkeit demnach um 13 Größenklassen verstärkt, ihre Leuchtkraft um das 160 000fache vergrößert. Unmittelbar danach setzte ein unregelmäßiger Helligkeitsabfall ein, und wenige Monate später konnte man den Stern mit bloßem Auge schon nicht mehr erkennen. Schließlich sank die Helligkeit wieder auf den ursprünglichen Wert zurück.

Etwa sieben Monate nach dem Aufblitzen der Nova Persei konnte die Himmels-
fotografie einen neuerlichen Erfolg verbuchen. Selbst in einem großen Fernrohr
erschien der Stern dem Beobachter als bloßer Lichtpunkt. Die lichtsammelnde
Technik astronomischer Langzeitaufnahmen enthüllte jedoch einen schwach
leuchtenden Nebel um die Nova herum, der in den darauffolgenden Wochen und
Monaten allmählich größer wurde. Hier konnte man verfolgen, wie das Licht der
Nova allmählich die den Stern umgebende Wolke aus dünnverteiltem Gas und
Staub durchdrang. Fünfzehn Jahre später, 1916, erkannte man darüber hinaus
einen dichteren Gasring um den Stern; er bestand offenbar aus jener Materie, die
bei dem Helligkeitsausbruch von dem Stern abgeschleudert worden war und sich
nun – wesentlich langsamer als das Licht – in alle Richtungen ausbreitete.
Damit schien sicher, daß der Stern während des Nova-Ausbruchs eine giganti-
sche Explosion erfahren hatte, bei der neben einer großen Energiemenge in Form
eines Licht»blitzes« auch eine Materiewolke abgestoßen worden war. Allerdings
hatten die Astronomen zu jenem Zeitpunkt noch keine Vorstellung von den
Ereignissen im Innern des Sterns oder von den Prozessen, die zu einer Explosion
stellaren Ausmaßes führen konnten. Immerhin aber konnten sie die Art des Ereignisses beschreiben – die Nova Persei wurde als Beispiel für die »eruptiv veränderlichen« Sterne erkannt. Vielleicht gehörten alle Novae einer solchen Klasse an,
so daß man den Begriff »Nova« besser durch diese zutreffendere Bezeichnung
ersetzen sollte. Ein solcher Versuch wäre allerdings mit Sicherheit zum Scheitern
verurteilt gewesen: Der Ausdruck »Nova« hat sich seit der ersten Verwendung
durch Tycho fest eingeprägt, und daran wird man wohl nichts mehr ändern
können.
Am 8. Juli 1918 bemerkten mehrere Beobachter eine noch hellere Nova im Sternbild Aquila (Adler), die zu diesem Zeitpunkt bereits die 1. Größenklasse erreicht
hatte. Zwei Tage später war die Helligkeit bis auf − 1,1 Größenklassen angewachsen, leuchtete die Nova Aquilae immerhin fast so hell wie Sirius.
Die Nova Aquilae erschien während des Ersten Weltkriegs. In früheren Jahrhunderten wäre sie von vielen Menschen als Zeichen des Himmels angesehen worden,

und auch jetzt konnte sich manch einer diesem Eindruck nicht verschließen. Der Krieg näherte sich dem Ende. Im Frühjahr 1918 hatten die deutschen Truppen eine Großoffensive an der Westfront gestartet, einen letzten Versuch, den Krieg doch noch zu gewinnen. Noch einmal wurden alle Reserven mobilisiert, und es gelangen tatsächlich auch einige Erfolge, doch reichte es nicht zum endgültigen Sieg. Anfang Juni waren die deutschen Truppen am Ende ihrer Kräfte, und die britischen und französischen Einheiten wurden ihrerseits durch eine stetig wachsende Zahl amerikanischer Soldaten verstärkt. Es war klar, daß Deutschland vor der Niederlage stand, und es dauerte tatsächlich auch nur noch fünf Monate bis zur Kapitulation. Die alliierten Soldaten an der Front nannten die Nova Aquilae den »Siegesstern«.

Auch hier zeigten Aufnahmen der Harvard-Sternwarte den Stern vor seinem Aufblitzen, ein Objekt mit einer zwischen der zehnten und elften Größenklasse leicht veränderlichen Helligkeit. Innerhalb von fünf Tagen hatte er seine Leuchtkraft also um das 50 000fache gesteigert, doch verblaßte auch er erwartungsgemäß ziemlich rasch: Ende September konnte er mit bloßem Auge kaum noch gesehen werden, und acht Monate nach ihrem Erscheinen war die Nova Aquilae nur noch im Fernrohr zu erkennen.

Die Nova Aquilae war damit die hellste Nova seit 1604, und ein helleres Objekt ist auch seither nicht mehr beobachtet worden. Die Helligkeit ist jedoch nicht die einzige Größe, die eine Nova auszeichnen kann.

Allmählich wuchs der Eindruck, daß Novae allesamt mit zuvor unauffälligen, lichtschwachen Sternen in Verbindung standen. Rein äußerlich zeigten die Vorläufersterne, die sogenannten Prae-Novae, keine Besonderheiten. Aber die Astronomen brauchten sich bei ihren Beobachtungen nicht nur auf das äußerliche Erscheinungsbild eines Sterns zu beschränken: Sie konnten mehr tun als die Sterne nur anschauen.

Am Ende des 19. Jahrhunderts vermochten die Astronomen immerhin schon das Licht der Sterne mit dem Spektroskop nach seinen Wellenlängen aufzuspalten und zu »sortieren«. So erhielten sie ein Spektrum ähnlich dem Regenbogen, in dem die Farben des Lichts entsprechend ihrer Wellenlängen geordnet wurden, vom kurzwelligen Violett über Blau, Grün, Gelb und Orange bis zum langwelligen Rot. Aus der Intensität der einzelnen Farben, aus dem Auftreten von dunklen Linien und der Lage solcher Linien konnten die Astronomen unter anderem etwas über die Temperatur des jeweiligen Sterns aussagen, über seine chemische Zusammensetzung und darüber, ob er sich auf uns zu bewegt oder von uns entfernt.

Wie also sah das Spektrum einer Prae-Nova aus?

Leider ist es gar nicht so einfach, das Spektrum eines lichtschwachen Sterns aufzuzeichnen, und angesichts der unzähligen schwachen Sterne wäre es eine unlösbare Aufgabe gewesen, hätte man von allen derart umfassende Informationen gewinnen wollen. So ist es nicht verwunderlich, daß auch heute noch Spektren von nur einer vergleichsweise kleinen Zahl von Sternen existieren. Zufälligerweise besaß man jedoch ein Spektrum von dem Stern, der im Juni 1918 zur Nova Aquilae aufflammte; es ist das einzige bis heute existierende Spektrum einer Prae-Nova*.

Allerdings verriet auch das Spektrum keine Besonderheiten über den Stern vor der Entwicklung zur Nova. Er erschien allenfalls ziemlich heiß an seiner Oberfläche – etwa 12 000 Grad Celsius im Vergleich zu 6 000 Grad bei der Sonne. Dies war jedoch durchaus im Rahmen der Erwartungen, denn auch ohne genaue Kenntnis der Ereignisse im Innern eines Sterns, die schließlich zur Explosion führten, hatten die Astronomen vermutet, daß ein heißer Stern leichter explodieren würde als ein kühler.

Im Dezember 1934 leuchtete im Sternbild Herkules eine weitere Nova auf (Nova Herculis). Die Helligkeit des Vorläufersterns hatte zwischen der 12. und der 15. Größenklasse variiert. Die spätere Auswertung von Fotografien der entsprechenden Gegend ergab, daß der Stern am 12. Dezember zwar schon heller geworden war, aber noch nicht mit bloßem Auge hatte gesehen werden können. Am 13. Dezember dann wurde er als Objekt der 3. Größenklasse von einem englischen Amateurastronomen entdeckt.

* vergleiche hierzu aber Kapitel 12 »Die Supernova 1987 A«.

Der Helligkeitsanstieg verlief für eine Nova ungewöhnlich langsam, denn erst am 22. Dezember wurde das Maximum von 1,4 Größenklassen erreicht. Anschließend nahm die Leuchtkraft unregelmäßig ab, stieg zwischendurch vorübergehend wieder an, und Anfang April des darauffolgenden Jahres war die Nova Herculis mit bloßem Auge kaum noch zu erkennen. Schon einen Monat später hatte sie dann mit einemmal die 13. Größenklasse erreicht, was etwa der Anfangshelligkeit entsprach.

Die Astronomen mochten sich gerade wieder anderen Beobachtungsobjekten zugewandt haben, da begann Nova Herculis mit einem neuerlichen Helligkeitsanstieg. Anfang Juni war schon wieder die 9. Größenklasse erreicht, und bis September nahm die Helligkeit langsam weiter bis auf 6,7 Größenklassen zu, so daß der Stern beinahe wieder mit bloßem Auge sichtbar gewesen wäre. Die anschließende Abnahme der Helligkeit verlief fast unmerklich, und erst 1949, also 15 Jahre nach dem ersten Aufblitzen, war der Stern wieder bei seiner ursprünglichen Helligkeit angekommen.

Damit ist deutlich geworden, daß ein Nova-Ausbruch kein einmaliges Ereignis im Leben eines Sterns bleiben muß. Es gibt tatsächlich einige Sterne, bei denen mehrere Erscheinungen dieser Art nacheinander beobachtet wurden; sie werden wiederkehrende oder rekurrierende Novae genannt. Ein Stern im Sternbild Corona Borealis zum Beispiel erreichte 1866 und dann noch einmal 1946 die 2. Größenklasse, bei anderen Sternen hat man drei oder gar vier Ausbrüche registriert. Möglicherweise gehört auch eta Carinae zu den rekurrierenden Novae, wiewohl es noch interessantere Erklärungsversuche für diesen Stern gibt, wie wir noch sehen werden.

Die hellste Nova der jüngeren Vergangenheit leuchtete am 29. August 1975 im Sternbild Schwan auf. Diese »Nova Cygni« erreichte fast aus dem Stand eine Helligkeit der 2. Größenklasse und steigerte dabei ihre Leuchtkraft innerhalb eines Tages womöglich um mehr als das 30millionenfache. Doch sie verschwand beinahe so schnell, wie sie erschienen war, denn schon nach drei Wochen war sie mit bloßem Auge nicht mehr zu sehen. Man möchte meinen, daß sich der Helligkeitsabfall um so schneller vollzieht, je plötzlicher und größer der vorangegangene Helligkeitsanstieg war – wiewohl die zweite Phase der Helligkeitsentwicklung immer weit langsamer abläuft als die erste Phase.

Wie hell? Wie zahlreich?

Wieviel Licht senden Novae wirklich aus? Wir reden immer davon, daß eine Nova diese oder jene Größenklasse erreicht, so hell wie Sirius oder heller als die Venus leuchtet, aber das sagt im Grunde gar nichts über die wirkliche Leuchtkraft aus. Die eine Nova kann heller als eine andere erscheinen, weil sie wirklich mehr Licht aussendet (eine höhere Leuchtkraft besitzt) oder aber lediglich näher als die andere steht.

Die Astronomen verfügen heute jedoch über verschiedene Möglichkeiten, die Entfernung eines Sterns zu bestimmen. Damit sind sie in der Lage, die Leuchtkräfte von Sternen in beliebigen Entfernungen miteinander zu vergleichen, denn es ist eine einfache Rechenaufgabe, dann die jeweilige Helligkeit für eine bestimmte Entfernung zu berechnen. Je größer die Distanz, desto schwächer erscheint der Stern, je geringer der Abstand, desto heller. Knapp umschrieben lautet dieser Zusammenhang: Die Intensität des Lichtes ändert sich mit dem Quadrat der Entfernung.

Unsere Sonne erscheint uns zum Beispiel als der bei weitem hellste Stern am Himmel. Ihre Helligkeit liegt bei – 26,91 Größenklassen gegenüber – 1,42 Größenklassen für Sirius, den nächsthellsten Stern. Die Größenklassendifferenz beträgt also 25,49, und dabei entspricht jede Größenklassenstufe einem Helligkeitsfaktor von 2,512: Von der Sonne empfangen wir mithin rund 16 Milliarden Mal mehr Licht als von Sirius. Die Sonne ist aber auch mit Abstand der nächste Stern; ihre Entfernung beträgt lediglich rund 150 Millionen Kilometer oder 0,000005 Parsek. Sirius dagegen ist 2,65 Parsek oder 530 000mal so weit entfernt.

Stellen wir uns einmal vor, wir könnten die Sonne und Sirius in gleicher Entfernung betrachten (die Astronomen benutzen als Vergleichsstrecke eine Distanz von 10 Parsek).

Stünde die Sonne 10 Parsek entfernt, dann wäre ihr Abstand zweimillionenmal größer als jetzt. Und weil ihre Helligkeit mit dem Quadrat des Abstandes abnimmt, erschiene sie in dieser Distanz $2\,000\,000 \times 2\,000\,000$ Mal schwächer als in Wirklichkeit – das ist 4 Billionen Mal. Umgerechnet in Größenklassen erhalten wir eine Helligkeit der Sonne in der Einheitsentfernung von 10 Parsek zu 4,69 Größenklassen; dies ist die sogenannte absolute Helligkeit. Die Sonne wäre als Sternchen der fünften Größenklasse kein sehr auffälliges Objekt am Firmament. Wollten wir dagegen Sirius in die Standardentfernung von 10 Parsek verrücken, so müßten wir seinen Abstand lediglich knapp vervierfachen. Entsprechend klein fiele die Helligkeitsabnahme aus: Die absolute Helligkeit von Sirius errechnet sich zu 1,3 Größenklassen. Sirius wäre also immer noch ein Stern der ersten Größenklassen, wenngleich nicht mehr einer der hellsten.

Wenn wir von den Helligkeiten der Sterne reden, beziehen wir uns also meist auf die scheinbare Helligkeit, die wir am Himmel beobachten und durch Größenklassen kennzeichnen. Wenn wir dagegen die wahren Helligkeiten oder Leuchtkräfte zweier Sterne miteinander vergleichen wollen, müssen wir uns auf die absoluten Größenklassen beziehen, denen eine als gleich angenommene Entfernung zugrundeliegt.

Ein bloßer Vergleich der Helligkeiten läßt demnach die Entfernung der einzelnen Objekte unberücksichtigt: Ein brennendes Streichholz kann durchaus wesentlich heller als Sirius erscheinen. Erst ein Vergleich der Leuchtkräfte sagt etwas über die Energieabstrahlung der Objekte aus.

In gleicher Entfernung erscheint Sirius 3,4 Größenklassen heller als die Sonne; das bedeutet, daß er die 23fache Leuchtkraft der Sonne besitzt.

Wo kann man in diesem System die Novae einordnen? Eine Entfernungsbestimmung ist nicht in jedem einzelnen Fall leicht, weil manche Novae sehr weit entfernt aufblitzten. Aus dem Vergleich einer Reihe von Novae kann man jedoch ableiten, daß die Sterne vor ihrem Helligkeitsausbruch eine absolute Helligkeit von rund 3 Größenklassen besaßen, also rund fünfmal leuchtkräftiger als die Sonne waren. Zum Zeitpunkt des Maximums lag die mittlere absolute Helligkeit dagegen bei etwa −8 Größenklassen, und entsprechend können Novae rund 150 000fache Sonnenleuchtkraft erreichen. Dies ist nur ein Mittelwert, wohlgemerkt.

Einige Astronomen unterscheiden noch zwischen zwei Nova-Typen: sogenannten schnellen Novae und solchen, deren Helligkeit nur langsam ansteigt.

Schnelle Novae steigern ihre Leuchtkraft innerhalb weniger Tage um das Hunderttausendfache und mehr; ihre Gipfelhelligkeit hält nur einige Tage an, ehe sich ein allmählicher, aber stetiger Lichtabfall anschließt.

Bei einer langsamen Nova erfolgt der Helligkeitsanstieg dagegen mitunter in mehreren Etappen und nicht so abrupt; er ist darüber hinaus nicht ganz so groß. Langsamer und weniger gleichmäßig verläuft auch die Abklingphase.

Die Nova Persei und die Nova Cygni sind Beispiele für eine schnelle Nova, während die Nova Auriga und die Nova Herculis als langsame Novae eingestuft werden. Wiederkehrende Novae schließlich, zumindest jene, deren Ausbrüche allenfalls einige Jahrzehnte auseinanderliegen, zeigen im allgemeinen einen geringeren Helligkeitszuwachs als normale Novae – langsame Novae eingeschlossen.

Wie häufig treten Novae auf?

Während in der Zeit vor 1900 nur sehr wenige Novae entdeckt wurden, finden die Astronomen inzwischen Jahr für Jahr mehrere Objekte dieser Art. Natürlich ist nicht die Zahl der Novae angestiegen – vielmehr beobachten heute mehr Astronomen und Sternfreunde den Himmel, und die Nachweismethoden sind wesentlich besser als früher. Dennoch werden mit Sicherheit noch längst nicht alle aufblitzenden Novae auch wirklich registriert.

Um das zu verstehen, wollen wir zunächst einmal klären, wieviele Sterne wir überhaupt beobachten können. Mit dem bloßen Auge kann man insgesamt rund 6 000 Sterne erkennen, mit einem Fernrohr dagegen millionenfach mehr.

Ist ihre Zahl unendlich groß, wie Nikolaus von Kues vermutete?

Gegen diese Annahme spricht die Existenz der Milchstraße, jenes schimmernden

Lichtbandes, das mit bloßem Auge sichtbar ist und sich als großer Kreis über den gesamten Himmel spannt; bereits im Fernglas erweist es sich als Ansammlung ungezählter, schwachleuchtender Einzelsterne.

Die Gesamtmasse der Galaxis wird von den Astronomen auf etwa 100 Milliarden Sonnenmassen beziffert. Da die meisten Sterne jedoch deutlich kleiner und masseärmer als die Sonne sind, dürfte es rund 250 Milliarden Einzelsterne in der Galaxis geben.

Die Astronomen gehen davon aus, daß jedes Jahr im Schnitt rund 25 Novae aufblitzen. Verglichen mit der Gesamtzahl der Sterne innerhalb der Galaxis leuchtet also pro Jahr nur einer von 10 Milliarden Sternen auf.

Natürlich werden wir keineswegs alle Novae beobachten können, ganz gleich, wie sehr wir auch nach ihnen Ausschau halten. Die Staubwolken, die den Blick in die sternreiche Zentralregion der Galaxis versperren, verhindern auch die Entdeckung jener Novae, die in diesem Bereich oder der jenseitigen Hälfte der Galaxis aufleuchten.

Aus diesem Grunde können wir bestenfalls zwei oder drei Novae pro Jahr innerhalb unserer Milchstraße entdecken.

3 Große und kleine Sterne

Sonnenenergie

Wenn wir sagen, daß eine Nova ihre Leuchtkraft innerhalb weniger Tage auf das Hunderttausendfache des Ausgangswertes steigert, bedeutet dies, daß sie gewaltige Energiemengen an den umgebenden Weltraum abstrahlt. Eine durchschnittliche Nova sendet während des Maximums innerhalb eines Tages soviel Energie aus wie die Sonne in rund 400 Jahren.

Wo kommt diese Energie her?

Bevor wir diese Frage beantworten können, sollten wir zunächst einmal klären, woher die Sonne ihre Energie bezieht. Die Sonne scheint immerhin bereits seit rund 4,6 Milliarden Jahren mit mehr oder minder unveränderter Helligkeit. Während dieser Zeit hat sie eine unvorstellbare Energiemenge abgestrahlt, und doch reicht ihr Vorrat noch für weitere fünf bis sechs Milliarden Jahre. Woher nimmt die Sonne diese Energie?

Bis in die Mitte des 19. Jahrhunderts hat diese Frage kaum jemand interessiert. Die Menschen im klassischen Altertum und im Mittelalter hatten geglaubt, daß die Sonne aus einem besonderen, himmlischen Stoff bestünde, der unaufhaltsam leuchten müsse, so wie irdische Objekte unaufhaltsam zerfielen. Außerdem schrieb man der Sonne ein viel geringeres Alter zu: Nach allgemeiner Auffassung war sie erst einige tausend Jahre zuvor entstanden.

Im Verlauf des 19. Jahrhunderts wurde den Wissenschaftlern bei der Frage nach der Sonnenenergie allerdings zunehmend unwohl. Sie hatten gelernt, daß sich die Himmelskörper nicht wirklich grundlegend von irdischen Objekten unterschieden und daß die Sonne nicht nur einige tausend Jahre, sondern viele Millionen Jahre alt sein mußte. Darüber hinaus machten sie sich zunehmend Gedanken über die Eigenschaften der Energie allgemein.

So konnte der deutsche Physiker Hermann Ludwig Ferdinand von Helmholtz (1821–1894) das »Gesetz von der Erhaltung der Energie« formulieren, nachdem er sorgfältig solche Prozesse analysiert hatte, bei denen verschiedene Energieformen ineinander umgewandelt werden. Dieses Gesetz besagte, daß Energie nicht verschwinden oder neu geschaffen, sondern lediglich von einer Form in eine andere umgewandelt werden konnte. Andere Wissenschaftler waren unabhängig von ihm zur gleichen Erkenntnis gekommen, doch konnte Helmholtz die überzeugendsten Beweise vorlegen, so daß er allgemein als »Vater des Energieerhaltungssatzes« gilt.

Helmholtz war auch der erste, der seine Aufmerksamkeit der Frage der Sonnenenergie zuwandte. Auch die Sonne konnte ihre Energie nicht aus dem Nichts hervorzaubern; wo also kam die Sonnenenergie her?

Helmholtz versuchte es mit den verschiedensten Energiequellen, die damals bekannt und genau erklärt waren. Konnte es sich zum Beispiel um eine rein chemische Energiefreisetzung handeln? Oder stammte die Energie von dem meteoritischen Material, das ständig auf die Sonne herabregnete? Seine ersten Erklärungsversuche lieferten entweder zu wenig Energie oder sie setzten eine derart hohe Zunahme der Sonnenmasse voraus, daß dies nicht ohne Einfluß zum Beispiel auf die Bahnen der Planeten hätte bleiben können – solche Veränderungen waren aber nicht beobachtet worden.

Schließlich gelangte Helmholtz im Jahre 1854 zu der Überzeugung, daß es nur eine bekannte Energiequelle gab, die ohne direkt meßbare Konsequenzen blieb – die eigene Kontraktion der Sonne. Ihr eigenes Material stürzte langsam nach innen, und die dabei freiwerdende Gravitationsenergie konnte die Sonnenenergie für viele Millionen Jahre bereitstellen.

Sehr befriedigend war dieser Lösungsvorschlag allerdings auch nicht. Wenn nämlich die Sonne über einen Zeitraum von einigen zehn Millionen Jahren in dem erforderlichen Umfang geschrumpft wäre, dann hätte sie bei einer Größe anfangen müssen, die dem Durchmesser der Erdbahn entsprochen hätte. Mit anderen Worten, die Erde hätte erst entstehen können, nachdem sich die Sonne bereits deutlich verkleinert hatte, und das hätte bedeutet, daß die Erde nur einige wenige Zehnmillionen Jahre alt sein konnte.

Gegen Ende des 19. Jahrhunderts besaßen die Geologen und Biologen allerdings gewichtige Anhaltspunkte dafür, daß die Erde – und mit ihr die Sonne – wesentlich älter als nur einige Zehnmillionen Jahre sein mußte; einige hundert Millionen Jahre waren das mindeste, vielleicht sogar auch ein oder zwei Milliarden Jahre. Und da die Erde nicht älter sein konnte als die Sonne, konnte die Kontraktion der Sonne kaum ausgereicht haben, um die Sonnenenergie in dem beobachteten Ausmaß zu decken. Was aber dann?

Kurz vor Ende des 19. Jahrhunderts lernten die Menschen ziemlich unerwartet eine völlig neue Energieform kennen. Der Franzose Antoine-Henri Becquerel (1852–1908) entdeckte 1896 die »Radioaktivität«; er beobachtete, daß die Atome des Metalls Uran sehr langsam in Atome anderer Elemente zerfielen.

Fünf Jahre später konnte sein Landsmann Pierre Curie (1859–1906) zeigen, daß bei jedem radioaktiven Zerfall eine – wenn auch sehr winzige – Wärmemenge freigesetzt wurde. Da solche radioaktiven Zerfallsprozesse sich jedoch über Jahrmillionen erstrecken konnten und darüber hinaus die Erde eine ziemlich große Menge radioaktiver Substanzen enthielt, mußte die Gesamtmenge der so produzierten Wärme beachtlich sein. So wurde allmählich klar, daß man eine neue und sehr intensive Energiequelle gefunden hatte.

Der aus Neuseeland stammende Physiker Ernest Rutherford (1871–1937) fand 1906, daß die Atome nicht jene kleinen Kügelchen waren, für die man sie bislang gehalten hatte; sie mußten vielmehr aus noch kleineren Partikeln bestehen. Dabei konzentrierte sich die größte Masse auf den winzigen Atomkern (von dem man damals annahm, daß er aus Protonen und Elektronen bestehe; die Neutronen, die statt der Elektronen im Kern zu finden sind, wurden erst 1932 entdeckt), während die restlichen, sehr leichtgewichtigen Elektronen sich auf Kreisbahnen um diesen Kern zu bewegen schienen. Da sich die Erscheinung der Radioaktivität auf den Atomkern beschränkte, entstand allmählich der Begriff der Kernenergie.

Konnte die Sonne ihren gewaltigen Energiebedarf vielleicht aus der Kernenergie decken?

Zunächst kannte man lediglich den radioaktiven Zerfall von Uran und Thorium als Kernenergiequelle. War also die Sonne eine riesige Kugel aus Uran und Thorium?

Nein, das konnte nicht sein. Anfang des 20. Jahrhunderts war die chemische Zusammensetzung der Sonne bereits lange bekannt, abgeleitet aus der Analyse des Sonnenspektrum, die bereits erwähnt wurde. Wir wollen sie an dieser Stelle noch einmal betrachten.

Wenn das Sonnenlicht durch ein Glasprisma gelenkt wird, entsteht ein Farbband ähnlich dem Regenbogen, das sogenannte Spektrum. Dies hatte der englische Physiker Isaac Newton (1642–1727) bereits 1666 beobachtet. Licht besteht aus Strahlung verschiedenster Wellenlängen, und jede Wellenlänge wird beim Durchgang durch das Glasprisma etwas anders abgelenkt als die übrigen: Je kürzer die Wellenlänge, desto stärker ist die Ablenkung. Ein Spektrum ist also nichts anderes als nach Wellenlängen sortiertes Licht; es reicht vom langwelligen, roten Ende bis zum kurzwelligen, blauen Ende.

Der deutsche Optiker Joseph Fraunhofer (1787–1826) fand 1814 zahlreiche dunkle Linien im Sonnenspektrum. Wir wissen heute, daß diese dunklen Linien in der kühleren Sonnenatmosphäre entstehen, wo ein Teil des Sonnenlichtes verschluckt wird: Die Atome dort absorbieren das Licht bestimmter Wellenlängen, und so kommt das Sonnenlicht ohne diese Anteile bei uns an – wir erkennen an den entsprechenden Stellen die dunklen Linien.

Sein Landsmann, der Physiker Gustav Robert Kirchhoff (1824–1887), konnte 1859 zeigen, daß jede einzelne Atomsorte ganz bestimmte Wellenlängen des Lichts absorbiert (oder aussendet, sofern die Temperatur hoch genug ist). So konnte also aus der Vermessung der Wellenlängen, die absorbiert oder ausgesendet wurden, die Identität der absorbierenden oder aussendenden Atome bestimmt werden.

Dem schwedischen Physiker Anders Jonas Angström (1814–1874) gelang 1861 eine erste Identifizierung einzelner Absorptionslinien im Sonnenspektrum mit dem chemischen Element Wasserstoff, das aus den einfachsten Atomen besteht. Zum ersten Mal hatte man eine konkrete Vorstellung davon, woraus ein Himmelskörper – zumindest teilweise – besteht: aus einem Material, das man von der Erde her kannte. Damit war die Annahme des Aristoteles, nach der die Himmelskörper aus ureigener, himmlischer Materie bestünden, ein für allemal widerlegt.

Seither hat man das Sonnenspektrum immer weiter entschlüsseln können und dabei noch andere Atomsorten gefunden, die alle auch auf der Erde vorhanden sind (das Element Helium wurde allerdings zunächst nur im Sonnenspektrum nachgewiesen und erst Jahrzehnte später auch auf der Erde entdeckt; Anm. d. Ü.). Selbst die relativen Häufigkeiten der verschiedenen Atome lassen sich aus dem Sonnenspektrum ableiten. So war es ein Leichtes, mit Sicherheit ausschließen zu können, daß die Sonne eine Kugel aus Uran oder Thorium sei. Diese Elemente kommen auf der Sonne nur in sehr geringen Spuren vor, so daß die bei ihrem Zerfall freiwerdende Energie allenfalls einen verschwindend geringen Anteil der Sonnenenergie bereitstellen konnte.

Heißt dies, daß die Kernenergie als Energiequelle für die Sonne nicht infrage kommt?

Keineswegs! Im Jahre 1915 legte der amerikanische Chemiker William Draper Harkins (1873–1951) eine theoretische Untersuchung vor, nach der es neben der gewöhnlichen Radioaktivität noch eine ganze Reihe anderer Umwandlungsprozesse in Atomkernen geben sollte, bei denen Energie freigesetzt wurde. Als besonders ergiebig erkannte er einen Prozeß, bei dem sich vier Wasserstoffatomkerne zu einem Heliumkern verbinden, und so vermutete er, daß diese Wasserstoff-Fusion, wie der Prozeß heute genannt wird, die Energie der Sonne bereitstellte.

Es gab allerdings ein Problem in diesem Zusammenhang. Der radioaktive Zerfall ist ein spontaner Prozeß, der ohne Anregung von außen abläuft. Schon die kleinste Menge an Uran reicht aus, um radioaktive Energie zu produzieren. Demgegenüber erfordert die Verschmelzung von Wasserstoff extreme Bedingungen, wie sie nur durch sehr hohe Temperaturen geschaffen werden können, Temperaturen, die noch höher sind als auf der leuchtenden Sonnenoberfläche.

In den 20er Jahren untersuchte Eddington die Frage, warum die Sonne nicht unter ihrer eigenen Anziehungskraft zu einem kleinen Objekt zusammenschrumpfte. Die einzige Kraft, die diesem Kollaps entgegenwirken konnte, war die Wärme, und so versuchte Eddington auszurechnen, wie heiß das Sonneninnere sein müsse, um die Sonne auf ihrer jetzigen Größe zu stabilisieren. Dabei fand er, daß eine Zentraltemperatur von etlichen Millionen Grad erforderlich war – der heute weitgehend akzeptierte Wert liegt bei 15 Millionen Grad.

Außerdem konnte der amerikanische Astronom Henry Norris Russell (1877–1957) 1929 die Zusammensetzung der Sonne mit einer zuvor unerreichten Präzision bestimmen. Danach besteht der riesige Gasball zu 75 Prozent aus Wasserstoff, während Helium mit knapp 25 Prozent den zweitgrößten Anteil stellt. Dies sind die beiden einfachsten Atome, und alle komplizierteren Elemente stellen zusammen nicht einmal ein Prozent der Sonnenmasse.

Wenn aber die Sonne im wesentlichen aus Wasserstoff und Helium besteht, ist die Wasserstoff-Fusion die einzig mögliche Kernenergiequelle, zumal die hohe Temperatur im Sonneninnern genügen sollte, um den Prozeß der Verschmelzung von Wasserstoffkernen in Gang zu bringen.

Ausgehend von der Zusammensetzung der Sonne und ihrer Zentraltemperatur entwickelte der deutsch-amerikanische Physiker Hans Albrecht Bethe (1906–) eine Reaktionskette, die im Innern der Sonne ablaufen und für die erforderliche Energiemenge sorgen sollte. Die theoretische Beschreibung dieser Vorgänge ist zwar seither verfeinert worden, doch das Grundprinzip blieb unverändert: Die Sonnenenergie stammt aus der Verschmelzung von vier Wasserstoffatomkernen zu einem Heliumkern, wie es Harkins ein Vierteljahrhundert früher vermutet hatte.

Was bei der Sonne funktioniert, läuft sicher auch bei anderen Sternen genauso ab, und so brachte die Erklärung der Sonnenenergie zugleich auch eine Antwort auf die Frage, woher die übrigen Sterne ihre Energie beziehen.

Der Prozeß der Wasserstoff-Fusion kann in einem Gleichgewichtszustand ablaufen und stellt dann einen konstanten oder allenfalls extrem langsam sich verändernden Energiestrom bereit. Wie lange der Vorrat reicht, hängt von der jeweiligen Masse des Sterns ab.

Je massereicher ein Stern, desto mehr Wasserstoff wird er enthalten, aber desto mehr Wärme wird auch erforderlich sein, um der stärkeren Eigenanziehung entgegenzuwirken. Tatsächlich nimmt der Energiebedarf mit wachsender Masse weitaus schneller zu als der Energievorrat. So zehren denn massereiche Sterne ihren größeren Wasserstoffvorrat wesentlich schneller auf als massearme Sterne ihren knapp bemessenen Wasserstoff: Je größer die Masse des Sterns, desto kürzer währt die Phase des Wasserstoff»brennens«.

Der Energievorrat eines massereichen Sterns wird so schnell verbraucht, daß der Stern selbst nur einige Millionen Jahre hindurch als gewöhnliches Objekt bestehen kann. Ein massearmer Stern dagegen geht so sparsam mit seinem Vorrat um, daß er sein Feuer gut und gerne 200 Milliarden Jahre lang nähren kann.

Die Sonne, die hinsichtlich der Masse zu den Durchschnittssternen gehört, verfügt über genügend Wasserstoff für eine 10 bis 12 Milliarden Jahre dauernde Phase der Wasserstoff-Fusion. Da die Sonne etwa 4,6 Milliarden Jahre alt ist, dürfte sie die Hälfte ihrer Lebenserwartung als gewöhnlicher Stern noch nicht ganz erreicht haben.

Weil das Wasserstoffbrennen die längste Phase im Leben eines Sterns darstellt, findet man die meisten Sterne in diesem Zustand. Die Astronomen sagen von ihnen, daß sie sich auf der »Hauptreihe« befinden. Die Sonne und etwa 85 Prozent aller Sterne, die wir beobachten können, gehören zur Gruppe der Hauptreihensterne.

Weiße Zwerge

Aber nicht alle Sterne stehen auf der Hauptreihe. Wie man das entdeckte, scheint auf den ersten Blick wenig mit unserem Thema gemein zu haben und führt doch schließlich zu einer Erklärung des Novaphänomens. Hier also die Geschichte dieser Entdeckung.

Man war ursprünglich davon ausgegangen, daß die Sterne einzelne, voneinander unabhängige Objekte seien. Zwar kannte man vereinzelte Gruppen von Sternen, sogenannte Sternhaufen, aber schließlich bestand auch eine Gruppe von Menschen oder eine Baumgruppe aus einzelnen Individuen.

Nach der Erfindung des Fernrohrs stellten die Himmelsbeobachter fest, daß einige Sterne wesentlich enger beisammen standen, als man zuvor vermutet hatte. Mitunter stieß man sogar auf zwei Sterne, die so eng nebeneinander standen, daß sie dem bloßen Auge als ein Stern erschienen (ich habe schon weiter oben darauf hingewiesen, daß etwa 61 Cygni und alpha Centauri Sterne sind, die sich als ziemlich enge Sternpaare erwiesen haben).

Als sich dann allerdings herausstellte, daß die Sterne sich über gewaltige Räume verteilten, konnte man vermuten, daß von zwei eng benachbarten Sternen der eine uns viel näher stand als der andere. Die beiden Sterne mochten gar nicht so nahe beieinander stehen, es *schien* nur so, weil sie von uns aus gesehen in fast der gleichen Richtung stehen.

Falls die Sterne mehr oder minder zufällig im Raum verteilt waren, mußte man die Wahrscheinlichkeit für solche »optischen Doppelsterne« berechnen können. Der englische Geologe John Michell (1724–1793) kam 1767 zu dem Schluß, daß die Zahl der sehr engen Sternpaare wesentlich höher war, als man bei einer zufälligen Sternverteilung erwarten sollte. Er vermutete daher, daß die Sterne tatsächlich als Paare existierten.

Dies mag John Goodricke ermutigt haben, im Jahre 1782 die Veränderlichkeit des Sterns Algol mit bestimmten Bahnverhältnissen in einem Doppelsternsystem zu erklären: Er nahm an, daß Algol in Wirklichkeit aus zwei einander umkreisenden Sternen bestand, von denen einer den anderen in regelmäßigen Abständen bedeckte; direkt beobachten konnte er den zweiten Stern allerdings nicht.

Etwa um die gleiche Zeit studierte Wilhelm Herschel (der später die Struktur der Milchstraße untersuchte) die Bewegung sehr eng benachbarter Sterne. Er hoffte, wenn die beiden Sterne verschieden weit von der Erde entfernt wären, bei dem nähergelegenen Stern eine Parallaxe relativ zu dem weiter entfernten Stern messen zu können, um so die Entfernung des näheren Sterns bestimmen zu können.

Doch statt einer Parallaxe fand er in vielen Fällen, daß die beiden Sterne sich umeinander bewegten. Hier konnte es sich also nicht bloß um optische Doppelsterne handeln; es mußten vielmehr wirkliche Sternpaare sein, die eng genug beieinander standen, um sich durch ihre gegenseitige Schwerkraft zu beeinflussen. Jeder dieser Sternpartner bewegt sich auf einer Bahn um den gemeinsamen Schwerpunkt.

Zunächst glaubte man, daß solche Doppelsternsysteme ziemlich selten seien, doch je genauer die Astronomen die Sterne untersuchten, desto mehr Sternpaare wurden gefunden. Heute nimmt man an, daß bis zu 70 Prozent aller Sterne Teil eines Doppel- oder Mehrfachsystems sind, während Einzelsterne wie unsere Sonne eher die Ausnahme darstellen.

Die Entdeckung eines ganz besonderen Doppelsternsystems führte schließlich zu einem entscheidenden Fortschritt.

Friedrich Wilhelm Bessel, der 1838 die erste Sternparallaxe messen und daraus die Entfernung des Sterns ableiten konnte, untersuchte auch die Bewegung von Sirius, um dessen Entfernung ebenfalls bestimmen zu können. Dabei fiel ihm auf, daß Sirius sich nicht so verhält, wie man es bei einer bloßen Parallaxenbewegung erwarten würde. Er wanderte vielmehr auf einer wellenförmigen Linie langsam in eine Richtung weiter. Diese wellenförmige Bewegung ließ vermuten, daß die Anziehungskraft eines unsichtbaren nahen Begleiters den Sirius auf eine elliptische Bahn zwang. Diese Bahn, verbunden mit der an sich geraden Eigenbewegung, bot dann eine Erklärung für die Wellenform der Siriusbewegung.

Um einen Stern wie Sirius in eine meßbare »Wellenbahn« zu zwingen, bedurfte es einer beachtlichen Schwerkraftwirkung des Begleiters. Es mußte schon ein Stern sein – Planeten hätten das nicht geschafft. Bessel fand allerdings keinen zweiten Lichtpunkt bei Sirius, und so folgerte er 1844, daß Sirius ein Doppelstern mit einem »dunklen« Begleiter sein müsse. Dieser Begleiter, so nahm er an, war dunkel, weil er seinen Brennstoff bereits aufgebraucht hatte und nur noch als »Schlakkehaufen« durchs Weltall trieb.

1862 richtete der amerikanische Fernrohrbauer Alvan Graham Clark (1832–1897) ein neues, eben fertiggestelltes Teleskop auf Sirius, um sich von der Abbildungsqualität des Instrumentes zu überzeugen. Das Siriusbildchen war zwar scharf umrandet, doch neben Sirius fand er noch einen weiteren Lichtfleck. Clark hielt diesen Fleck für die Folge eines Linsenfehlers, doch konnte er bei einer Überprüfung des Objektivs keinen Fehler finden.

Schließlich bemerkte Clark, daß der Lichtfleck an jener Position stand, wo sich der von Bessel vermutete »dunkle Siriusbegleiter« aufhalten sollte, falls er für die wellenförmige Bahnkurve des Sirius verantwortlich war. So blieb nur eine Erklärung für den Lichtfleck – es *mußte* der Siriusbegleiter sein.

Die Helligkeitsmessung führte zu einem Wert von 8,4 Größenklassen, und damit war der Stern nicht wirklich dunkel, sondern allenfalls lichtschwach. Heute wird der Begleiter Sirius B genannt, der »Zentralstern« dagegen Sirius A.

Der deutsche Physiker Wilhelm Wien (1864–1928) fand 1893, daß es möglich war, die Oberflächentemperatur eines Sterns aus der Analyse seines Spektrums abzuleiten. 1915 gelang dem amerikanischen Astronomen Walter Sydney Adams (1876–1956) eine genaue Beobachtung des Spektrums von Sirius B, aus der sich eine überraschend hohe Oberflächentemperatur ergab: Sirius B war merklich heißer als die Sonne, wenngleich nicht ganz so heiß wie Sirius A.

Wenn Sirius B eine heiße Oberfläche besaß – und die Temperatur wurde zu rund 10 000 Grad bestimmt –, dann mußte jeder Fleck seiner Oberfläche deutlich heller leuchten als ein vergleichbarer Teil der Sonnenoberfläche. Warum also erschien Sirius B so lichtschwach? Dies konnte nur damit zusammenhängen, daß seine Gesamtoberfläche sehr viel kleiner war als die der Sonne. Der Stern leuchtete also sehr hell, aber er hatte nicht viel Fläche, durch die er sein helles Licht an die Umgebung abgeben konnte, und so erschien er vergleichsweise dunkel.

Heute gehen die Astronomen davon aus, daß der Durchmesser von Sirius B mit 11 100 Kilometern noch kleiner als der Erddurchmesser (12 756 Kilometer) ist.

Klein ist aber nur der Durchmesser. Bessel hatte die Existenz des Sterns aus der Wirkung seiner Schwerkraft auf den hellen Zentralstern Sirius A abgeleitet. Diese Schwerkraft hing aber nicht von der Größe des Objekts ab und wurde entsprechend auch nicht kleiner, nur weil Sirius B allenfalls Planetengröße besaß. Seine Masse mußte etwa 1,05 Sonnenmassen betragen, und die war offenbar in eine Kugel, kleiner als die Erdkugel, gequetscht.

Könnte man die Materie der Erde vollständig durchmischen, so würde ein Kubik-meter Erdmaterial etwa 5500 Kilogramm wiegen (man sagt, die mittlere Dichte der Erde liegt bei etwa 5500 Kilogramm pro Kubikmeter). Die mittlere Dichte von Sirius B ist etwa 530000mal größer: Sie beträgt rund 3 Milliarden Kilogramm pro Kubikmeter. Ein Markstück, geprägt aus Material von Sirius B, wöge auf der Erde rund 3000 Kilogramm.

Die Dichte von Sirius B ist aber nicht überall gleich: Nahe der Oberfläche fällt sie geringer aus, um dann zum Zentrum hin beständig zuzunehmen (dies gilt auch für alle übrigen Himmelskörper einschließlich Sonne und Erde). Im Zentrum kann die Dichte von Sirius B bis zu 33 Milliarden Kilogramm pro Kubikmeter betra-gen.

Die geringe Größe von Sirius B führte zwangsläufig zu der Erkenntnis, daß die mittlere Dichte von Sirius B wesentlich höher sein mußte als die der dichtesten Objekte auf der Erde. Einige Jahre früher wäre eine solche Konsequenz unmög-lich erschienen, doch wußte man um 1915 bereits, daß die Atome im wesentlichen leer sind und der größte Teil ihrer Masse in einem winzigen Kern konzentriert ist, während die extrem leichtgewichtigen Elektronen eine Art Hülle bilden. So schlug Eddington im Jahre 1924 vor, daß die Elektronenhüllen in einem extrem dichten Objekt wie Sirius B »geknackt« waren und die Atomkerne daher einander wesentlich näher kommen konnten als bei normaler, aus intakten Atomen aufge-bauter Materie.

Materie, die aus solchermaßen zerbrochenen Atomen und daher eng benachbar-ten Atomkernen besteht, wird »entartet« genannt. Temperatur und Druck im Sonneninnern sind so hoch, daß die Materie im Zentrum der Sonne entartet ist, doch ein Stern wie Sirius B besteht fast ausschließlich aus entarteter Materie.

Die Oberflächenschwerkraft eines jeden Objekts hängt von seiner Masse und vom Abstand zwischen Oberfläche und Mittelpunkt ab, vom Radius also. Die Masse der Sonne zum Beispiel beträgt rund 333500 Erdmassen, ihr Radius etwa 109 Erdradien. An der Sonnenoberfläche wäre man also 109mal so weit vom Zen-trum der Sonne entfernt wie an der Erdoberfläche vom Mittelpunkt der Erde. Der größere Abstand schwächt die stärkere Anziehungskraft, die man aufgrund der größeren Sonnenmasse allein erwarten würde.

Um die Oberflächenschwerkraft der Sonne im Vergleich zur Erde zu bestimmen, muß man das Verhältnis der Massen durch das Quadrat des Radienverhältnisses dividieren. In Zahlen ausgedrückt heißt dies $333\,500/(109\times109)$, und das Ergebnis dieser Rechnung lautet 28. Die Anziehungskraft an der Sonnenoberfläche ist also rund 28mal so groß wie die Oberflächenschwerkraft der Erde.

Bei Sirius B kommen wir zu einem völlig anderen Ergebnis. Zwar ist seine Masse nur geringfügig größer als die Masse der Sonne, doch sorgt der wesentlich kleinere Radius (0,008 Sonnenradien) dafür, daß man viel näher am Zentrum von Sirius B ist, wenn man auf seiner Oberfläche steht. Seine Oberflächenschwerkraft ist mithin $1,05/(0,008\times0,008)$ oder 16 400mal so groß wie die der Sonne, entsprechend 460 000mal so groß wie die der Erde.

Seine weißglühende Oberfläche und die geringe Größe machen Sirius B zu einem *Weißen Zwerg*; aufgrund seiner hohen Dichte kann man ihn auch als einen *kollabierten Stern* bezeichnen.

Sirius B und all die anderen Weißen Zwerge sind Sterne, die nicht mehr auf der Hauptreihe stehen. Hauptreihensterne werden durch die Wärme, die bei den Kernfusionsprozessen im Innern freigesetzt wird, im Gleichgewicht gehalten. Wenn die Kernfusion zum Erliegen kommt, kann der Stern der eigenen Massenanziehungskraft nichts mehr entgegensetzen, und er muß zu einem Weißen Zwerg zusammenstürzen.

Bis zu 15 Prozent aller Sterne in der Galaxis können Weiße Zwerge sein. Das hieße, daß es etwa 45 Milliarden Weiße Zwerge in unserem Milchstraßensystem gäbe. Aufgrund ihrer geringen Größe leuchten sie jedoch so schwach, daß nur die nächsten Objekte dieser Art von uns aus beobachtet werden können. Selbst Sirius B, der nur etwa 9 Lichtjahre entfernt steht, wäre mit bloßem Auge nicht zu sehen, auch dann nicht, wenn er nicht vom Glanz des benachbarten Sirius A überstrahlt würde.

Rote Riesen

Die Weißen Zwerge scheinen also einen wichtigen Schlüssel zum Verständnis der Nova-Entstehung darzustellen. Aber sie reichen allein nicht aus. Wir müssen noch einen anderen Sterntyp in Betracht ziehen, eine Sternklasse, die ebenfalls nicht mehr zu den Hauptreihensternen gehört.

Als der dänische Astronom Ejnar Hertzsprung (1873–1967) im Jahre 1905 die Zusammenhänge zwischen der Temperatur der Sterne und ihrer Farbe (ihrem Spektrum) untersuchte und dabei das Konzept der Hauptreihe entwickelte, fiel ihm auf, daß es zwei verschiedene Typen von roten Sternen gab. Einige waren sehr leuchtschwach, andere dagegen sehr hell; rote Sterne einer mittleren Helligkeit dagegen fand er nicht.

Ein Stern erscheint rot, weil seine Oberfläche vergleichsweise kühl ist – eben nur rotglühend im Gegensatz zur Weißglut der Sonne. Die Temperaturen an der Oberfläche roter Sterne liegen im Bereich von etwa 2 000 Grad Celsius. Entsprechend kann man annehmen, daß rote Sterne nur wenig Licht pro Fläche aussenden und sehr leuchtschwach bleiben, falls sie so klein wie die Sonne oder noch kleiner sind. Lichtschwache rote Sterne stellen also eigentlich keine Überraschung dar. Wie aber kann man die sehr hellen roten Sterne erklären?

Damit ein kühler Stern sehr hell erscheinen kann, muß er die geringe Flächenhelligkeit durch eine sehr große Fläche kompensieren – eine Oberfläche, die viel größer als die Sonnenoberfläche ist. Leuchtkräftige rote Sterne müssen daher einige hundert Sonnendurchmesser besitzen. Solche Sterne, wie etwa Beteigeuze oder Antares, werden entsprechend *Rote Riesen* genannt.

Als das Konzept der Hauptreihe entwickelt wurde, war sofort klar, daß die Roten Riesen nicht auf der Hauptreihe angesiedelt waren. Statt dessen erschien die Annahme plausibel, es handele sich bei ihnen um Sterne in der Entstehungsphase, um Sterne also, die sich noch langsam weiter zusammenzögen und dabei immer kleiner und heißer würden. Am Ende dieser Entwicklung stünde dann ein Hauptreihenstern normaler Größe und Temperatur.

Diese Vorstellung ist mittlerweile längst überholt. Die Astronomen haben Sternhaufen untersucht, deren Mitglieder alle ein vergleichbares Alter besitzen müssen, weil sie sehr wahrscheinlich mehr oder minder gleichzeitig entstanden sind. Dabei fiel ihnen auf, daß sich die Sterne mit fortschreitendem Alter weiterentwickeln, und zwar um so schneller, je mehr Masse sie in sich vereinen. Also bestimmten sie die Massen der einzelnen Sterne und erhielten so gewissermaßen Standfotos aus unterschiedlichen Phasen der Lebensgeschichte. Die Roten Riesen erwiesen sich als die massereichsten Sterne, und so konnte es sich bei ihnen nicht um frühe Entwicklungsphasen im Vor-Hauptreihen-Stadium handeln, sondern nur um »alte« Sterne, die sich allmählich von der Hauptreihe fortentwickelt hatten.

Wie aber wird ein alter Hauptreihenstern zu einem Roten Riesen?

Die Antwort lautet gegenwärtig so: Der Wasserstoff im Zentralbereich eines Hauptreihensterns wird langsam, im Verlauf von Millionen und Milliarden Jahren, aufgezehrt, wobei sich das dabei entstehende, im Vergleich zum Wasserstoff dichtere Helium im Zentrum des Sterns sammelt. Die Wasserstoff-Fusion geht am Rand des wachsenden Heliumkerns weiter, doch verdient jetzt das Helium unsere weitere Aufmerksamkeit.

Da sich das Helium im Zentralbereich unter seiner eigenen Anziehungskraft zunehmend verdichtet, wird der Heliumkern ständig kleiner, dichter und heißer. Schließlich erreicht er Temperatur- und Druckwerte, die genügen, um eine Verschmelzung von Heliumatomkernen zu ermöglichen: Sie verbinden sich zu komplexeren Kernen von Kohlenstoff, Stickstoff und Sauerstoff.

Bei dieser Heliumfusion entsteht ebenfalls Wärme, und zwar weit mehr als im Zuge der Wasserstoff-Fusion am Rande des Heliumkerns. So werden die äußeren Schichten des Sterns überhitzt und müssen daher enorm expandieren, weit mehr als bei einer vollständigen Wasserstoff-Fusion in einem normalen Stern. Zu diesem Zeitpunkt verläßt der Stern die Hauptreihe.

Aufgrund der Ausdehnung kühlen die äußeren Schichten des Sterns zu bloßer Rotglut ab, doch die stark vergrößerte Oberfläche gleicht dies mehr als nur aus: Wenn der Durchmesser des Sterns auf das Hundertfache des ursprünglichen Wertes ansteigt, wächst die Oberfläche 100×100mal oder 10 000mal, und durch diese gewaltige Fläche strahlt der Stern trotz seiner niedrigeren Oberflächentemperatur weit mehr Wärme ab als ein normaler Stern.

Die Heliumfusion liefert weit weniger Energie als die Wasserstoff-Fusion, so daß der Vorrat an Helium entsprechend schneller aufgezehrt ist als ein gleich großer Wasserstoffvorrat. Die bei der Heliumfusion entstehenden Atome können zwar noch weiter miteinander reagieren, aber die Ergiebigkeit des Heliumbrennens ist vielleicht zwanzigmal kleiner als die des Wasserstoffbrennens – und der Rote Riese strahlt auch weiterhin Energie in großen Mengen ab.

Entsprechend kann die Rote-Riese-Phase nach astronomischen Maßstäben nicht sehr lange andauern, allenfalls ein bis zwei Millionen Jahre (für uns Menschen immer noch ein unvorstellbar langer Zeitraum). Aus diesem Grund sehen wir verhältnismäßig wenig Rote Riesen. Nur etwa ein Prozent der Sterne innerhalb der Galaxis gehören zu dieser Gruppe, also etwa 2,5 Milliarden. Davon können wir nur jenen Teil in unserer Nachbarschaft sehen (eigentlich sollten wir sie wegen ihrer großen Helligkeit auch über größere Distanzen beobachten können, das wird aber durch die galaktischen Staubwolken verhindert). Die meisten Sterne haben das Rote-Riese-Stadium entweder noch nicht erreicht oder bereits überschritten.

Die Atomkerne im Zentrum eines Roten Riesen lagern sich zu immer komplexeren Kernen zusammen, bis die Temperatur nicht weiter ansteigt und die Fusionskette abbricht. In den massereichsten Sternen kann die Temperatur zwar sehr hoch werden, doch selbst dann reicht sie allenfalls aus, um Atomkerne des Eisens entstehen zu lassen. Sie stellen das Ende einer Sackgasse dar: Ganz gleich, ob Eisenatome zerbrechen (»Kernspaltung«) oder zu noch komplexeren Atomen verschmelzen – in beiden Fällen wird keine Energie produziert, sondern im Gegenteil verschluckt. Eisenatome stellen also die letzte »Asche« der Kernfusionsprozesse im Innern eines Sterns dar.

Für die weitere Entwicklung des Roten Riesen ist es völlig gleichgültig, ob die Zentraltemperatur in einem Roten Riesen so weit ansteigt, daß schließlich

Eisenatome entstehen können, oder ob die Kernfusion vorher zum Erliegen kommt: Das nukleare Brennen im Innern des Sterns erlischt, und dann kann nichts mehr den Stern gegen seine eigene Anziehungskraft abstützen – der Stern muß in sich zusammenstürzen. Dieser Kollaps vollzieht sich sehr abrupt.

Während des stellaren Einsturzes steigt die Temperatur im Innern weiter an und kann dazu führen, daß verbliebene Reste an Wasserstoff verdichtet werden und schlagartig verschmelzen. Im Verlauf dieser Explosion wird nicht selten ein Teil der äußeren Sternhülle in den umgebenden Weltraum geschleudert, so daß eine expandierende Gashülle den Rumpfstern umgibt.

Wir kennen einige Sterne, die sich in diesem Stadium befinden. Die expandierende Gashülle wird von dem Licht des Sterns zum Leuchten angeregt, und wir sehen dieses Leuchten am stärksten an den seitlichen Rändern, wo wir durch eine dikkere Gasschicht blicken; so entsteht der Eindruck, als sei der kollabierende Stern von einem Rauchring umgeben.

Jede Gas- oder Staubwolke im interstellaren Raum wird als Nebel bezeichnet (von nebula, dem lateinischen Wort für »Rauch«), und weil die Nebel in der Umgebung kollabierender Sterne in den kleineren Teleskopen früherer Astronomengenerationen eine gewisse Ähnlichkeit mit den Planeten am Rande des Sonnensystems besaßen, wurden sie *planetarische Nebel* genannt.

Wir kennen rund tausend planetarische Nebel, von denen der Ringnebel im Sternbild Leier das wohl bekannteste Beispiel ist.

Im Zentrum eines jeden planetarischen Nebels steht ein sehr heißer, bläulich weißer Stern (wie man es für einen neu entstandenen Weißen Zwerg erwarten würde), dessen Strahlung die Gasschale nicht nur zum Leuchten anregt, sondern sie auch immer weiter in den umgebenden Raum hinausdrückt. Die Hülle expandiert also immer weiter, wird dünner und leuchtschwächer, bis sie sich schließlich zwischen den ohnehin vorhandenen interstellaren Gas- und Staubwolken verliert.

Was nach vielleicht 100 000 Jahren übrig bleibt, ist ein Weißer Zwerg ohne nachweisbaren Nebel in seiner Umgebung – das Stadium, in dem sich Sirius B präsentiert.

Da in einem Weißen Zwerg keine Fusionsprozesse mehr ablaufen können, verfügt er auch über keine weitere Wärmequelle mehr. Entsprechend muß er ganz allmählich auskühlen.

Schließlich ist die Oberflächentemperatur so weit gesunken, daß der Stern kein sichtbares Licht mehr abstrahlen kann und als Schwarzer Zwerg in der Dunkelheit des Universums versinkt. Wahrscheinlich ist das Universum aber noch zu jung, als daß bereits Schwarze Zwerge in größerer Zahl oder überhaupt entstanden sein könnten.

Doppelsterne und Kollaps

Können wir jetzt schon ahnen, was passiert, wenn ein Stern zu einer Nova wird?

Beim Kollaps eines Roten Riesen gibt es einen Lichtblitz, wenn der Wasserstoff in der äußeren Hülle zündet – sollte diese plötzlich einsetzende Wasserstoff-Fusion mit dem Lichtblitz einer Nova identisch sein? Immerhin wird bei einer solchen Explosion Gas und Staub weggeschleudert, und wurde nicht genau dieses bei der Nova Persei und der Nova Aquilae beobachtet?

Leider liegen die Dinge nicht so einfach. Die wenigen Untersuchungen, die es über Prae-Novae gibt, haben gezeigt, daß die Vorläufersterne keine Roten Riesen waren. Hinzu kommt, daß der Stern, wenn er nach dem Nova-Ausbruch wieder zu seiner ursprünglichen Helligkeit verblaßt ist (»Post-Nova«), nicht als Weißer Zwerg erscheint. Sowohl vor als auch nach dem Nova-Ausbruch erkennt man lediglich einen Hauptreihenstern, etwas heller und heißer als die Sonne vielleicht.

Um dieses Rätsel zu klären, sollten wir uns daran erinnern, daß die meisten Sterne einem Doppelsternsystem angehören. Überlegen wir also einmal, was passiert, wenn einer der beiden Partner im Zuge seiner Entwicklung die

Hauptreihe verläßt, sich zu einem Roten Riesen aufbläht und schließlich zu einem Weißen Zwerg kollabiert, während der andere Stern seinen Aufenthalt auf der Hauptreihe noch nicht beendet hat.

Beide Mitglieder eines Doppelsternsystems müssen gleichzeitig entstanden sein. Wenn sie verschiedene Anfangsmassen besessen haben, wird der massereichere Stern die Hauptreihe früher verlassen und sich deshalb als erster zu einem Weißen Zwerg entwickeln.

Doch der Weiße Zwerg, den wir am besten kennen, Sirius B, scheint diesem einfachen Szenario Hohn zu sprechen. Er gehört längst nicht mehr zu den Hauptreihensternen, obwohl er nur etwa 1,05 Sonnenmassen in sich vereint, während Sirius A trotz seiner 2,5 Sonnenmassen immer noch auf der Hauptreihe verharrt. Wie kann man einen solchen Widerspruch erklären?

Die einzig mögliche Schlußfolgerung aus dieser Beobachtung ist, daß Sirius B der massereichere Partner des Systems *war* und daher als erster zu einem Roten Riesen wurde. Als er dann kollabierte, wurde ein beachtlicher Teil seiner Masse weggeschleudert und ging verloren, so daß am Ende nur ein Rumpfstern zu einem Weißen Zwerg kollabierte.

Womöglich ist ein Teil der damals beim Kollaps von Sirius B fortgeschleuderten Materie vom Partnerstern aufgefangen worden; dann besäße Sirius A heute eine größere Masse als ursprünglich (wodurch die restliche Verweilzeit von Sirius A auf der Hauptreihe drastisch verkürzt worden wäre).

Nichts deutet darauf hin, daß es in einem Doppelsternsystem ähnlich dem von Sirius A und Sirius B jemals eine Nova gegeben habe, aber der Hinweis auf die Materieströmung von einem der beiden Sternpartner zum anderen erwies sich als äußerst wichtig.

Die Schlüsselentdeckung, die schließlich auch zur modernen Deutung des Nova-Phänomens führte, kam 1954. Damals wurden die Post-Novae gerade einer eingehenden Untersuchung unterzogen, und dabei stellte sich heraus, daß etliche von ihnen zu flackern schienen. Sie zeigten rasch aufeinanderfolgende, winzige Helligkeitsschwankungen, verhielten sich also völlig anders als gewöhnliche Sterne.

Natürlich suchten die Astronomen nach irgendwelchen Merkmalen, mit denen sie Post-Novae von normalen Sternen unterscheiden konnten, und dabei schien dieses auffällige Flimmern hilfreich zu sein.

Zu den Beobachtungsobjekten gehörte auch die Nova Herculis, besser, der Stern, der 22 Jahre zuvor als Nova Herculis erschienen war und seither die Bezeichnung DQ Herculis trug. Im Jahre 1954 bemerkte der amerikanische Astronom Merle F. Walker, daß den scheinbar regellosen Helligkeitsschwankungen ein regelmäßiger Lichtwechsel mit einer Periode von 4 Stunden 39 Minuten Dauer überlagert war, bei dem der Stern innerhalb einer Stunde deutlich dunkler wurde und anschließend wieder an Helligkeit zunahm.

Offenbar war DQ Herculis ein Doppelstern, der bei jedem Umlauf von seinem Partner verdeckt wurde, ein System ähnlich dem Stern Algol also, und das hatte niemand erwartet. Der Lichtwechsel war zuvor nicht bemerkt worden, weil die Amplitude nicht sehr groß und die Periode ungewöhnlich kurz waren – so etwas hatten sich die Astronomen nicht vorgestellt und entsprechend auch nicht danach gesucht. Tatsächlich erwies sich DQ Herculis damals als Doppelstern mit der kürzesten bekannten Periode.

Das bedeutete, daß die beiden Partner des Doppelsternsystems sich ungewöhnlich rasch um den gemeinsamen Schwerpunkt bewegten und daher sehr nahe beieinander stehen mußten. Die beste heute verfügbare Abschätzung geht von einem gegenseitigen Abstand von wenig mehr als 1,5 Millionen Kilometern von Sternzentrum zu Sternzentrum aus. Wären beide Sterne so groß wie unsere Sonne, würden sie sich beinahe gegenseitig berühren.

War dies bloß ein Zufall? Oder hing der Nova-Ausbruch von DQ Herculis doch damit zusammen, daß an dieser Stelle ein extrem enges Doppelsternsystem stand? Um diese Frage beantworten zu können, mußte man herausfinden, ob die anderen Post-Novae ebenfalls sehr engen Doppelsternpaaren angehörten. Walkers Kollege Robert P. Kraft fand, daß von zehn weiteren Exemplaren sieben eindeutige Beobachtungsmerkmale zeigten, die für enge Doppelsterne charakteristisch sind.

Natürlich kann man nicht erwarten, daß wir bei allen Doppelsternen genau auf die Kante der Umlaufbahnen sehen und verfolgen können, wie einer der beiden Sterne den jeweils anderen bedeckt. Doch auch bei den Post-Novae, die keine Bedeckungslichtkurve zeigten, konnte man aus der sorgfältigen Analyse der Spektrallinien die Zugehörigkeit zu einem engen Doppelsternsystem herauslesen. Extrem enge Sternpaare sind sehr selten, und Novae sind ebenfalls ziemlich selten. Die Tatsache, daß so viele Sterne sowohl der einen als auch der anderen Klasse angehören, kann nicht als bloßer Zufall abgetan werden: Es muß einen Zusammenhang geben.

Dann wurde noch etwas gefunden. Die Post-Novae erschienen zwar auf den ersten Blick als gewöhnliche Hauptreihensterne, doch eine genaue Untersuchung des Spektrums lieferte in jedem Fall Hinweise auf die Anwesenheit kleiner, weißglühender Sterne, bei denen es sich um Weiße Zwerge handeln mußte. Post-Novae erwiesen sich also in Wirklichkeit als Doppelsterne mit ultrakurzer Periode, deren einer Partner ein Weißer Zwerg war.

Das war zugleich auch die Erklärung dafür, warum der Helligkeitswechsel während der Bedeckungsphase so gering ausfiel. Wenn der Weiße Zwerg vor seinem normalen Partner vorbeizog, bedeckte er so gut wie gar nichts von ihm, und entsprechend winzig blieb der Helligkeitsabfall gegenüber der Situation, bei der beide Sterne nebeneinander leuchteten. Wenn der Weiße Zwerg dagegen hinter dem normalen Stern herzog, wurde er zwar vollständig bedeckt, doch ist sein Beitrag zur Gesamthelligkeit des Sterns so gering, daß dies wiederum kaum auffiel.

Diese Kombination eines Weißen Zwerges und eines normalen Hauptreihensterns in einem Doppelsternsystem extrem kurzer Periode reichte den Astronomen, um die Entwicklungsgeschichte einer Nova zu rekonstruieren.

Am Anfang steht ein sehr enges Doppelsternsystem aus zwei Hauptreihensternen. Der massereichere Partner (A) wird nach Ablauf des Wasserstoffbrennens zu einem Roten Riesen, der sich so weit aufbläht, bis er den masseärmeren Partner (B) berührt. In dieser Phase saugt B einen Teil der äußeren Hülle von A ab, gewinnt dabei an Masse und beschleunigt seine eigene Entwicklung. Irgendwann kollabiert A zu einem Weißen Zwerg, während B sein (nunmehr verkürztes) Hauptreihenstadium zu Ende führt.

Es dauert nicht lange, bis auch der Brennstoff-Vorrat von B zur Neige geht und der Stern zu expandieren beginnt. Dabei gerät seine Oberfläche schließlich in die Nähe des Partners A, der nunmehr seinerseits Materie von ihm herüberzerrt. Während des ersten Masseaustausches war der Empfänger (B) noch ein normaler Hauptreihenstern. Diesmal aber ist der Empfänger (A) ein Weißer Zwerg. Das hat zur Folge, daß das überströmende Material nicht direkt auf die sehr kleine Oberfläche des Partnersterns stürzt, sondern in eine Umlaufbahn um den Weißen Zwerg gelangt und dort eine sogenannte *Akkretionsscheibe* bildet.

In dieser Scheibe wird die Materie sehr dicht zusammengepreßt, so daß sich die einzelnen Partikel durch gegenseitige Kollisionen aneinander reiben, sich aufheizen und gleichzeitig abbremsen. Sie bewegen sich dann auf immer enger werdenden Spiralbahnen langsam nach innen und stürzen schließlich auf den Weißen Zwerg herab – ein Vorgang, der als Akkretion (Massenzuwachs) bezeichnet wird. Zwar ist der Wasserstoff im Zentrum des Sterns B längst aufgebraucht, wenn er zu einem Roten Riesen expandiert, aber seine äußere Hülle besteht noch immer nahezu vollständig aus Wasserstoff. Mithin kann der Weiße Zwerg A, der selbst so gut wie gar keinen Wasserstoff mehr enthält, ständig diesen Rohstoff der Sternenergie von seinem Partner zu sich herüberzerren.

Aufgrund der starken Oberflächenschwerkraft wird dieser Wasserstoff stark verdichtet und erhitzt. Dieser Prozeß setzt sich so lange fort, bis die Voraussetzungen für eine Fusion des Wasserstoffs gegeben sind und das einsetzende Wasserstoffbrennen die Oberfläche des Weißen Zwerges noch weiter aufheizt.

Schließlich ist der Punkt erreicht, bei dem durch die abgestrahlte Energie auch der Wasserstoff in der Akkretionsscheibe »zündet« und explosionsartig zu Helium verschmilzt. Dabei wird ein gewaltiger Energieblitz freigesetzt und die äußere Schicht der Akkretionsscheibe so stark fortgeschleudert, daß sie den Anziehungsbereich des Weißen Zwerges verlassen kann.

Dieser gewaltige Lichtblitz ist das, was wir auf der Erde als Nova beobachten, und der weggeschleuderte Teil der Akkretionsscheibe erscheint uns als expandierende Gas- und Staubhülle in der Umgebung der Post-Nova.

Die Wasserstoff-Fusion kommt bald wieder zum Erliegen, die Aktivität erlischt, und die Oberfläche des Weißen Zwergs kühlt langsam wieder ab. Doch der Zyklus kann wieder von vorne beginnen, wenn erneut Wasserstoff von dem Stern B herüberströmt, eine Akkretionsscheibe bildet und langsam auf den Weißen Zwerg herunterregnet. Dann kommt es zu einem erneuten Ausbruch. Auf diese Weise kann eine Nova mehrfach wieder aufleuchten, ehe der Stern B seine Expansion beendet hat und zu einem Weißen Zwerg kollabiert (man kennt mehrere solcher Doppelsternpaare aus Weißen Zwergen, aber sie müssen nicht unbedingt diese Entwicklung über die Nova-Phase genommen haben – falls sie weit genug voneinander entfernt waren, gab es keine Materieströmungen und damit auch keine Akkretionsscheibe).

Im allgemeinen ist der erste Nova-Ausbruch auch der hellste; Nova Persei, Nova Aquilae und Nova Cygni könnten solche Nova-Premieren gewesen sein. Der zweite Ausbruch fällt weniger hell aus und kann bis zu 20 000 Jahre auf sich warten lassen. Weitere Wiederholungen sind dann immer weniger auffällig.

Der Weiße Zwerg trägt selbst zur Intensität des Nova-Ausbruchs bei. Er enthält an seiner Oberfläche massereiche Atomkerne wie Kohlenstoff-, Stickstoff- und Sauerstoffkerne, die sich teilweise mit dem herabregnenden Wasserstoff vermischen können. Solche massereicheren Atome können die Wasserstoff-Fusion beschleunigen. Wenn sich überdurchschnittlich viele massereichere Atomkerne mit dem Wasserstoff vermischt haben, breitet sich die Fusion innerhalb der Wasserstoffhülle viel rascher aus, und es entsteht ein viel hellerer Lichtblitz, dem ein entsprechend rapiderer Helligkeitsabfall folgt. Wenn dagegen Kohlenstoff-, Stickstoff- und Sauerstoffkerne nur in geringer Menge beigemischt sind, zündet die Wasserstoff-Fusion langsamer, fällt der anfängliche Lichtblitz weniger hell aus und geht die Helligkeit anschließend auch nicht so rasch zurück. Dies erklärt den Unterschied zwischen schnellen und langsamen Nova-Ausbrüchen.

Die Voraussetzungen für das Aufleuchten einer Nova sind also sehr einschränkend, und so brauchen wir uns nicht darüber zu wundern, daß nur wenige Sterne in der Galaxis sie erfüllen. Wir brauchen einen extrem engen Doppelstern. Insbesondere genügt unsere Sonne den Anforderungen in gar keinem Fall, da sie nicht nur keinen sehr nahen Doppelsternpartner besitzt, sondern nach allem, was wir bislang wissen, überhaupt keinen stellaren Begleiter hat. Wenn sie in vielleicht fünf oder sechs Milliarden Jahren ihren Wasserstoffvorrat so weit aufgebraucht hat, daß sie zur Wahrung ihrer Stabilität mit der Verschmelzung von Helium beginnen muß, wird sie zu expandieren beginnen, zu einem Roten Riesen heranwachsen und schließlich zu einem Weißen Zwerg kollabieren – doch all dies wird sie ohne störende Einflüsse von außen tun können: Unsere Sonne kann nie zu einer Nova werden.

4 Größere Explosionen

Jenseits der Galaxis?

Nicht bei allen Novae handelt es sich um extrem enge Doppelsterne mit einem Weißen Zwerg. Etwa jede tausendste Nova nur mag von diesem Modell abweichen, aber sie erweist sich dann als eine völlig andere Erscheinung. Um diese Ausnahmen zu verstehen, müssen wir zunächst unser Bild vom Universum erweitern.

Als den Astronomen zum ersten Mal deutlich wurde, daß die Sterne, die wir am Himmel sehen, Teil einer größeren Struktur mit einer klaren Form und endlicher Größe sind (die wir heute als Galaxis bezeichnen), gingen sie stillschweigend davon aus, daß diese Sternansammlung alle oder zumindest fast alle Sterne umfaßte. Das Universum war mit der Galaxis identisch.

Die einzigen bekannten Objekte, die möglicherweise außerhalb der Galaxis lagen, waren die »Magellanschen Wolken« am Südhimmel, die von Europa aus nicht zu beobachten sind.

Die ersten Europäer, die diese Wolken sahen und beschrieben, gehörten zur Mannschaft von Ferdinand Magellan, der sich 1519 aufgemacht hatte, den westlichen Seeweg nach Indien und Ostasien zu finden. Auf dem Wege dorthin mußte die Expedition, die am Ende die Erde einmal umrundet hatte, zunächst den amerikanischen Doppelkontinent umsegeln, und dazu mußten sie an der Ostküste Südamerikas weit nach Süden vordringen – bis zur heutigen Magellanstraße. In diesen weit südlichen Breiten steigen die Magellanschen Wolken hoch am Himmel empor.

Sie erscheinen als zwei schwach leuchtende Gebiete, gerade so, als handele es sich um abgetrennte Teile der Milchstraße. Da sie losgelöst wirken, konnten sie sehr wohl auch unabhängig von der Galaxis sein, deren Hauptebene uns als Milchstraßenband erscheint.

Im Laufe der Zeit fand man, daß die Magellanschen Wolken ebenso wie die Milchstraße aus einer Vielzahl lichtschwacher Sterne bestehen, und in den 30er Jahren des 20. Jahrhunderts hatte man die Entfernung zur Großen Magellanschen

Wolke zu etwa 155 000 Lichtjahren, die der Kleinen Magellanschen Wolke zu 165 000 Lichtjahren bestimmt (neuere Messungen gehen von 180 000 beziehungsweise 250 000 Lichtjahren aus; Anm. d. Ü.). Damit lagen beide Systeme deutlich jenseits der Grenzen der Galaxis.

Die Magellanschen Wolken sind wesentlich kleiner als die Galaxis. Während das Milchstraßensystem etwa 250 Milliarden Sterne umfaßt, läßt die Masse der Großen Magellanschen Wolke auf etwa 10 Milliarden Sterne, die der Kleinen Magellanschen Wolke auf nur 2 Milliarden Sterne schließen.

Die beiden Wolken gelten heute als kleine Satellitensysteme unserer Galaxis, die inzwischen als eine von vielen ähnlichen Galaxien erkannt wurde; man kann vermuten, daß sie sich auf irgendeine Weise von der Galaxis gelöst haben und nun mit ihr zusammen ein durch die gegenseitigen Anziehungskräfte zusammengehaltenes System bilden – vergleichbar mit dem System Erde-Mond.

Damit stellte sich die Frage: Gibt es außerhalb dieses Systems noch andere Strukturen im Weltall?

Während des 19. Jahrhunderts glaubten nur wenige Astronomen, daß es solche Objekte gibt. Immerhin kannten sie nur eines, das dafür in Frage kam und nicht wie ein Stern aussah.

Nicht alles, was man am gestirnten Himmel sieht, ist wirklich ein Stern oder ein schwach leuchtendes Objekt wie die Milchstraße oder die Magellanschen Wolken, die man in einzelne Sterne »auflösen« kann. Es gibt daneben noch ganz andere Arten astronomischer Objekte.

So beschrieb der niederländische Astronom Christian Huygens (1629–1695) im Jahre 1694 einen hellen Fleck, der mit bloßem Auge als Stern inmitten jener Gruppe zu erkennen war, die im Volksmund als das Schwertgehänge des Orion bekannt ist; im Fernrohr sah man an seiner Stelle ein Gebiet aus leuchtendem Nebel, in den mehrere Sterne eingebettet waren, die zum Teil überstrahlt wurden. Dieser erste Bericht beschrieb die Realität sehr treffend. Es handelt sich um einen Nebel, eine riesige Wolke aus Gas und Staub, die von den hellen Sternen in ihrem Innern zum Leuchten angeregt wird. Das Objekt ist heute als Orionnebel bekannt, hat einen Durchmesser von rund 30 Lichtjahren und steht etwa 1650 Lichtjahre entfernt. Für irdische Verhältnisse ist diese Wolke extrem dünn, wesentlich dünner jedenfalls als das beste Vakuum, das man in einem irdischen Labor erzeugen kann, aber die riesige Ausdehnung führt dazu, daß die Teilchen in ihrer Gesamtheit ausreichen, um einige der eingelagerten Sterne zu verbergen.

Daneben gibt es andere leuchtende Nebel in vielen reizvollen Formen und Farben. Man findet sie nicht nur innerhalb der Galaxis; der Tarantelnebel in der Großen Magellanschen Wolke zum Beispiel ist viel größer als der Orionnebel.

Auch Dunkelnebel hat man zwischen den Sternen gefunden. Schon Wilhelm Herschel hatte bei seinen Untersuchungen der Milchstraße bemerkt, daß es Gebiete gab, in denen man nur wenige oder gar keine Sterne sehen konnte. Er hielt sie für wirklich sternarme Gebiete, die räumlich so angeordnet waren, daß man von der Erde aus wie durch einen Tunnel durch sie hindurchschauen konnte. Herschel beschrieb sie als »Löcher im Himmel«.

Bis zum Jahre 1919 hatte man 182 solcher dunklen Gebiete gefunden, und es erschien zunehmend unwahrscheinlich, daß in der ansonsten so dicht mit Sternen besetzten Galaxis derart viele Löcher existieren sollten, die alle auf die Erde ausgerichtet waren. Der amerikanische Astronom Edward Emerson Barnard (1857–1923) und sein deutscher Kollege Max Wolf (1863–1932) hatten bereits gegen Ende des 19. Jahrhunderts vermutet, es handele sich um dunkle Nebel; sie sollten im Gegensatz zum Orionnebel nicht leuchten können, weil sie keine Sterne enthielten, die das Gas hätten zum Leuchten anregen können.

Solche Dunkelnebel fielen also nur dann auf, wenn sie in gleicher Blickrichtung wie sternreiche Gebiete der Galaxis standen; sie verschluckten dann das Licht der dahinterliegenden Sterne und hoben sich als unregelmäßig geformte, dunkle Schatten vor dem umgebenden Hintergrund ab.

Dunkle Nebel ohne eingelagerte Sterne und leuchtende Nebel mit solchen Sternen stellten aber nicht die einzige Art von Nebeln dar, die man am Himmel beobachtete. Es gab einige Objekte, die weder zur einen noch zur anderen Gruppe gehören konnten und rätselhaft blieben. Das bekannteste und hellste Mitglied dieser Außenseiter, das einzige, das auch mit bloßem Auge zu sehen war, erschien im Sternbild Andromeda als schwacher, leicht nebliger Fleck der vierten Größenklasse und war dort bereits einigen arabischen Astronomen aufgefallen.

Der deutsche Astronom Simon Marius (1573–1624) beobachtete den vermeintlichen Stern 1611 als erster mit einem Fernrohr – er gilt allgemein als der Entdecker des seither als Andromedanebel bekannten Objektes.

Der französische Astronom Charles Messier (1730–1817) war ein leidenschaftlicher Kometenjäger und suchte daher ständig nach neu auftauchenden Nebelflekken, die ihre Position veränderten und schließlich wieder verschwanden. 1781 erstellte er einen Katalog von nebligen Himmelsobjekten, die ihre Position nicht veränderten, sondern ständig an derselben Stelle zu beobachten waren. So wollte er verhindern, von »falschen« Kometen in die Irre geleitet zu werden. Der Andromedanebel erscheint als 31. Objekt auf seiner Liste und trägt seither die Katalogbezeichnung M 31.

Der Andromedanebel erschien rätselhaft, weil er leuchtete, ohne daß man eingelagerte Sterne erkennen konnte. Eine leuchtende Gas- und Staubwolke ohne solche Sterne paßte nicht in das Bild der Astronomen.

Der Messier-Katalog enthielt noch andere leuchtende Nebelflecken, bei denen man keine Sterne sah. Bei einigen gelang der Nachweis von Sternen jedoch nachträglich, mit größeren Teleskopen. So konnte Herschel zeigen, daß manche der vermeintlichen Nebel in Wirklichkeit dichte, kugelförmige Sternhaufen waren. Bei anderen Objekten gelang dies dagegen auch mit den größten Fernrohren nicht.

Vermutlich würde man eine Erklärung für den Andromedanebel auch auf die anderen, weniger hellen Nebel dieser Art übertragen können. Was also war der Andromedanebel?

Noch vor Ablauf des 18. Jahrhunderts wurden zwei grundverschiedene Theorien über die Natur des Andromedanebels entwickelt.

Zum einen konnte das Fehlen von sichtbaren Sternen damit zusammenhängen, daß der Andromedanebel – ähnlich wie die Milchstraße oder die beiden Magellanschen Wolken – zwar aus Sternen bestand, die aber zu lichtschwach waren, um einzeln beobachtet werden zu können.

In diesem Fall mußten die Sterne des Andromedanebels ungewöhnlich schwach leuchten, denn die gleichen Teleskope, die das vermeintliche Nebelleuchten der Galaxis und der Magellanschen Wolken in ausgedehnte Wolken einzelner Sterne auflösen konnten, versagten beim Andromedanebel – er blieb auch in den besten Teleskopen ein bloßer Lichtschimmer.

Dies erschien nur dann verständlich, wenn man die Entfernung des Andromedanebels als so weit annahm, daß auch die größten Fernrohre bei ihm keine Einzelsterne zeigen konnten, zumal diese Einzelsterne dann ja auch weit lichtschwächer sein mußten als die Sterne der Milchstraße oder der Magellanschen Wolken. Wenn aber der Andromedanebel so weit entfernt stand und dennoch mit bloßem Auge zu sehen war, mußte es sich um eine gewaltige Ansammlung von Sternen handeln

Diese Ansicht vertrat der deutsche Philosoph Immanuel Kant (1724–1804). Er äußerte 1755 die Vermutung, daß die beobachteten Nebel »Welteninseln im Universum« seien. Als man später die wahre Natur der Galaxis erkannte, war es naheliegend, die Welteninseln als andere, sehr entfernte Galaxien anzusehen.

Kant war mit dieser Hypothese seiner Zeit weit voraus. Die meisten Astronomen waren damals noch nicht bereit, ihren Blick über den Rand der Galaxis zu richten und sich die Existenz vieler anderer Galaxien vorzustellen. Weniger visionär und daher annehmbarer erschien ihnen die zweite Erklärungsmöglichkeit, die der französische Astronom Pierre-Simon de Laplace (1749–1827) im Jahre 1798 vorschlug. Er ging davon aus, daß das Sonnensystem am Anfang eine riesige Wolke aus Gas und Staub war, die sich langsam drehte und allmählich zusammenzog. Im Verlauf der Kontraktion, so Laplace weiter, hatte diese Wolke mehrfach Ringe abgeschleudert, aus denen sich dann die einzelnen Planeten bildeten, während die zentrale Verdichtung allmählich heißer wurde und schließlich zu leuchten begann, so daß der gesamte Nebel erhellt wurde. Mit anderen Worten: Während aus den Rändern des Nebels die Planeten wurden, entstand in seinem Zentrum die Sonne.

Kant hatte in seinem Buch, in dem er die Theorie der Welteninseln vorgestellt hatte, einen ähnlichen Vorschlag zur Entstehung des Planetensystems unterbreitet. Die Gedanken von Laplace waren lediglich detaillierter – und er meinte, der Andromedanebel könne als Beispiel für ein Planetensystem im Prozeß des Entstehens angesehen werden. In diesem Fall wäre er tatsächlich eine Gas- und Staubwolke mit einem gerade erst entstehenden Stern im Zentrum, einem Stern, der zwar selbst noch nicht zu erkennen war, dessen Helligkeit jedoch bereits ausreichte, um die umgebende Region zu beleuchten.

Weil Laplace den Andromedanebel als Beispiel benutzt hatte, wurden seine Gedanken als »Nebularhypothese« bezeichnet.

Falls Laplace recht hatte, mußte der Andromedanebel als ein entstehendes Planetensystem ziemlich nahe stehen, um so groß erscheinen zu können; ein solches Objekt konnte nur ein Mitglied der Galaxis sein.

Während des gesamten 19. Jahrhunderts wurde die Hypothese von Laplace weitgehend akzeptiert. Nur sehr wenige Astronomen schlossen sich dem Kantschen Erklärungsversuch an.

Während dieser Zeit verlor der Andromedanebel an Einmaligkeit: Mit immer besseren und größeren Fernrohren fanden die Astronomen immer mehr vergleichbare Nebel, die leuchteten, obwohl sie keine sichtbaren Sterne enthielten.

Der irische Astronom William Parsons, der dritte Earl of Rosse (1800–1867), schenkte diesen Nebeln sein besonderes Interesse und baute für seine Studien das damals größte Teleskop der Erde. Allerdings konnte er nicht viele Beobachtungen mit diesem Instrument anstellen, weil das Wetter in seiner Heimat selten einen Blick zum gestirnten Himmel zuließ. Wenn der Himmel hin und wieder doch einmal aufklarte, sah er Dinge, die noch niemand vor ihm bemerkt hatte. 1845 berichtete er, daß etliche Nebel eine ausgeprägte Spiralstruktur zu besitzen schienen, fast so, als seien es leuchtende Lichtwirbel oder Feuerräder vor dem dunklen Hintergrund des Weltraums.

Das wohl eindrucksvollste Beispiel hierfür ist M 51, das 51. Objekt im Messierkatalog. Im englischen Sprachbereich wird das Objekt zumeist als »whirlpool-nebula« bezeichnet, während der Begriff »Feuerrad-Galaxie« das Aussehen noch besser beschreibt. Die Astronomen begannen, im Zusammenhang mit diesen Nebeln von »Spiralnebeln« zu sprechen, und mußten feststellen, daß solche Spiralnebel durchaus nicht selten am Himmel zu finden waren.

Andere Nebel zeigten elliptische Umrisse ohne jede Spiralstruktur, weshalb sie elliptische Nebel genannt wurden. Sowohl die Spiralnebel als auch die elliptischen Nebel unterschieden sich auffallend von Objekten wie dem Orionnebel mit ihren unregelmäßigen Formen und ihren ungleichförmigen Strukturen.

In der zweiten Hälfte des 19. Jahrhunderts lernte man, fotografische Aufnahmen von Himmelsobjekten auch geringerer Helligkeit zu machen. Man brauchte lediglich eine Kamera an einem Teleskop zu befestigen und dafür zu sorgen, daß beide zusammen mit der richtigen Geschwindigkeit der Himmelsdrehung nachgeführt wurden – auf diese Weise ließ sich die Drehung der Erde um ihre eigene Achse ausgleichen, so daß man langbelichtete Aufnahmen machen konnte.

In den 80er Jahren des vergangenen Jahrhunderts machte der walisische Amateurastronom Isaac Roberts (1829–1904) eine ganze Reihe von Nebelaufnahmen. Für die Untersuchung dieser Objekte war das sehr hilfreich, denn die fotografische Platte konnte feine Details besser aufnehmen und objektiver wiedergeben, so daß sich die Astronomen nicht länger auf die mitunter zweifelhaften Fähigkeiten mancher Kollegen verlassen mußten, das Gesehene zeichnerisch festzuhalten.

Vor gut 100 Jahren, 1888, konnte Roberts zeigen, daß auch der Andromedanebel eine Spiralstruktur besitzt. Dies war vorher nicht bemerkt worden, weil man den Andromedanebel mehr von der Kante sieht als etwa den Feuerrad-Nebel; die Spiralstruktur, die dort so auffällig war, ging beim Andromedanebel durch die Perspektive fast unter.

Roberts wies darauf hin, daß man anhand regelmäßiger Aufnahmen solcher Nebel im Abstand von einigen Jahren würde feststellen können, ob die Nebel relativ zu den umgebenden Sternen mit einer meßbaren Geschwindigkeit rotierten. Das allein würde ausreichen, um die Nebel zweifelsfrei als relativ kleine und damit nahe Gebilde zu identifizieren. Jedes Objekt, das so weit entfernt wäre wie eine der von Kant postulierten Welteninseln, müßte so riesig sein, daß es viele Millionen Jahre für eine Umdrehung benötigte und deshalb innerhalb weniger Jahre der Beobachtung keinerlei Veränderungen erkennen lassen würde. Elf Jahre später behauptete Roberts, seine Fotos vom Andromedanebel würden solche rotationsbedingten Veränderungen zeigen – und das schien das Ende der Diskussion zu bedeuten. Ebenfalls 1899 gelang seine erste Aufzeichnung des Spektrums vom Andromedanebel. Es hatte große Ähnlichkeit mit den Spektren normaler Sterne, während unregelmäßig geformte Gas- und Staubwolken wie der Orionnebel völlig andere Spektren erzeugten, die lediglich aus einigen hellen Linien bestimmter Farben bestanden. Deshalb erschienen die leuchtenden Gasnebel oft in verschiedenen Farben, während der Andromedanebel und andere Spiralnebel eher weißlich wirkten und deshalb mitunter auch *weiße Nebel* genannt wurden.

Das Spektrum des Andromedanebels machte Sinn, falls Laplace recht hatte und falls der Nebel sich zu einem Stern entwickelte. 1909 berichtete der englische Astronom William Huggins (1824–1910) denn auch, er sei aufgrund seiner Untersuchung des Andromedanebels zu dem Ergebnis gekommen, es handele sich um ein Planetensystem in der Spätphase seiner Entstehung.

Damit schienen alle Zweifel ausgeräumt.

Und doch gab es ein Problem, das gegen Ende des vergangenen Jahrhunderts aufgetaucht war und sich einfach nicht aus der Welt schaffen ließ. Es hing mit den Novae zusammen.

S Andromedae

Am 20. August 1885 bemerkte der deutsche Astronom Ernst Hartwig (1851–1923) einen Stern im Zentralbereich des Andromedanebels. Es war der erste Stern, den man je in Verbindung mit dem Nebel gesehen hatte.

Mag sein, daß einige Astronomen anfangs gedacht haben, der Stern im Zentrum des vermeintlich entstehenden Planetensystems sei nun endlich aufgeleuchtet. Die zentrale Region des Andromedanebels schien nicht länger nur glühend, sondern hatte endgültig »Feuer gefangen« und sich zu einem richtigen Stern entwickelt. In diesem Fall hätte der Stern kontinuierlich leuchten und zu einem dauerhaften Objekt werden müssen – doch es kam anders.

Der Stern verblaßte ganz langsam und verschwand schließlich im März 1886 wieder. Es mußte sich um eine Nova gehandelt haben, ganz klar und ohne Zweifel – Nova Andromedae. Der Stern ist unter dem Namen S Andromedae bekannt geworden, und so werde ich diese Bezeichnung auch verwenden.

Was aber hatte eine Nova im Andromedanebel zu suchen? Konnte ein einzelner, in der Entstehung begriffener Stern zur Nova werden, bevor er ein richtiger Stern geworden war? Und selbst wenn dies möglich wäre: Wie sollte man dann verstehen, daß der Andromedanebel auch nach dem Verblassen des Sterns genauso erschien wie vorher, ohne jede sichtbare Veränderung?

Wer aber konnte mit Sicherheit sagen, daß die Nova wirklich im Andromedanebel aufgeleuchtet war? Immerhin konnte sie ja auch bloß in der gleichen Blickrichtung erschienen sein, als Vordergrundstern gewissermaßen, so daß der Andromedanebel selbst von ihrem Aufleuchten völlig unbetroffen geblieben war.

Doch ganz gleich, ob S Andromedae zum Andromedanebel gehörte oder nicht – mit Sicherheit war dieses Objekt nur der schwache Abglanz einer gewöhnlichen Nova. Selbst für die damalige Zeit, als die Astronomen noch nicht sehr viele Novae beobachtet hatten, war klar, daß S Andromedae ungewöhnlich dunkel geblieben war. Sogar während des Helligkeitsmaximums erreichte der Stern lediglich eine Helligkeit von 7,2 Größenklassen, so daß man ihn mit bloßem Auge gar nicht hatte sehen können. In diesem Fall hätte niemand bloß vor die Tür treten und den Blick zum Himmel richten können, um angesichts von S Andromedae wie angewurzelt stehen zu bleiben und zu sagen: »Unglaublich! Ein neuer Stern!«, wie dies Tycho Brahe rund drei Jahrhunderte zuvor getan haben muß.

Niemand außer ein paar Astronomen mit ihren Teleskopen sah S Andromedae. Selbst sie hätten die Nova vermutlich kaum bemerkt, wenn sie nicht just in dem strukturlosen Lichtfleck im Zentrum des Andromedanebels aufgeleuchtet wäre, in dem man zuvor keinen noch so schwachen Stern beobachtet hatte.

Fotografien vom Andromedanebel mit der Nova wurden gemacht, aber keine Spektren aufgezeichnet. Es war damals noch nicht so einfach, Spektren von so lichtschwachen Sternen zu gewinnen. Das plötzliche Aufleuchten und der langsame Helligkeitsabfall von S Andromedae waren allerdings typisch für eine Nova, und so blieb nur die Frage, warum diese Nova so lichtschwach geblieben war.

Besonders herausfordernd brauchte diese Frage gar nicht einmal zu sein. Schließlich konnten Novae in sehr unterschiedlichen Helligkeiten aufblitzen. Es mochten entweder sehr helle Objekte sein wie die Nova von Tycho oder aber eher unauffällige Objekte wie jene, die Hind im Jahre 1848 beobachtet hatte und die eine Maximalhelligkeit der vierten Größenklasse erreichte. Die Nova Andromedae war eben lediglich etwas weniger hell gewesen, das war alles.

Da man zu jener Zeit noch keine Vorstellung über die Ursachen und die Natur einer Nova hatte, konnte man diese Unterschiede leicht auf die verschiedenen Anfangshelligkeiten der Sterne zurückführen. Ein besonders leuchtkräftiger Stern würde sich dann zu einer unübersehbaren Nova entwickeln, ein weniger heller Stern zu einer Nova mittlerer Helligkeit, während ein besonders lichtschwacher Stern schließlich selbst als Nova dem bloßen Auge verborgen bleiben konnte.

Und so geriet S Andromedae aus den Augen. Der Stern war aufgetaucht und wieder verschwunden, war beobachtet worden und wurde wieder vergessen.

Allerdings nur bis zum Jahre 1901. In jenem Jahr erschien die Nova Persei, die vorübergehend eine Helligkeit der nullten Größenklasse erreichte. Als man bemerkte, daß sich ein Lichtblitz der Nova in der umgebenden Gas- und Staubwolke ausbreitete, konnten die Astronomen aus der Größenzunahme dieses Lichtrings die Entfernung der Nova berechnen, da die wirkliche Ausbreitungsgeschwindigkeit, die Lichtgeschwindigkeit, bekannt war: Es war ihnen ein Leichtes, herauszufinden, wie weit der Lichtring von der Erde entfernt sein mußte, um sich in der beobachteten Weise zu vergrößern. Sie ermittelten die Entfernung der Nova Persei zu knapp 100 Lichtjahren.

Dies ist keine besonders große Distanz. Es mag zwar einige tausend nähere Sterne geben, doch viele Milliarden Sterne sind weiter von uns entfernt. So konnte der Eindruck entstehen, daß die Nova Persei nur wegen ihrer vergleichsweise geringen Entfernung so hell erschienen war.

War es also denkbar, daß alle Novae eine mehr oder minder gleiche Gipfelhelligkeit erreichten, eine vergleichbare absolute Helligkeit also, aufgrund ihrer unterschiedlichen Entfernungen aber verschieden hell erschienen?

Nehmen wir einmal an, daß die geringe Maximalhelligkeit von 7,2 Größenklassen für S Andromedae nur mit der im Vergleich zur Nova Persei größeren Entfernung des Sterns zusammenhinge. Im Falle einer vergleichbaren absoluten Helligkeit hätte S Andromedae dann rund 1500 Lichtjahre entfernt stehen müssen, um so lichtschwach wie beobachtet zu bleiben.

Stand S Andromedae wirklich im Zusammenhang mit dem Andromedanebel, dann mußte auch der Nebel 1500 Lichtjahre entfernt sein; handelte es sich dagegen nur um einen Vordergrundstern, dann war der Andromedanebel noch weiter entfernt, vielleicht sogar beträchtlich weiter als 1500 Lichtjahre.

Doch selbst wenn die Entfernung nur 1500 Lichtjahre betrug, konnte es sich nicht um ein einzelnes, in der Entstehung begriffenes Planetensystem handeln. Ein Planetensystem in dieser Entfernung konnte nicht so groß erscheinen wie der Andromedanebel.

Die Astronomen wehrten sich gegen eine solche Argumentation, die schließlich nur auf der Annahme basierte, die Nova Persei und die Nova Andromedae hätten die gleiche absolute Helligkeit erreicht. Es erschien plausibler, anzunehmen, daß S Andromedae nicht nur weniger hell als die Nova Persei *erschien*, sondern wirklich weniger hell *war*. S Andromedae konnte dann nach astronomischen Maßstäben ziemlich nahe sein, viel näher jedenfalls als 1500 Lichtjahre, und das galt dann auch für den Andromedanebel.

Unter dieser Voraussetzung konnte der Andromedanebel auch weiterhin als entstehendes Planetensystem angesehen werden.

Die Andromeda-Galaxie

Der amerikanische Astronom Heber Doust Curtis (1872–1942) hielt nichts von diesem einfachen Ausweg. Falls S Andromedae doch weiter entfernt war, könnte auch der Andromedanebel viel weiter entfernt sein als angenommen – sehr viel weiter vielleicht. Konnte seine Distanz nicht so groß sein, daß er wirklich eine der anderthalb Jahrhunderte zuvor von Kant vermuteten Welteninseln darstellte – eine unabhängige Galaxie, ein Sternsystem außerhalb der Galaxis?

In diesem Falle müßte der Andromedanebel aus sehr, sehr vielen, sehr, sehr lichtschwachen Sternen bestehen. Hin und wieder würde einer von ihnen als Nova aufblitzen, und während man die normalen Sterne des Andromedanebels selbst mit den größten Fernrohren nicht erkennen konnte, mochte eine solche Nova hell genug werden, um im Fernrohr als Stern zu erscheinen, vielleicht sogar so auffällig wie S Andromedae.

Von 1917 an entdeckte Curtis tatsächlich Dutzende von Novae im Andromedanebel. Ihre Nova-Natur war offenkundig, denn die Lichtpunkte tauchten auf und verschwanden wieder, andere folgten und verschwanden ebenfalls.

Die Novae im Andromedanebel waren in zweierlei Hinsicht bemerkenswert. Zum einen fiel ihre große Zahl auf: In keiner anderen Himmelsregion erschienen so viele Novae wie in diesem kleinen Bereich.

Dies konnte nur bedeuten, daß die Novae in einem direkten Zusammenhang mit dem Nebel stehen mußten. Andernfalls gäbe es keine Erklärung dafür, daß nur in dieser Blickrichtung so viele Novae erschienen. Einen bloßen Zufall für diese Häufung ausgerechnet in Blickrichtung auf einen völlig unbeteiligten Nebel verantwortlich zu machen, erschien Curtis absurd, und so war er ziemlich sicher, daß die Novae innerhalb des Nebels aufleuchteten.

Warum aber so viele Novae allein in diesem Nebel? Wenn der Andromedanebel wirklich eine Welteninsel war, eine unabhängige Galaxie, dann sollte er ähnlich viele Sterne enthalten wie die Galaxis. Und unter diesen Sternen würde es ähnlich viele Novae geben wie innerhalb unserer Galaxis, auch wenn der Andromedanebel nur als kleiner Lichtfleck am Firmament erschien, während das Milchstraßensystem den gesamten Himmel erfüllte.

Eigentlich sollten im Andromedanebel sogar *mehr* Novae zu beobachten sein als in unserer eigenen Galaxis. Curtis verwies auf die dunklen Flecken und Streifen am Rande des Andromedanebels, die – falls es sich wirklich um eine ausgewachsene Galaxie handelte – als ausgedehnte Dunkelwolken das Licht der dahinterliegenden Sterne verbergen mochten.

Und das gleiche Phänomen mochte es dann auch innerhalb unserer Galaxis geben. Neben den bekannten kleinen dunklen Flecken in der Milchstraße existierten möglicherweise auch bei uns solche ausgedehnten Dunkelwolken, von denen wir nur nichts wußten (die später tatsächlich auch gefunden wurden), so daß weite sternreiche Teile der Milchstraße unseren Blicken entzogen waren. In solchen sternreichen Gegenden, die weit mehr Sterne enthielten als der sichtbare Teil der Galaxis, konnten Jahr für Jahr etliche Novae aufblitzen, ohne daß wir etwas von ihrer Existenz bemerken würden. Beim Andromedanebel hingegen konnten wir aufgrund unserer losgelösten, hervorgehobenen Beobachtungsposition auch einen Großteil dieser Novae erkennen, würden nur wenige Objekte dieser Art verborgen bleiben. Und tatsächlich wurden im Andromedanebel mehr Novae beobachtet als anderswo am Himmel.

Der zweite auffällige Aspekt war die ungewöhnlich geringe Helligkeit der Novae im Andromedanebel: Auch in großen Teleskopen fielen sie selbst während der Gipfelhelligkeit kaum besonders auf.

Falls es sich trotz allem um gewöhnliche Novae ähnlich der Nova Persei handelte, mußte ihre geringe Helligkeit als Zeichen einer sehr großen Entfernung gedeutet werden, und dies paßte auch sehr gut in die Vorstellung, der Andromedanebel sei eine eigene, unabhängige Galaxie.

Beide Überlegungen fand Curtis so überzeugend, daß er sich für die Deutung des Andromedanebels als eigenständiger Welteninsel einsetzte.

Doch diese Aufgabe war nicht einfach, zumal es auch für die Gegenseite, die den Andromedanebel für ein nahes Objekt hielt, neue Indizien zu geben schien. Der aus den Niederlanden stammende Astronom Adriaan van Maanen (1884–1946) hatte sich auf die Beobachtung winziger Bewegungen astronomischer Objekte, einschließlich einiger Spiralnebel, spezialisiert. Ähnlich wie vor ihm Roberts wollte er beim Andromedanebel eine meßbare Rotation bemerkt haben – und nicht nur dort, sondern auch bei einigen anderen Spiralnebeln.

Wir wissen heute, daß van Maanens Messungen falsch waren. Die Positionsveränderungen, die er bestimmen wollte, waren so winzig, daß sie an der Grenze der Meßgenauigkeit seines Teleskops lagen; entweder beeinflußten systematische Fehler oder aber der starke Glaube an eine existierende Rotationsbewegung seine Ergebnisse.

Doch van Maanen besaß den verdienten Ruf eines guten Beobachters, und so neigten seine Kollegen dazu, ihm zu glauben. Wenn aber der Andromedanebel eine meßbare Rotationsbewegung zeigte, mußte es sich um ein ziemlich nahes Objekt handeln – ungeachtet aller zweifelhaften Berichte über kaum sichtbare Novae.

An der Auseinandersetzung über die Natur des Andromedanebels beteiligte sich auch der amerikanische Astronom Harlow Shapley (1885–1972). Er hatte bei den Cepheiden-Veränderlichen mit einem Verfahren, das 1912 von der amerikanischen Astronomin Henrietta Swan Leavitt (1868–1921) entwickelt worden war, bereits zahlreiche Entfernungsmessungen vorgenommen. Dabei konnte er zeigen, daß das Zentrum unserer Galaxis in Wirklichkeit weit vom Sonnensystem entfernt war und wir auf der Erde uns in den Randbezirken der Galaxis befanden. Shapley hatte als erster die wahren Dimensionen der Galaxis bestimmt und dabei Werte gefunden, die alle früheren Schätzungen weit übertrafen – sie fielen sogar etwas zu groß aus; und Shapley hatte auch die Entfernung der Magellanschen Wolken mit dieser Methode abgeleitet.

Eigentlich hätte man erwartet, daß dieser Mann, der die Dimensionen unserer Galaxis und der unmittelbaren Umgebung zu vorher unmöglich erschienenen Tiefen ausgelotet hatte, die Vorstellung von noch weiter entfernten Welteninseln unterstützen würde. Doch Shapley war eng mit van Maanen befreundet und glaubte dessen Messungen und Ergebnissen. Er wurde zum Sprecher jener Gruppe, die an dem Konzept eines kleinen, überschaubaren Universums festhielten. In seinen Augen waren die Galaxis und die Magellanschen Wolken die einzigen Großstrukturen im Kosmos, während die übrigen weißen Nebel zu diesen beiden Systemen gehörten.

Am 26. April 1920 standen sich Curtis und Shapley im Rahmen einer groß angekündigten Diskussion der National Academy of Science vor großem Auditorium gegenüber. Zweifellos hatte Shapley die größere Reputation, und er vertrat darüber hinaus die Meinung, die von der Mehrheit der Astronomen geteilt wurde, doch Curtis erwies sich als sehr überzeugender Redner, der seine Novae, ihre Zahl und ihre extreme Lichtschwäche gut ins Rennen zu bringen vermochte.

Objektiv betrachtet endete die Debatte unentschieden, doch die Tatsache, daß Curtis mit seinen Argumenten so viel Beachtung gefunden hatte, war eigentlich schon ein moralischer Sieg. Und so breitete sich im Nachhinein das Gefühl aus, daß er die Diskussion eigentlich gewonnen habe.

Die Debatte hatte das Problem zwar nicht gelöst, wohl aber eine Reihe von Astronomen auf die Seite jener gezogen, die die Vorstellung von Welteninseln unterstützten. Was fehlte, waren neue Anhaltspunkte, Argumente für die eine oder andere Seite – Argumente, die überzeugender sein mußten als alle bisher präsentierten.

Der Mann, der diese neuen Beweise herbeischaffen konnte, hieß Edwin Powell Hubble (1889–1953). Dem amerikanischen Astronomen stand ein neues Riesenteleskop mit einem Durchmesser von 2,50 Meter zur Verfügung – das lichtstärkste Instrument seiner Zeit; es war 1919 in Betrieb genommen worden, und Hubble begann 1922 damit, langbelichtete Aufnahmen vom Andromedanebel und ähnlichen Himmelsobjekten zu machen.

Am 5. Oktober 1923 bemerkte er auf einer seiner Aufnahmen einen Stern am Rande des Andromedanebels. Eine Nova konnte dies nicht sein – dafür war der Stern zu lichtschwach. Hubble beobachtete den Stern Tag für Tag und schloß aus der Helligkeitsentwicklung, daß es sich um einen Cepheiden-Veränderlichen handeln mußte. Bis Ende 1924 hatte Hubble insgesamt 36 veränderliche Sterne im Andromedanebel aufgespürt, darunter 12 Cepheiden. Außerdem fand er 63 Novae, die sich so verhielten, wie Curtis es schon vor ihm beobachtet hatte.

Konnten all diese Sterne losgelöst und unabhängig vom Andromedanebel sein und dennoch »zufällig« in der gleichen Blickrichtung liegen? Nein! Hubble argumentierte – wie vor ihm bereits Curtis –, daß so viele lichtschwache Cepheiden-Veränderliche nicht rein zufällig in Blickrichtung zum Andromedanebel konzentriert sein konnten: Eine ähnliche Häufung war von keiner anderen Himmelsgegend bekannt.

Hubble wußte, daß er die Sterne des Andromedanebels aufgenommen hatte, wo Astronomen vor ihm nur ein milchiges Leuchten registrieren konnten. Ihm war der Durchbruch gelungen, weil sein neues Teleskop alles in den Schatten stellte, was vorher als Beobachtungsinstrument zur Verfügung stand.

An seinen Ergebnissen gab es nichts mehr zu deuten. Jetzt, wo man den Andromedanebel in einzelne Sterne aufgelöst hatte (wenngleich auch nur die hellsten wirklich sichtbar geworden waren), konnte man die konkurrierende Vorstellung von einem nahen, in der Entstehung begriffenen Planetensystem ein für allemal begraben.

Die Entdeckung von Cepheiden im Andromedanebel erlaubte darüber hinaus den Einsatz der Leavitt-Shapley-Methode zur Entfernungsbestimmung. Hubble kam auf einen Wert von 750 000 Lichtjahren, was etwa dem Fünffachen der Entfernung zu den Magellanschen Wolken entsprach. Damit lag der Andromedanebel endgültig jenseits der Grenzen unserer Galaxis und mußte eine eigenständige Galaxie verkörpern.

Eine Zeitlang wurden die weißen Nebel noch als *extragalaktische Nebel* bezeichnet, doch schließlich ließ man den Begriff Nebel in diesem Zusammenhang ganz fallen. Statt dessen sprach man von Galaxien, wurde der Andromedanebel zur Andromeda-Galaxie, der Feuerrad-Nebel zur Feuerrad-Galaxie, und so weiter.

Im Jahre 1935 konnte Hubble auch noch den letzten Sargnagel für die lange Zeit konkurrierende Vorstellung von einem kleinen, auf die Galaxis und die Magellanschen Wolken beschränkten Universum einschlagen: Ihm gelang der Nachweis, daß van Maanens Messungen der vermeintlichen Rotation einzelner Galaxien falsch gewesen waren.

Auch die anderen weißen Nebel, die kleiner als die Andromeda-Galaxie erschienen, waren Galaxien; sie standen im allgemeinen weiter entfernt als M 31, einige viel weiter. Das Universum erwies sich nun als eine riesige Ansammlung von Galaxien, unter denen unsere Milchstraße nur eine von vielen war.

Später zeigte sich sogar, daß Hubbles Entfernungsmessung der Andromeda-Galaxie (und damit aller anderen Galaxien) zu niedrige Ergebnisse geliefert hatte. Der aus Deutschland stammende Astronom Walter Baade (1893–1960) konnte im Jahre 1942 zeigen, daß es zwei Sorten von Cepheiden gab, die bei der Methode zur Entfernungsbestimmung durcheinandergeraten waren. Shapley hatte die richtige Sorte zur Bestimmung der Ausmaße unserer Galaxis und der Entfernung der Magellanschen Wolken benutzt.

Hubble hingegen richtete seine Entfernungsmessung der Andromeda-Galaxie unwissentlich an der anderen Sorte der Cepheiden aus, so daß seine Rechnungen zu falschen Ergebnissen führten. Heute wissen wir, daß die Andromeda-Galaxie in Wirklichkeit rund 2,25 Millionen Lichtjahre entfernt ist, mehr als zwölfmal so weit wie die Magellanschen Wolken.

Supernovae

Jede Antwort führt zu neuen Fragen, und jede Lösung wirft neue Rätsel auf. Nachdem die Astronomen gelernt hatten, daß der neblige Lichtfleck im Sternbild Andromeda in Wirklichkeit eine entfernte Galaxie war, wurde eine neuerliche Auswertung der Beobachtungen von S Andromedae erforderlich, jenem Stern, der 1885 so wenig Aufsehen erregt hatte.

Wenn S Andromedae eine ähnliche Leuchtkraft wie die Nova Persei besaß, aber

trotzdem nur die siebte Größenklasse erreichte, mußte sie etwa 1650 Lichtjahre
entfernt aufgeleuchtet sein. Was aber, wenn S Andromedae ebenso weit entfernt
war wie die inzwischen akzeptierte extragalaktische Distanz des Andromedanebels? Bei der von Hubble ermittelten Entfernung der Andromeda-Galaxie von
750 000 Lichtjahren hätte S Andromedae dann rund 200 000mal heller leuchten
müssen als die Nova Persei, um über die große Distanz noch als Stern siebter
Größenklasse erscheinen zu können; aus der heute gehandelten Entfernung von
2,25 Millionen Lichtjahren läßt sich sogar eine rund 2millionenfache Helligkeit
ableiten, und das entspricht etwa einer 20milliardenfachen Sonnenleuchtkraft.
Die Andromeda-Galaxie enthält etwa die doppelte Masse unserer Galaxis, was
rund 200 Milliarden Sonnenmassen gleichkommt. Wenn man davon ausgeht, daß
die meisten Sterne deutlich leuchtschwächer als die Sonne sind, dürfte ihre gesamte Leuchtkraft der von vielleicht 100 Milliarden sonnenähnlichen Sternen entsprechen. Das aber hieß, daß S Andromedae zum Zeitpunkt der Gipfelhelligkeit
rund ein Fünftel der Leuchtkraft jener riesigen Galaxie erreichte, von der sie nur
ein Stern war.
Unter diesen Umständen konnte man S Andromedae nicht länger nur als eine
Nova unter anderen ansehen. Ihre Leuchtkraft übertraf die einer normalen Nova
millionenfach.
Für die meisten Astronomen war dies allerdings eine schwere Kost. Einige hart-
näckige Gegner der Vorstellung von einem großen, weit über die Galaxis hinaus-
reichenden Universum nutzten die Verwirrung zu der Behauptung, der Andromedanebel könne eben doch keine entfernte Galaxie sein, weil in diesem Fall
S Andromedae eine unmögliche Leuchtkraft gehabt haben müsse.
Andere begnügten sich mit der zurückhaltenderen Feststellung, daß die ungewöhnlich lichtschwachen Novae, die Curtis und Hubble bemerkt hatten, wirklich
in der Andromeda-Galaxie aufgeleuchtet waren, während S Andromedae ein Vordergrundstern gewesen sein müsse, eben jene 1650 Lichtjahre entfernt, die man
aus dem Vergleich mit der Nova Persei abgeleitet hatte; aufgrund dieser gegenüber der Andromeda-Galaxie geringen Distanz konnte diese Nova, die nur zufäl-

lig in der Blickrichtung der Andromeda-Galaxie stand, so viel heller erscheinen als die wirklichen Novae der fernen Galaxie. Um *eine* solch helle Nova vor der Andromeda-Galaxie zu erklären, brauchte man noch keine großen Unwahrscheinlichkeiten zu bemühen.

Hubble dagegen war völlig anderer Meinung. Er hielt daran fest, daß S Andromedae ein Mitglied der Andromeda-Galaxie war und entsprechend als eine ungewöhnlich helle Nova erschien.

Wie konnte man zwischen diesen unterschiedlichen Standpunkten entscheiden? Der aus der Schweiz stammende Astronom Fritz Zwicky (1898–1974) äußerte die folgende Überlegung. Angenommen, S Andromedae wäre wirklich ungewöhnlich hell. Eine solche Erscheinung würde entsprechend selten sein (bei dieser Einschätzung stützte er sich auf die allgemeine Erfahrung, daß extreme Formen einer an sich üblichen Erscheinung um so seltener auftreten, je extremer sie ausfallen). Es war deshalb in seinen Augen Zeitverschwendung, bei der Andromeda-Galaxie auf eine weitere Nova nach dem Muster von S Andromedae zu warten. Andererseits war jedoch die Zahl der Galaxien, in denen eine solche besonders helle Nova auftreten konnte, ziemlich groß, so daß man vermutlich nicht sehr lange warten mußte, bis eine solche Nova in irgendeiner anderen Galaxie aufleuchten würde. Und da eine solch ungewöhnlich helle Nova fast so hell sein würde wie die ganze Galaxie, von der sie ein Teil war, würde ihre Entdeckung auch nicht allzu schwierig sein: Eine Nova vom Typ S Andromedae sollte ungeachtet ihrer Entfernung erkennbar sein, sofern man nur auch die umgebende Galaxie beobachten konnte. Tatsächlich hatte man seit der Erscheinung von S Andromedae etwa 20 weitere Novae in solchen Nebeln beobachtet, die mittlerweile als Galaxien identifiziert worden waren. Sie waren allesamt so lichtschwach geblieben, daß man sie mit bloßem Auge nicht hatte sehen können (wie man es nachträglich für extragalaktische Novae erwarten durfte), und waren deshalb auch nicht mit der notwendigen Konsequenz untersucht worden. Zwicky war sicher, daß diese Novae genau das waren, wonach er suchte.

Im Jahre 1934, also nur 55 Jahre vor der deutschen Übersetzung meines Buches, begann Zwicky mit einer systematischen Suche nach diesen *Supernovae*, wie er die leuchtstarken Erscheinungen in anderen Galaxien nannte. Er konzentrierte sich auf einen großen Galaxienhaufen im Sternbild Jungfrau und hatte bis 1938 nicht weniger als 12 Supernovae in der einen oder anderen Galaxie dieses Haufens gefunden. Jede von ihnen war während des Lichtmaximums fast so hell wie die gesamte Galaxie, und sie alle mußten milliardenfach heller als die Sonne geleuchtet haben.

Konnten alle zwölf bloß eine Täuschung gewesen sein? War es möglich, daß sie alle in Wirklichkeit nahe Novae in unserer Galaxis waren, die nur zufällig vor dem einen oder anderen Sternsystem des Galaxienhaufens aufleuchteten? Nach mathematischen und logischen Gesichtspunkten war ein solcher Zufall auszuschließen, und so mußten sich die Astronomen mit dem Gedanken anfreunden, daß es sich wirklich um Supernovae handelte, um extrem helle Objekte, die vorübergehend fast die Leuchtkraft der sie umgebenden Galaxie erreichten.

Zwicky und andere Astronomen fanden in den darauffolgenden Jahren noch etliche andere Supernovae. Bis heute wurden annähernd 500 Objekte dieser Art in den verschiedensten Galaxien beobachtet.

Aus diesen Zahlen kann man abschätzen, daß in einer bestimmten Galaxie etwa alle 50 Jahre eine Supernova aufleuchtet; im gleichen Zeitraum erwartet man rund 1 250 gewöhnliche Novae.

Die Gesamtzahl der Galaxien im Umkreis von 1 Milliarde Lichtjahre wird auf 100 Millionen geschätzt. Sie können, ebenso wie die Supernovae in ihnen, mit den heute verfügbaren Teleskopen beobachtet werden. Wenn im Durchschnitt alle 50 Jahre in jeder Galaxie eine Supernova erscheint, läßt sich ausrechnen, daß theoretisch alle 15 Sekunden in einer dieser 100 Millionen sichtbaren Galaxien eine Supernova aufblitzen sollte (falls die mittlere Ausbruchshäufigkeit stimmt)!

Leider können wir sie nicht alle beobachten. Ein Teil wird hinter dichten Staubwolken der umgebenden Galaxie oder in unserer Galaxis verborgen bleiben, andere werden hinter dichten Sternwolken aufleuchten. Und schließlich gibt es viel zu wenig Astronomen, um ständig 100 Millionen Galaxien überwachen zu können.

Trotzdem hat man in den vergangenen 55 Jahren immerhin knapp 500 Supernovae in anderen Galaxien entdeckt, davon 25 allein im Jahre 1988 – das macht im Schnitt eine Supernova alle 6 Wochen.

Supernovae sind ganz zweifellos äußerst explosive Objekte. Könnte unsere Sonne zu einer Supernova werden, dann würde sie alle Planeten im Sonnensystem zu einem atomaren Nebel zerstäuben.

Würde der nächste Sonnennachbar, der Stern alpha Centauri, in einer Distanz von 4,3 Lichtjahren zu einer Supernova, dann würde er uns mit einer ungeheuren Lichtflut überschütten, die selbst den Nachthimmel fast taghell erleuchten könnte: Im Maximum würde eine alpha-Centauri-Supernova etwa 15 000mal heller als der Vollmond leuchten oder ein Dreißigstel der Sonnenhelligkeit erreichen.

Man kann sich vorstellen, wie gerne die Astronomen eine solche Supernova aus der Nähe beobachten würden, um möglichst viele Einzelheiten festhalten zu können. Statt dessen müssen sie sich mit Supernovae in anderen Galaxien begnügen, die Millionen von Lichtjahren entfernt stehen.

Zwar wird sich niemand ernsthaft wünschen, daß eine Supernova in unserer unmittelbaren kosmischen Umgebung hochgeht, doch hoffen viele Astronomen, daß sich irgendein Stern in vielleicht 2 000 Lichtjahren Entfernung anschickt, demnächst zu explodieren*.

Wenn aber im Mittel alle 50 Jahre eine Supernova pro Galaxie zu erwarten ist, wo sind dann die geblieben, die in der Vergangenheit auch in unserer Galaxis aufgeleuchtet sein müssen?

Einige wurden tatsächlich beobachtet! Aus heutiger Sicht muß es in den letzten tausend Jahren mindestens vier Supernovae in der Milchstraße gegeben haben.

Die erste war die »Nova« im Sternbild Lupus, die im Jahre 1006 ein Zehntel der Vollmondhelligkeit erreichte. Es könnte die hellste Supernova gewesen sein, die in geschichtlicher Zeit am irdischen Himmel erschienen ist. Auch die »Nova« im

---

* Die amerikanische Originalausgabe dieses Buches erschien 1985, also zwei Jahre vor der Supernova 1987A in der Großen Magellanschen Wolke. Ihre Beobachtung und die dabei gewonnenen Erkenntnisse werden in einem gesonderten Kapitel am Ende des Buches beschrieben (Anm. d. Ü.).

Stier aus dem Jahre 1054 war eine Supernova, ebenso wie die von Tycho beobachtete »Nova« des Jahres 1572 und die von 1604, die von Kepler verfolgt wurde.

Nur vier? Mit einer mittleren Häufigkeit von einer Supernova alle 50 Jahre hätten es eigentlich 20 sein sollen.

Wir dürfen jedoch nicht vergessen, daß wir nicht die gesamte Galaxis überblicken können, sondern nur einen sehr kleinen Bereich in unserer unmittelbaren Umgebung. Für diesen *sichtbaren* Teil ist eine Häufigkeit von einer Supernova pro 250 Jahre vielleicht gar nicht ungewöhnlich niedrig. Wir werden später noch sehen, daß eine weitere Supernova um das Jahr 1670 nicht beobachtet wurde, vermutlich weil sie hinter dichten Staubwolken aufgeblitzt war.

Leider waren diese vier galaktischen Supernovae, die während der letzten tausend Jahre am irdischen Firmament auftauchten, zeitlich sehr unglücklich verteilt, denn die letzte liegt mittlerweile 385 Jahre zurück und erschien fünf Jahre *vor* der Erfindung des Fernrohres!

Die nächste beobachtete Supernova seit dem Jahre 1604 war S Andromedae in einer Entfernung von 2,25 Millionen Lichtjahren. Sie wurde mit Fernrohren untersucht und fotografiert, doch konnte man kein Spektrum von ihr aufnehmen. Und in mehr als einhundert Jahren danach wurde keine nähere Supernova registriert[*].

Zu schade!

---

[*] siehe Fußnote auf Seite 94

Kleinere Zwerge

Der Crabnebel

Eine Supernova ist eine derart heftige Explosion, daß man sich nur schwer vorstellen kann, sie würde keinerlei Spuren hinterlassen. Ein Stern, der vorübergehend so hell wie eine ganze Galaxie leuchtet, muß mit Sicherheit irgendwelche Rückstände produzieren – und genau das wird auch beobachtet.

Natürlich kann man nicht erwarten, daß die Astronomen die Überreste von Supernovae früher erkannt haben, wenn sie erst seit den 30er Jahren wissen, daß Sterne überhaupt in solch heftigen Explosionen enden können. Sie hatten zwar einige Überreste beobachtet, ohne sich jedoch über ihre wahre Natur im klaren zu sein.

So berichtete zum Beispiel der englische Astronom John Bevis (1693–1771) im Jahre 1731 von einem kleinen, nebligen Fleck im Sternbild Stier.

Messier, der Kometenjäger, bemerkte das Objekt ebenfalls und nahm es in seine Liste von Nebelflecken auf, damit fortan keine Verwechslungsgefahr mit einem Kometen bestand. Da dieses Objekt die Liste anführt, trägt es die Bezeichnung M 1.

Lord Ross untersuchte M 1 im Jahre 1844 als erster genauer; dabei benutzte er das gleiche große Teleskop, mit dem er wenig später bei etlichen fernen Galaxien eine Spiralstruktur erkannte. Er sah M 1 nicht bloß als leuchtenden Fleck, sondern konnte mit seinem Teleskop auch Strukturen erkennen, die bei ihm den Eindruck hinterließen, als sei das ganze Gebilde im Zusammenhang mit einer gewaltigen Explosion entstanden. Innerhalb der Gasmassen fand er etliche fadenförmige Aufhellungen, die ihn an die Beine eines Krebses erinnerten. Er gab dem Objekt M 1 daher den auch heute noch gebräuchlichen Beinamen »Crabnebel«.

Der Crabnebel erweckte zunehmende Aufmerksamkeit, weil er keinem anderen Objekt am Himmel glich: Nichts sah so eindeutig nach einer ablaufenden Explosion aus. Man begann, den Crabnebel zu fotografieren, und konnte nun die Aufnahmen von verschiedenen Daten miteinander vergleichen.

Den ersten Versuch in dieser Richtung unternahm der amerikanische Astronom

John Charles Duncan (1882–1967). Er fotografierte den Crabnebel im Jahre 1921 und verglich die Aufnahme sorgfältig mit einem anderen Foto, das George Willis Ritchey (1864–1945) zwölf Jahre zuvor mit dem gleichen Teleskop gewonnen hatte. Duncan meinte, daß der Nebel sich auf seinem Bild gegenüber dem Foto von Ritchey geringfügig vergrößert hatte, gerade so, als würde der Nebel sich aufblähen.

In diesem Fall konnte der Nebel sehr wohl der Überrest einer Nova sein; aus den vorhandenen Gasmengen schloß Duncan, daß es sich sogar um eine ziemlich große Nova gehandelt haben müsse. Eine weitere Aufnahme aus dem Jahre 1938 reichte Duncan zur Bestätigung seiner Hypothese.

Bereits kurz nach dem ersten Bericht über eine mögliche Expansion des Crabnebels im Jahre 1921 verwies Edwin Hubble (der wenig später den Andromedanebel in Einzelsterne auflösen sollte) auf die geringe Distanz des Crabnebels zu der von den Chinesen überlieferten Position des »Gaststerns« im Sternbild Stier aus dem Jahre 1054; nach seiner Ansicht konnte der Crabnebel der immer noch expandierende Überrest dieser hellen Nova sein.

Wie aber ließ sich eine solche Vermutung beweisen?

Aus der beobachteten Expansionsrate des Nebels würde man ausrechnen können, wie lange die gewaltige Gas- und Staubwolke gebraucht hatte, um sich von einem winzigen Lichtpunkt bis zur momentanen Größe auszuweiten. Dieser Zeitraum gäbe den Astronomen einen Hinweis auf den Zeitpunkt einer möglichen Sternexplosion. Die Beobachtungen und Berechnungen führten zu einem Zeitraum von 900 Jahren, der seit der Explosion vergangen sein mußte.

Damit war man schon ziemlich nahe an dem Termin, zu dem die helle Nova im Sternbild Stier erschienen war. Den Astronomen reichte die Übereinstimmung, um den Crabnebel fortan als Überrest jener Nova aus dem Jahre 1054 anzusehen. Aus der Verschiebung der dunklen Linien im Spektrum des Crabnebels konnte man die Expansionsgeschwindigkeit des Nebels in absoluten Einheiten ermitteln. Sie ergab sich zu etwa 1300 Kilometern pro Sekunde. Damit war es möglich, die Entfernung zu berechnen, bei der eine solche Expansionsgeschwindigkeit zu der aus den Fotos abgeleiteten Expansionsrate führt. So weiß man seit geraumer Zeit, daß der Crabnebel rund 6300 Lichtjahre entfernt ist.

Dies wiederum erlaubte eine Bestimmung des wahren Durchmessers der Wolke aus Gas und Staub; man fand einen Wert von etwa 8 Lichtjahren, der sich wegen der andauernden Expansion ständig weiter vergrößert.

Aus den überlieferten Helligkeitsangaben der Nova des Jahres 1054 und der wahren Entfernung kann man schließlich die absolute Helligkeit des Sterns berechnen, jene Helligkeit also, mit der er in einer Entfernung von 10 Parsec oder 32,6 Lichtjahren gestrahlt hätte. Je nach Umrechnung der Helligkeitsangaben erhält man eine absolute Größenklasse von –16 bis –18. Der Stern muß also während des Helligkeitsmaximums heller als eine Milliarde Sonnen geleuchtet haben, und das entspricht etwa einem Sechstel der gesamten Leuchtkraft unserer Galaxis, falls man deren Helligkeit auf einen Punkt konzentrieren könnte. Die Nova aus dem Jahre 1054 mußte zweifelsfrei eine Supernova gewesen sein.

Da der Crabnebel nur etwa 6300 Lichtjahre entfernt ist, mußte es sich um einen wirklichen Nebel aus Gas und Staub handeln – einzelne Sterne hätte man in dieser geringen Distanz klar erkennen müssen. Ein solcher Gasnebel, so kannte man es vom Orionnebel her, mußte ein Spektrum aussenden, das aus separaten Linien verschiedener Wellenlängen bestand. Doch der Crabnebel zeigte ein ganz anderes Spektrum – ein kontinuierliches Farbband, wie man es von den Sternen her kannte. Die Materie im Crabnebel mußte sogar viel heißer als manche Sternoberfläche sein, da man vom Crabnebel sehr energiereiche Strahlung empfangen kann – nicht nur im ultravioletten Bereich, sondern auch im kurzwelligen Röntgen- und energieträchtigen Gamma-Bereich. Darüber hinaus sendet der Crabnebel große Mengen an langwelliger Radiostrahlung aus; sie ist *polarisiert*, so daß die Wellen nur in einer Richtung schwingen.

Die Quelle einer solch energiereichen Strahlung mit kontinuierlichem Spektrum blieb bis zum Jahre 1953 rätselhaft. Dann schlug der sowjetische Astronom Josif Samuilovich Shklovskii (1916–) zur Erklärung vor, daß die Strahlung von energiereichen Elektronen stammt, die sich in einem starken Magnetfeld bewegen; die notwendige Konsequenz einer solchen Bewegung wäre nämlich eine Strahlung genau der Art, wie sie beobachtet wurde. Daß dies nicht bloße Theorie war, zeigen Beobachtungen in bestimmten Teilchenbeschleunigern, die als *Synchrotronringe* bezeichnet werden: Dort wird eine solche Strahlung, wenn auch mit wesentlich geringerer Energie, registriert – ausgesandt von den elektrisch geladenen Teilchen, die durch starke Magnetfelder in kreisförmige Bahnen gezwungen werden. Die Astronomen sprechen daher in diesem Zusammenhang auch von *Synchrotronstrahlung*.

Man mußte also davon ausgehen, daß der Crabnebel in großem Maße Synchrotronstrahlung produzierte. Die Frage war dann allerdings, woher die dazu notwendigen Elektronen stammten und woher die Energie, diese Elektronen mit hoher Geschwindigkeit durch das Magnetfeld zu jagen, seit über 900 Jahren, seit die Supernova explodiert war.

1945 beobachtete Baade, der kurz vorher mit dem aus Deutschland stammenden Astronom Rudolph L. B. Minkowski (1895–1976) die wahre Entfernung der Andromeda-Galaxie bestimmt hatte, Veränderungen in der Umgebung zweier Sterne im Zentralbereich des Crabnebels. Baade und Minkowski nahmen an, daß einer der beiden Sterne der Überrest jenes Objektes sein mußte, das im Jahre 1054 als Supernova aufgeblitzt war. Um allerdings die Energie für die gemessene Synchrotronstrahlung permanent nachliefern zu können, hätte dieser Sternrest mit 30 000facher Sonnenleuchtkraft strahlen müssen. Das scheinbare Paradoxon konnte erst ein Vierteljahrhundert später aufgelöst werden.

Wenn die Supernova aus dem Jahre 1054 einen solch auffallenden Trümmerhaufen zurückgelassen hatte, sollte dies auch bei anderen Supernovae möglich gewesen sein. Damit war jede expandierende Gas- und Staubwolke, von der Synchrotronstrahlung empfangen wurde, ein denkbarer Supernova-Überrest. Problematisch war lediglich, daß eine solche Gas- und Staubwolke sich allmählich immer weiter verdünnen und eine ständig schwächer werdende Strahlung aussenden sollte.

Man konnte sich auf den Standpunkt stellen, daß die ungewöhnlichen Eigenschaften des Crabnebels nur hatten zutage gefördert werden können, weil die Supernova noch nicht so lange zurücklag, der Nebel verhältnismäßig nahe stand und keine Staubwolken den Blick versperrten.

Radiowellen können jedoch auch Staubwolken weitgehend ungehindert durchdringen, und nach dem Zweiten Weltkrieg lernten die Astronomen, den Himmel mit entsprechenden Antennen zu durchmustern und zunehmend schwächere Quellen zu erkennen.

Bereits 1941 hatte Baade im Sternbild Schlangenträger Nebelfetzen unweit jener Stelle bemerkt, an der die von Kepler beobachtete Supernova des Jahres 1604 aufgeleuchtet war. Dieser Supernova-Überrest ist nur etwa zwei Fünftel so alt wie der Crabnebel, steht allerdings in einer wesentlich größeren Entfernung von rund 35 000 Lichtjahren, so daß er längst nicht so auffällig ist. Baade hatte zunächst keine Möglichkeit, einen eindeutigen Zusammenhang zwischen den Nebelfetzen und dem erwarteten Supernova-Überrest zu beweisen, doch fanden R. Hanbury Brown und Cyril Hazard, zwei Astronomen der Cambridge University, 1952 eine starke Radiostrahlung aus dieser Gegend. Dies genügte als entscheidendes Indiz für eine Verknüpfung zwischen dem Nebel und der Supernova des Jahres 1604.

Im gleichen Jahr stießen Brown und Hazard auch noch auf eine Radiostrahlung aus jener Gegend des Sternbilds Kassiopeia, in der Tycho »seine« Supernova beobachtet hatte. Mit dem 5-Meter-Spiegel auf dem Mount Palomar konnte Minkowski an der gleichen Position später Andeutungen eines leuchtenden Nebels aufspüren; sie sind mehr als 16 000 Lichtjahre entfernt. 1965 schließlich fand man im Sternbild Wolf ebenfalls eine Radioquelle, die mit dem Überrest der hellen Supernova des Jahres 1006 in Verbindung stehen muß; ihre Entfernung wird auf etwa 3000 Lichtjahre geschätzt.

Damit haben alle vier bekannten Supernovae der letzten tausend Jahre solche expandierenden Gashüllen zurückgelassen. Es gibt sogar noch einen fünften Überrest, der 1948 von den beiden britischen Astronomen Martin Ryle (1918–1984) und F. Graham Smith (1923–) als starke Radioquelle im Sternbild Kassiopeia entdeckt wurde. Auch an der Position dieser »Cassiopeia A« genannten Quelle fand Minkowski schwach leuchtende Nebelstrukturen. Falls sie ebenfalls von einer Supernova-Explosion stammen, hätte der dazugehörige Lichtblitz etwa um das Jahr 1677 beobachtet werden müssen. Allerdings gibt es hierüber keine Berichte, vielleicht, weil die Supernova hinter einer kosmischen Dunkelwolke stand.

Ein weiteres »verdächtiges« Objekt steht im Sternbild Schwan und ist unter dem Namen Cygnus-Bogen bekannt. Im sichtbaren Bereich erkennt man gekrümmt erscheinende Nebelfetzen, die sich zu einem Ring von rund 3 Grad Durchmesser oder dem Sechsfachen des Vollmonddurchmessers ergänzen lassen. Wenn auch dieser Cygnus-Bogen den Überrest einer Supernova-Explosion darstellt, muß der Stern vor etwa 60 000 Jahren zerrissen worden sein.

Im Jahre 1939 schließlich stieß der aus Rußland stammende Astronom Otto Struve (1897–1963) im weit südlich gelegenen Sternbild Segel auf eine Nebelstruktur besonderer Art. Anfang der 50er Jahre untersuchte sein australischer Kollege Colin S. Gum (1924–1960) diesen Nebel und veröffentlichte seine Ergebnisse im Jahre 1955.

Dieser Gum-Nebel, wie er heute genannt wird, ist die größte bekannte Struktur überhaupt; er erstreckt sich über eine Fläche, die rund ein Sechzehntel des gesamten Himmels bedeckt. Allerdings ist das Gas so dünn verteilt, daß das Objekt sich kaum gegen den Himmelshintergrund abhebt; aufgrund seiner weit südlichen Lage ist es von Europa oder den Vereinigten Staaten aus kaum zu verfolgen.

Der Gum-Nebel erscheint nahezu sphärisch und besitzt einen Durchmesser von ungefähr 2300 Lichtjahren. Die Zentralregion liegt etwa 1500 Lichtjahre von unserem Sonnensystem entfernt; eine dort aufgeleuchtete Supernova wäre also die nächste uns bekannte gewesen. Der äußere Rand des Nebels ist auf der uns zugewandten Seite lediglich knapp 330 Lichtjahre entfernt; eine Zeitlang glaubten die Astronomen sogar, das Sonnensystem befände sich bereits innerhalb dieser Gashülle.

Falls der Gum-Nebel wirklich auf eine Supernova zurückgeht, dürfte der explodierte Stern vor rund 30 000 Jahren vorübergehend so hell wie der Vollmond geleuchtet haben. Damals hatte sich der Jetztmensch (homo sapiens) gerade gegenüber früheren Formen wie dem Neandertaler durchgesetzt, und man kann sich fragen, wie unsere Vorfahren – zumindest ihre weiter südlich lebenden »Verwandten« – auf diesen furchterregenden, zweiten Mond reagiert haben mögen*.

Neutronensterne

Wenn eine Supernova der sichtbare Lichtblitz einer Sternexplosion ist, bei der sehr viel mehr Energie freigesetzt wird als bei einer gewöhnlichen Nova, dann – so mußten die Astronomen in den 20er Jahren glauben – sollte der zurückgebliebene Sternrest zu einem Weißen Zwerg zusammenstürzen.

Tatsächlich erschien der Zentralstern des Crabnebel heiß und bläulich, und auch in Blickrichtung des Gum-Nebels fand man einen solchen Stern, der allerdings im Zentrum eines weiter entfernten Supernova-Überrests steht. Vielleicht existierten solche Weißen Zwerge auch in den Zentren der übrigen Supernova-Überreste, blieben dort jedoch aufgrund der größeren Entfernungen unsichtbar; immerhin gehörten der Crabnebel und der Gum-Nebel zu den nächstgelegenen Supernova-Überresten.

Erste Zweifel daran, daß Weiße Zwerge die einzig mögliche Endform eines Sternkollapses sein konnten, wurden durch die Arbeiten des aus dem heutigen Pakistan stammenden Astronomen Subrahmanyan Chandrasekhar (1910–) geweckt.

Er wies darauf hin, daß ein zu einem Weißen Zwerg kollabierter Stern keine Fusionsenergie mehr zur Verfügung hat, um einem weiteren Schrumpfen genügend Widerstand entgegenzusetzen.

Trotzdem sackt ein Weißer Zwerg nicht so dicht zusammen, wie man erwarten

---

* Vor 30 000 Jahren stieg die heute zu weit südlich gelegene Gegend, in der der Supernova-Überrest steht, auf 50 Grad nördlicher Breite immerhin 4 Grad über den Horizont – der Stern müßte also von Italien aus bereits gut zu erkennen gewesen sein (Anm.d.Ü.).

würde. Falls die Elektronenhüllen der Atome aufgebrochen werden und die Atomkerne dicht aneinanderrücken könnten, dann sollte ein Stern mit der Masse unserer Sonne bis auf einen Durchmesser von nur 14 Kilometern schrumpfen. Weiße Zwerge jedoch sind bis zu 12 000 Kilometer groß. Entsprechend weit bleiben die Atomkerne offenbar voneinander entfernt, weit genug jedenfalls, um sich verhältnismäßig frei bewegen zu können. In gewisser Weise verhält sich Materie von der Dichte wie die im Innern eines Weißen Zwerges wie eine Art Gas.

Chandrasekhar konnte zeigen, daß auch die freigeschlagenen Elektronen die Atomkerne noch auf Distanz halten. Sie bilden zwar keine »schützenden« Elektronenhüllen mehr, aber sie bewegen sich frei wie die Atome eines Gases zwischen den Atomkernen hin und her. Dabei ist die gegenseitige Abstoßung der Elektronen untereinander so stark, daß nicht einmal das starke Gravitationsfeld eines Weißen Zwerges das Elektronengas über eine bestimmte Grenze hinaus zusammenpressen kann.

Je massereicher der Weiße Zwerg, desto stärker ist auch sein Gravitationsfeld; je stärker aber das Gravitationsfeld, desto heftiger wird auch das Elektronengas zusammengepreßt. Damit mußte der Durchmesser eines Weißen Zwerges mit zunehmender Masse immer kleiner werden.

Dabei gibt es einen Punkt, an dem der innere Druck des Elektronengases schlagartig zusammenbricht, so daß der Weiße Zwerg weiter kollabieren kann. Chandrasekhar konnte im Jahre 1931 ausrechnen, daß dieser Zusammenbruch bei einer Masse von 1,44 Sonnenmassen stattfinden muß. Dieser Wert wird als Chandrasekhar-Grenze bezeichnet.

Tatsächlich erwies sich die Masse der Weißen Zwerge dort, wo sie bestimmt werden konnte, ausnahmslos zu weniger als 1,44 Sonnenmassen.

Zunächst war die Chandrasekhar-Grenze für die Astronomen kein Grund zur Aufregung. Mehr als 95 Prozent aller Sterne haben von Anfang an eine Masse unterhalb von 1,44 Sonnenmassen, so daß ihnen am Ende gar keine andere Wahl bleibt als zu einem Weißen Zwerg zu kollabieren.

Nicht einmal bei der winzigen Minderheit, deren Anfangsmasse mehr als 1,44 Sonnenmassen beträgt, muß die Chandrasekhar-Grenze zu einem Stolperstein werden. Schließlich neigen die Sterne vor dem Kollaps zu einer Explosion, bei der die äußeren Schichten abgesprengt werden und somit Masse verlorengeht. Je massereicher der Stern, desto heftiger die Explosion und desto größer auch der Masseverlust; der Crabnebel, der beim Supernova-Ausbruch des Jahres 1054 entstand, enthält immerhin rund drei Sonnenmassen.

War es also nicht denkbar, daß jeder massereiche Stern vor dem Kollaps durch die Explosion soviel Masse in den umgebenden Weltraum schleuderte, daß der zurückbleibende Kern stets weniger als 1,44 Sonnenmassen enthielt und deshalb »problemlos« zu einem Weißen Zwerg schrumpfen konnte?

Doch Chandrasekhar hatte einen Stein ins Rollen gebracht. Was wäre, wenn ein Stern am Anfang soviel Materie in sich vereinte, daß er bei einer noch so heftigen Explosion nicht genügend Masse loswerden konnte, um unter die Chandrasekhar-Grenze zu rutschen? In diesem Fall würde er nicht als Weißer Zwerg überleben können – aber welches Schicksal würde ihm widerfahren?

Wollen wir die Sache einmal näher betrachten. Ein Weißer Zwerg besteht aus Atomkernen und freien Elektronen, die Atomkerne ihrerseits aus Protonen und Neutronen. Die Neutronen besitzen keine elektrische Ladung, während die Protonen eine positive Ladung tragen; da sie in allen Fällen exakt gleich ist, kann man sie der Einfachheit halber als Einheitsladung ansehen – jedes Proton trägt also die Ladung +1.

Auch die Elektronen besitzen eine untereinander gleiche elektrische Ladung, die genauso groß wie die der Protonen ist, aber negativ; die Elektronenladung beträgt demnach –1.

Protonen und Elektronen ziehen sich aufgrund ihrer entgegengesetzten Ladung an, allerdings nur jenseits einer inneren Grenze: Kommen sie einander zu nahe, so werden abstoßende Kräfte zwischen den beiden Teilchensorten wirksam, die weit stärker als die Anziehungskraft der entgegengesetzten Ladungen sind. Diese gegenseitige Abstoßung trotz andersartiger Ladungen ist von anderer »Qualität« als die gegenseitige Abstoßung der Elektronen untereinander, die dafür sorgt, daß ein Weißer Zwerg nicht beliebig schrumpfen kann.

Wenn jedoch das Schwerefeld eines Himmelskörpers immer stärker wird, werden die Elektronen immer dichter aneinander und an die Protonen gepreßt, bis sie schließlich mit den Protonen reagieren müssen. Dabei heben sich die beiden entgegengesetzten elektrischen Ladungen auf, so daß aus dem negativ geladenen Elektron und dem positiv geladenen Proton eine elektrisch neutrale Kombination entsteht – ein Neutron.

Wenn die Masse eines kollabierenden Sterns die Chandrasekhar-Grenze übersteigt, wird sein Schwerefeld stark genug, um die Elektronen in die Protonen hineinzuquetschen, und beide verschmelzen zu Neutronen. Sie unterscheiden sich in nichts von den bereits vorhandenen Neutronen, so daß der kollabierende Stern nur noch Neutronen enthält. Da diese Teilchen elektrisch neutral sind, können sie sich gegenseitig nicht abstoßen. So kann der Stern immer weiter schrumpfen, bis sich die Neutronen gegenseitig berühren – ein *Neutronenstern* ist entstanden.

Könnte die Sonne zu einem Neutronenstern schrumpfen (was in Wirklichkeit nicht geht, weil ihre Masse unterhalb der Chandrasekhar-Grenze liegt), so besäße sie am Ende einen Durchmesser von nur 14 Kilometern. In diesem Zustand wäre sie viel kleiner als ein Weißer Zwerg, wäre ihre Materie viel dichter gepackt und ihr Schwerefeld viel stärker als bei einem Weißen Zwerg.

Als Zwicky im Jahre 1934 mit seiner Untersuchung von Supernovae in anderen Galaxien begann, dachte er auch darüber nach, ob solche Neutronensterne möglicherweise das Endprodukt derart gigantischer Sternexplosionen sein könnten.

Er war davon überzeugt, daß eine Supernova, die millionenfach mehr Energie freisetzte als eine gewöhnliche Nova, eine viel gewaltigere Explosion darstellte und entsprechend zu einem katastrophaleren Kollaps führen müsse. Selbst wenn die zurückbleibende Materiemenge nicht ausreichen mochte, die Stabilität eines Weißen Zwerges zu gefährden, konnte der Kollaps vielleicht doch mit einer solchen Rasanz ablaufen, daß die Wucht der zusammenstürzenden Trümmer genügte, um die innere Stützkraft des Weißen Zwerges einfach zu zermalmen. In diesem Fall könnte sogar ein Neutronenstern mit weniger als 1,44 Sonnenmassen entstehen.

Es dauerte nicht lange, bis dem amerikanischen Physiker J. Robert Oppenheimer (1904–1967) und einem seiner Studenten, George Michael Volkoff, eine mathematische Beschreibung der Neutronensterne und ihrer Entstehung gelang. Unabhängig davon stellte der sowjetische Physiker Lev Davidovich Landau (1908–1968) die gleichen Überlegungen an.

So schien es in der zweiten Hälfte der 30er Jahre durchaus vernünftig, daß Supernovae zur Entstehung von Neutronensternen führen mußten – nur gab es anscheinend keine Möglichkeit, diese Hypothese auch durch direkte Beobachtungen zu bestätigen. Aufgrund ihrer winzigen Ausmaße sollten Neutronensterne so lichtschwach sein, daß selbst ziemlich nahe Exemplare auch in den größten Fernrohren kaum zu erkennen wären. Und wenn man sie überhaupt würde aufspüren können, hätte man wohl keine Möglichkeit, mehr über sie herauszufinden als eben die Tatsache, daß sie extrem lichtschwach sind. So war zum Beispiel der Stern im Zentrum des Crabnebels ziemlich lichtschwach, aber wie sollte man entscheiden können, ob es sich um einen Weißen Zwerg oder um einen Neutronenstern handelte? Allein die Tatsache, daß der Stern gesehen werden konnte, schien für einen Weißen Zwerg zu sprechen.

Eine Chance zur Unterscheidung gab es aber vielleicht doch. Aufgrund der gewaltigen Verdichtung der Materie im Verlaufe des Kollaps mußte die Temperatur des Sterns auf extreme Werte ansteigen, so daß ein Neutronenstern unmittelbar nach seiner Entstehung an der Oberfläche gut und gerne 10 Millionen Grad heiß sein konnte. Bei einer solchen Temperatur enthält die abgegebene Energie große Mengen an Röntgenstrahlung, und daran ändert sich auch innerhalb der ersten paar tausend Jahre wenig.

Wenn also ein kleiner, lichtschwacher Stern Röntgenstrahlung aussendet, wäre dies ein starkes Argument zugunsten eines Neutronensterns.

Die ganze Sache hatte nur einen Haken: Röntgenstrahlen können die Erdatmosphäre nicht durchdringen – sie reagieren mit den Atomen und Molekülen der irdischen Lufthülle und werden dabei absorbiert. So war es durchaus denkbar, daß Neutronensterne uns mit energiereicher Röntgenstrahlung bombardierten, ohne daß wir eine Möglichkeit hatten, dieses charakteristische Merkmal zu erkennen – zumindest in den 30er Jahren nicht.

Röntgen- und Radiostrahlung

Würden die Wissenschaftler dagegen Beobachtungen von einem Standort außerhalb der Erdatmosphäre vornehmen können, sähe die Situation anders aus. Der einzige Weg dorthin setzte allerdings die Verwendung von Raketen voraus. Darauf hatte Isaac Newton bereits im Jahr 1687 hingewiesen. Zwischen dem bloßen Wissen um diese Notwendigkeit und der Fähigkeit, Raketen für den Start in den Weltraum zu bauen und zu nutzen, klaffte jedoch eine gewaltige Lücke. Doch der technische Fortschritt ließ die Astronomen nicht im Stich. Während des Zweiten Weltkrieges wurde die Entwicklung raketengetriebener Flugkörper mit Nachdruck verfolgt, nicht zuletzt von dem damals noch jungen Ingenieur Wernher von Braun (1912–1977). Das Ziel dieser Arbeiten war der Bau einer wirksamen Kriegswaffe, die schließlich auch zur Verfügung stand. Zum Glück für die Alliierten kam diese Waffe jedoch für den Krieg zu spät. Die Zeit reichte nicht mehr, um genügend Exemplare für eine Wendung des Kriegsgeschehens zu produzieren. Nach dem Zweiten Weltkrieg führten Amerikaner und Sowjets die Entwicklungsarbeiten an dem Punkt weiter, wo die Deutschen hatten aufhören müssen. Im Jahre 1949 gelang den amerikanischen Technikern der Start von Raketen, die sich weit genug über die Atmosphäre erheben konnten, und 1957 konnten ihre sowjetischen Kollegen sogar den ersten künstlichen Satelliten mit einer Rakete in den Weltraum starten. Damit war auch der Weg bereitet für einen Nachweis kosmischer Röntgenstrahlung, wodurch einige Fragen mit einemmal geklärt werden konnten.

So hatte man zum Beispiel im Spektrum der Sonnenkorona (jener äußeren Sonnenatmosphäre, die bei einer totalen Sonnenfinsternis als grünlich schimmernder Strahlenkranz sichtbar wird) Linien gefunden, die von keinem der bekannten Elemente zu stammen schienen. Einige Astronomen mochten daher nicht ausschließen, daß es in der Sonnenkorona ein bislang noch unbekanntes Element gebe, das sogenannte Koronium.

Dagegen hatte der schwedische Physiker Bengt Edlen (1906–) im Jahre 1940 die Vermutung geäußert, die Spektrallinien würden sehr wohl von Atomen bekannter Elemente stammen, die sich allerdings in einer extremen Umgebung mit Temperaturen von 1 Million und mehr Grad befänden.

Wie sollte man nachprüfen können, ob das Koronium nun eine Realität besaß oder nur vorgetäuscht wurde? Falls Edlens Vermutung stimmte, sollte die sehr heiße Sonnenkorona Röntgenstrahlung aussenden – doch gab es 1940 keine Möglichkeit, nach einer solchen Röntgenstrahlung zu suchen.

Die Dinge änderten sich erst, als man auf Höhenforschungsraketen zurückgreifen konnte. Im Jahre 1958 leitete der amerikanische Astronom Herbert Friedman (1916–) den Start von sechs Raketen, die weit genug über die Erdatmosphäre emporstiegen, um eine mögliche Röntgenstrahlung der Sonne nachweisen zu können. Die mitgeführten Instrumente sprachen tatsächlich an, und damit war klar, daß die Sonnenkorona wirklich so heiß war, wie Edlen vermutet hatte. Zur Deutung der ungewöhnlichen Spektrallinien brauchte man also doch nicht ein neues Element (das Koronium) zu bemühen, sondern konnte sie als Hinweis auf die extrem hohen Temperaturen innerhalb der Korona verstehen.

Die Röntgenstrahlung der Sonne ist allerdings alles andere als energiereich und intensiv. Sie ist nur deshalb nachzuweisen, weil die Entfernung zur Sonne so gering ist. Schon die nächsten Sterne, das System alpha Centauri, stehen 270 000mal weiter entfernt als die Sonne. Würde einer dieser Sterne eine ähnliche Röntgenstrahlung aussenden wie die Sonne, so käme bei uns nur ein 70milliardstel der solaren Röntgenstrahlung an, und wir würden nichts davon nachweisen können. Es erschien also aussichtslos, nach der Röntgenstrahlung noch entfernterer Sterne zu suchen.

Würde also das Universum nur sonnenähnliche Sterne enthalten, so könnten wir mit den heute verfügbaren Nachweisgeräten neben der Sonne keine weitere Röntgenquelle am Himmel erkennen. Wenn es dagegen exotische Sterne gab, die sehr viel mehr Röntgenstrahlung aussenden als die Sonne (wie zum Beispiel Neutronensterne), dann sollten wir ihre Strahlung auch empfangen können.

Damit wurde es sehr wichtig, herauszufinden, ob es noch andere Röntgenquellen am Himmel gab, weil jede von ihnen den Hinweis auf irgendwelche ungewöhnlichen Objekte enthalten würde.

Im Jahre 1963 konnte Friedman tatsächlich einige weitere Röntgenquellen am Himmel entdecken, und seither wurden weit über 5 000 Röntgenstrahler gefunden. Ende der 60er Jahre schoß man zum Beispiel einen Satelliten in die Umlaufbahn, der eigens für den Nachweis kosmischer Röntgenstrahlung ausgerüstet war. Er wurde von einer Plattform vor der kenianischen Küste gestartet – genau am fünften Jahrestag der Unabhängigkeit Kenias; nach dem Suaheli-Wort für Freiheit erhielt er den Beinamen Uhuru. Dieser Röntgensatellit fand nicht weniger als 161 Quellen, davon etwa 80 außerhalb der Galaxis.

Die Entdeckungen der Röntgenastronomie trugen mit dazu bei, daß sich das Bild der Astronomen vom Universum in den 60er und frühen 70er Jahren immer stärker veränderte: Das Weltall war nicht länger ein Ort ewiger Ruhe und Gleichförmigkeit, sondern Schauplatz äußerst turbulenter Prozesse.

Eine der Röntgenquellen am Himmel fiel mit dem Crabnebel zusammen.

Für die Astronomen war dies keine Überraschung mehr. Wenn man nur einen Fleck am Firmament nach Röntgenstrahlung hätte absuchen dürfen, so hätten sich gewiß alle Astronomen für den Crabnebel entschieden. Zum einen handelte es sich bei ihm eindeutig um den Überrest einer Supernova-Explosion, die größte Katastrophe, die einem Stern widerfahren kann; dabei lag diese Explosion noch nicht sehr lange zurück und hatte sich darüber hinaus in nicht allzu großer Entfernung ereignet. Zum anderen war die turbulente Expansion der Gasmassen fast ein

Garant dafür, daß dort die erforderlichen hohen Temperaturen anzutreffen waren, die für die Entstehung der Röntgenstrahlung ausreichten.

Es gab allerdings zwei mögliche Quellen für diese Röntgenstrahlung. Sie konnte entweder aus der rasch expandierenden Gashülle stammen, die als Crabnebel auch optisch in Erscheinung trat, oder von dem kleinen, heißen Stern im Zentrum des Nebels, dem Überrest der Sternexplosion, der *vielleicht* ein Neutronenstern war. Zufällig führte die Mondbahn den Erdtrabanten im Jahre 1964 mehrmals über den Crabnebel hinweg. Während einer solchen Bedeckung schob sich der Mond jeweils langsam vor den Nebel und gab ihn später wieder frei.

Falls die Röntgenstrahlung allein von dem Nebel stammte, würde ihre Intensität im Verlaufe der Bedeckung ganz allmählich abnehmen. War dagegen der vermutete Neutronenstern im Zentrum des Nebels die Hauptquelle der Röntgenstrahlung, dann würde die Strahlungsintensität mit zunehmendem Bedeckungsgrad langsam zurückgehen bis zu dem Moment, da der Mondrand den winzigen Sternrest erreichte; dann käme ein plötzlicher, sprunghafter Abfall, gefolgt von einem weiteren langsamen Rückgang, wenn der Rest des Nebels abgedeckt wurde.

Kurz vor dem Beginn des Ereignisses wurde eine Höhenforschungsrakete mit einem Röntgendetektor gestartet, der die Änderung der Röntgenintensität aufzeichnete. Die Daten zeigten einen gleichmäßigen Abfall der Strahlung an, und es gab keinen klaren Hinweis auf eine sprunghafte Änderung. Die Hoffnung, die Existenz eines Neutronensterns nachweisen zu können, schwand dahin.

Ganz wurde diese Hoffnung allerdings noch nicht gleich begraben. Schließlich war es ja auch denkbar, daß sowohl der Zentralstern als auch das umgebende Gas als Röntgenquelle wirkten und somit eine klare Unterscheidung zwischen den zuvor genannten Extremfällen nicht möglich war. Man brauchte ein Unterscheidungsmerkmal, das eindeutig dem Stern und nicht dem umgebenden Gas zugeschrieben werden konnte.

Aber wie könnte ein solches Unterscheidungsmerkmal aussehen? Die Antwort auf diese Frage wurde völlig überraschend und unerwartet gefunden.

Röntgen- und Gammastrahlen stehen am energiereichen Ende des elektromagnetischen Spektrums. Am anderen Ende beobachtet man die energiearmen Radiowellen.

Im allgemeinen können die Radiowellen die Erdatmosphäre nicht besser durchdringen als Röntgenstrahlen: Sie werden von einer Schicht in der oberen Erdatmosphäre beeinträchtigt, die reich an elektrisch geladenen Teilchen ist und daher Ionosphäre genannt wird. Diese Ionosphäre reflektiert Radiowellen, die von der Erdoberfläche stammen, zum Erdboden zurück und ermöglicht so eine globale Ausbreitung von Funksignalen. In gleicher Weise wirft sie von außen kommende Radiowellen in den Weltraum zurück, so daß sie die Erdoberfläche nicht erreichen können.

Eine Ausnahme bilden lediglich die Radiowellen mit kurzer Wellenlänge, die allgemein als Mikrowellen bezeichnet werden (nach dem griechischen Wort für »klein«); im Bereich der Radiowellen besitzen sie die kürzesten Wellenlängen, wiewohl sie im Vergleich zum gewöhnlichen Licht oder auch zur Infrarotstrahlung extrem langwellig erscheinen.

Entsprechend gibt es zwei Bereiche des elektromagnetischen Spektrums, wo die Strahlung nahezu ungehindert die Erdatmosphäre durchdringen kann: der Bereich des sichtbaren Lichts und der Mikrowellen, die sich über einen größeren Teil des Spektrums erstrecken.

Das »optische Fenster« ist uns von Anfang an vertraut gewesen, da wir von der Evolution mit Augen ausgestattet wurden, die für dieses sichtbare Licht empfindlich sind. So können wir Sonne, Mond und Sterne »sehen«. Für Mikrowellen dagegen besitzen wir kein natürliches Organ, und so kennen wir das »Radiofenster« der Erdatmosphäre erst seit gut einem halben Jahrhundert.

Das Radiofenster wurde im Jahre 1931 eher zufällig von dem amerikanischen Radioingenieur Karl Guthe Jansky (1905–1950) entdeckt. Er arbeitete für Bell Telephone und sollte die Herkunft der knisternden Störgeräusche ergründen, die den Funksprechverkehr beeinträchtigen. Während seiner Untersuchungen registrierte die Empfangsanlage ein Rauschen, das vom Firmament kam. Zunächst schien es aus der gleichen Richtung zu stammen, in der die Sonne stand, doch im Laufe der

Zeit entfernte sich die Quelle immer weiter von der Sonne. 1932 hatte Jansky herausgefunden, daß das kosmische Rauschen aus der Gegend des Sternbilds Schütze kam – wir wissen heute, daß er die Radiostrahlung aus dem Zentralbereich der Galaxis entdeckt hatte.

Janskys Entdeckung wurde von den professionellen Astronomen zunächst wenig beachtet; da die Empfangstechnik auch noch wenig ausgereift war, gab es kaum Möglichkeiten, seine Messungen zu überprüfen oder gar zu ergänzen. Dafür baute der Amateurfunker Grote Reber (1911–), der von Janskys Entdeckung gehört hatte, im Jahre 1937 ein erstes Radioteleskop mit einer Parabolantenne, die er in seinem Garten aufstellte. Reber suchte mit diesem Gerät nach weiteren Radioquellen und erstellte damit die erste Radiokarte des Himmels.

Etwa zur gleichen Zeit arbeitete der schottische Physiker Robert Watson-Watt (1892–1973) neben anderen an der Vervollkommnung einer Methode zur Bestimmung von Richtung und Entfernung von weit entfernten, nicht sichtbaren Objekten mit Hilfe eines Mikrowellenstrahls. Die Mikrowellen wurden von dem Objekt reflektiert, und die so zurückgeworfenen Mikrowellen konnten von einem Empfänger registriert werden. Die Richtung des reflektierten Strahls verriet die Richtung zu dem Objekt, und aus der Zeit, die zwischen dem Aussenden des Signals und der Ankunft der Reflexion verging, konnte man die Entfernung des Objektes bestimmen. Die Methode wurde als *Radar* bekannt.

Die Radartechnik erlangte während des Zweiten Weltkrieges besondere Bedeutung und wurde daher mit Nachdruck weiterentwickelt. So standen bei Kriegsende genügend Erfahrungen auf dem Gebiet der Sende- und Empfangstechnik von Mikrowellen bereit, die nun von den Radioastronomen zur Beobachtung der Radiostrahlung kosmischer Objekte genutzt werden konnten.

Immer größere und bessere Radioteleskope wurden gebaut, und eine Vielzahl wichtiger, größtenteils unerwarteter Entdeckungen waren die Folge. Sie leiteten eine Revolution der Astronomie ein, die in ihrer Bedeutung jener Umwälzung nicht nachstand, die dreieinhalb Jahrhunderte zuvor durch die Erfindung des Fernrohrs ausgelöst worden war.

Pulsare

Im Jahre 1964 bemerkten die Radioastronomen, daß Radiostrahlungsquellen ebensowenig mit stets gleichmäßiger Intensität erschienen wie die Sterne im sichtbaren Licht.

Lichtwellen werden auf ihrem Weg durch die Atmosphäre vom geraden Weg abgelenkt. Schuld daran sind Temperaturunterschiede zwischen verschiedenen Luftschichten, die zu Dichtevariationen führen. Dabei bringen aufsteigende Warmluftblasen die normale Schichtung der Atmosphäre durcheinander, so daß das Sternlicht in ständig wechselnder Weise abgelenkt wird und man den Eindruck gewinnt, als würden die Sterne flimmern. In ähnlicher Weise werden Radiowellen geringfügig abgelenkt, wenn sie durch Regionen mit wechselnder Dichte der elektrisch geladenen Teilchen dringen.

Um diese von den Astronomen Szintillation genannte Erscheinung bei Radioquellen zu studieren, ließ der englische Wissenschaftler Antony Hewish (1924–) ein spezielles Radioteleskop bauen. Es bestand aus 2048 einzelnen Empfangsanlagen, die auf einer Fläche von 18 000 Quadratmetern aufgestellt waren.

Im Juli 1967 begannen die Messungen: Der Himmel wurde systematisch abgesucht, um die Szintillation bei Radioquellen aufzuspüren und zu untersuchen. Hewish hatte Susan Jocelyn Bell (1943–), eine seiner Studentinnen, mit der Auswertung der Messungen beauftragt.

Im August bemerkte sie etwas Ungewöhnliches. Das Teleskop hatte eine auffallend stark szintillierende Quelle registriert, die am Himmel zwischen den hellen Sternen Wega und Atair lag. Besonders bemerkenswert war dabei, daß die Messungen etwa um Mitternacht vorgenommen worden waren, zu einer Zeit also, da man eigentlich nur wenig Szintillation erwartet hätte. Hinzu kam, daß die Szintillation anscheinend nicht ständig auftrat, sondern kam und ging. Sie berichtete Hewish von ihren Beobachtungen, und im November entschloß man sich, der Sache auf den Grund zu gehen.

Das Radioteleskop wurde so umgerüstet, daß auch Beobachtungen kurzzeitiger

Veränderungen möglich wurden. Danach stellte sich heraus, daß der Szintillation gelegentlich ein sehr kurzer Strahlungsimpuls überlagert war, der jeweils nur eine zwanzigstel Sekunde dauerte. Dies war offenbar der Grund dafür, weshalb die Szintillation nicht ständig aufzutreten schien: Wenn die Strahlungsquelle nicht kontinuierlich beobachtet wurde, sondern nur hin und wieder im Gesichtsfeld des Teleskops auftauchte, fiel dieser Moment nur selten mit einem der kurzen Strahlungsausbrüche zusammen, während man viel öfter eine der »Ruhephasen« erwischte.

Im Laufe der weiteren Untersuchungen fand man, daß die Strahlungsausbrüche in kurzen, regelmäßigen Intervallen aufeinanderfolgten, und zwar *außerordentlich* gleichmäßig. Der Zeitraum zwischen zwei Ausbrüchen betrug etwa 1 1/3 Sekunden; er ließ sich innerhalb kurzer Zeit auf acht Stellen hinter dem Komma genau bestimmen: 1,33730109 Sekunden.

Nie zuvor hatte man irgend etwas am Himmel beobachtet, das sich mit einer derartigen Regelmäßigkeit in so kurzen Abständen wiederholte. Was immer auch der Ursprung dieser Regelmäßigkeit sein mochte – er war ohne Beispiel. Es mußte sich um einen zyklischen Prozeß handeln, um einen Himmelskörper, der sich um ein anderes Objekt bewegte, sich um seine eigene Achse drehte oder pulsierte und dabei aus noch unbekannten Gründen bei jedem Umlauf oder jeder Umdrehung oder jeder Pulsation einen Radiostrahlungspuls aussandte.

Zunächst erschien die Pulsation als plausibelste Erklärung, und so nannte Hewish die Quelle einen »pulsierenden Stern«, eine Bezeichnung, die sehr rasch zu der Abkürzung *Pulsar* zusammengezogen wurde (von dem englischen »pulsating star«).

Nachdem Hewish erkannt hatte, in welcher Weise die Pulsare ihre Strahlung aussandten, war es einfach, nach weiteren Objekten dieser Art zu suchen. Allerdings waren herkömmliche Radioteleskope für die Beobachtung solcher Quellen nicht ausgelegt. Zwar war jeder einzelne Strahlungsausbruch intensiv genug, um nachgewiesen werden zu können, doch konnten die Radioteleskope damals nicht den einzelnen Impuls messen, sondern nur die durchschnittliche Strahlung über eine längere Zeit registrieren. Wenn aber die Pulsenergie mit den vergleichsweise langen Phasen der Ruhe zusammengerechnet und gleichmäßig verteilt wurde, nahm die Intensität der Mikrowellen auf ein Siebenundzwanzigstel der eigentlichen Pulsenergie ab, so daß man die Quelle im allgemeinen Hintergrundrauschen kaum erkennen konnte.

Zunächst war nur das Radioteleskop von Hewish in der Lage, die kurzzeitigen Impulse zu registrieren, und so begann er, den Himmel nach weiteren Quellen dieser Art abzusuchen. Bis zum Februar 1968 hatte man drei weitere Pulsare gefunden, genug, um mit der Entdeckung an die Öffentlichkeit treten zu können.

Sogleich rüsteten andere Radioastronomen ihre Teleskope um und begannen ebenfalls mit der Suche nach Pulsaren. Bereits nach kurzer Zeit wurden weitere fünf entdeckt, und Anfang der 80er Jahre schließlich kannte man mehr als 400 Pulsare.

Im Oktober 1968 fand man auch im Crabnebel einen Pulsar – an einem Ort also, wo man mittlerweile nahezu alles für möglich hielt. Seine Pulsfolge war viel schneller als beim ersten Pulsar: Die Signale folgten im Abstand von nur 0,033099 Sekunden aufeinander, so daß man etwa 30mal pro Sekunde einen Strahlungspuls empfing.

Diesmal war die Situation eindeutig. Solange es nur um eine kontinuierliche Strahlung ging, sei es nun im Radio- oder im Röntgenbereich, mochte es schwerfallen, den Beitrag des zentralen Sterns von dem des umgebenden Gasnebels zu trennen. Die Quelle der äußerst raschen und regelmäßigen Pulsationen dagegen ließ sich sehr genau ermitteln, da sie nur von einem einzigen Punkt ausgingen und nicht aus einem flächenhaften Gebiet stammten. Und dieser eine Punkt fiel genau mit dem Zentralstern zusammen, beim Crabnebel ebenso wie beim Supernovaüberrest im Sternbild Vela, jenseits des Gum-Nebels.

So lag die Vermutung nahe, daß der Zentralstern eines Supernova-Überrestes ein Pulsar sei, wie die Zentralsterne planetarischer Nebel Weiße Zwerge waren. Mit anderen Worten: Ein Stern, der als Supernova aufblitzt, würde zu einem Pulsar kollabieren.

Was aber *ist* ein Pulsar?

Die rasche Folge der Radiopulse zeigt, daß ein Pulsar innerhalb weniger Sekunden oder gar Sekundenbruchteile pulsieren, rotieren oder ein anderes Objekt umrunden muß. Ein so rasch ablaufender zyklischer Vorgang führt zu extremen Belastungen des betreffenden Sterns, die nur dann auszuhalten sind, wenn der Stern sehr klein ist und ein sehr starkes Schwerefeld besitzt, das ihn vor dem Zerreißen bewahrt.

Weiße Zwerge kommen dieser Forderung bereits recht nahe – sie sind klein und verfügen über ein starkes Gravitationsfeld. Dennoch reicht beides nicht aus, um so kurze Pulse zu ermöglichen. Als einzige Alternative blieb die Annahme, daß ein Pulsar ein Neutronenstern sein müsse; zumindest würde ein Neutronenstern die gestellten Anforderungen bequem erfüllen können.

Eine Pulsation eines Neutronensterns erschien angesichts des extremen Schwerefeldes mehr als unwahrscheinlich. Unmöglich war auch eine Umlaufbewegung innerhalb von Sekundenbruchteilen um einen anderen Körper, selbst um einen zweiten Neutronenstern. Damit blieb nur die Möglichkeit eines rotierenden Neutronensterns übrig. Neutronensterne können sich nicht nur 30mal in der Sekunde um ihre Achse drehen wie im Falle des Crab-Pulsars, sondern sogar tausend- und mehrmal: Im November 1982 wurde ein Pulsar entdeckt, der 640 Pulse pro Sekunde aussendet, also nicht einmal zwei Millisekunden (Tausendstel Sekunden) für eine Umdrehung benötigt und daher als Millisekunden-Pulsar bezeichnet wird.

Warum aber sollte ein rotierender Neutronenstern Radiostrahlung aussenden?

Eine Reihe von Astronomen, darunter auch der aus Österreich stammende Thomas Gold (1920–), haben sich mit dieser Frage auseinandergesetzt. Sie wiesen darauf hin, daß ein derart kompakter Stern ein extrem starkes Magnetfeld besitzen müsse, dessen Magnetfeldlinien von dem rasch rotierenden Neutronenstern gewissermaßen aufgewickelt würden.

Aufgrund der außergewöhnlich hohen Oberflächentemperatur sollte ein Neutronenstern sehr schnelle Elektronen abdampfen können, Objekte, die schnell genug wären, um sich gegen das extreme Schwerefeld behaupten zu können. Da Elektronen elektrisch geladen sind, würden sie vom Magnetfeld eingeschlossen und könnten daher lediglich im Bereich der magnetischen Pole entweichen. Diese magnetischen Pole befinden sich an zwei einander gegenüberliegenden Punkten, die nicht unbedingt mit den Rotationspolen zusammenfallen müssen (die Magnetpole der Erde zum Beispiel sind mehr als tausend Kilometer von den geographischen Polen entfernt).

Auf ihrem Weg vom Neutronenstern weg müssen die Elektronen den stark gekrümmten Magnetfeldlinien folgen; dabei verlieren sie Energie, die in Form von Strahlung – unter anderem auch Radiostrahlung – ausgesendet wird. Wenn dann der Neutronenstern rotiert, kann einer der Pole (mitunter auch beide) kurzzeitig in Richtung zur Erde zeigen, so daß wir dann jedesmal von den Radiowellen getroffen werden und so den Eindruck einer gepulsten Strahlung gewinnen. Je rascher die Rotation, desto schneller folgen die Pulse aufeinander.

Da sich die Strahlung, die von den entweichenden Elektronen ausgesandt wird, auf den gesamten Bereich des elektromagnetischen Spektrums verteilt, sollten wir nicht nur eine gepulste Radiostrahlung, sondern auch Lichtpulse von den rotierenden Neutronensternen empfangen können.

Wir sehen tatsächlich einen Stern im Zentrum des Crabnebels, aber er scheint mit gleichmäßiger Helligkeit zu leuchten. Da sich jedoch der Crabnebelpulsar 30mal in der Sekunde dreht und die Lichtblitze entsprechend häufig auftreten sollten, kann man gar nicht erwarten, einzelne Pulse zu erkennen, wie ja auch bei einem Film, dessen Einzelbilder mit einer Frequenz von 24 oder sogar nur 16 Aufnahmen pro Sekunde projiziert werden, die Standfotos zu einem kontinuierlich bewegten Film werden.

Im Januar 1969, drei Monate nach der radioastronomischen Entdeckung des Crabnebelpulsars, wurde das Licht dieses Sterns mit Hilfe eines Stroboskops untersucht; dabei sorgte eine rotierende Blende dafür, daß das Licht immer nur für eine 30stel Sekunde registriert wurde. Jetzt erkannte man, daß der Stern nicht beständig leuchtete, sondern nur in regelmäßigen Abständen aufblitzte und dazwischen »abgeschaltet« erschien – er flackerte dreißigmal pro Sekunde und erwies sich damit auch im optischen Bereich als Pulsar.

Thomas Gold wies in seinen Überlegungen darauf hin, daß ein rotierender Neutronenstern ständig Energie verlieren würde und daher seine Rotation allmählich verlangsamen müsse, so daß die Pulse in immer größer werdenden Abständen bei uns ankämen. Eine solche Abnahme der Pulsfrequenz verliefe zwar äußerst langsam, doch seien die Pulsperioden ansonsten so regelmäßig, daß selbst kleinste Veränderungen binnen kurzer Zeit auffallen müßten.

Somit könnte sich der Pulsar im Crabnebel unmittelbar nach seiner Entstehung vor mehr als 930 Jahren leicht tausendmal pro Sekunde gedreht haben. In dieser Anfangsphase hätte er seine Rotationsenergie sehr viel schneller verloren als heute, so daß mittlerweile 97 Prozent abgestrahlt wurden und der Pulsar sich nur noch 30mal pro Sekunde um seine Achse dreht. Auch diese Rotationsdauer wäre natürlich kaum endgültig, wiewohl eine weitere Abbremsung immer langsamer abliefe.

Um Golds Hypothese zu überprüfen, wurde die Periode des Crabpulsars sorgfältig beobachtet und als wirklich zunehmend erkannt. Der Abstand zwischen den beiden Pulsen wächst jeden Tag um 36,48 Milliardstel Sekunde und wird sich in etwa 2000 Jahren verdoppelt haben.

Die gleiche Erscheinung wurde auch bei anderen Pulsaren beobachtet, die sich bereits langsamer drehen als der Crabpulsar und entsprechend weniger Energie verlieren. Der zuerst entdeckte Pulsar zum Beispiel wird seine Rotationsdauer, die rund 40mal länger als die des Crabnebelpulsars ist, erst nach 16 Milliarden Jahren verdoppeln.

Wenn ein Pulsar seine Rotation verlangsamt und damit seine Pulsfrequenz abnimmt, werden auch die Pulse selbst weniger energiereich. Wird die Rotationsperiode länger als etwa vier Sekunden, dann sind die Einzelpulse schließlich so schwach, daß sie im allgemeinen Hintergrundrauschen untergehen. So bleiben Pulsare wahrscheinlich nicht länger als drei bis vier Millionen Jahre nachweisbar.

Einige Pulsare passen allerdings nicht in dieses so einleuchtende Schema – die

Millisekundenpulsare, die seit einigen Jahren bekannt sind. Ihre Rotationszeit liegt bei wenig mehr als einer tausendstel Sekunde, und sie sollten daher eigentlich sehr jung sein. Alle übrigen Daten sprechen jedoch dafür, daß es sich in Wirklichkeit um sehr alte Objekte handelt. Hinzu kommt, daß die Rotationsdauern nicht meßbar zunehmen.

Wie ist so etwas möglich? Was hält die Millisekundenpulsare so sehr auf Trab? Die derzeit vernünftigste Annahme geht davon aus, daß ein solcher Millisekundenpulsar Masse von einem benachbarten Doppelsternpartner übernimmt und seine Rotation dadurch beschleunigt.

6 Verschiedene Explosionen

Supernovae von Typ I und II

Es erscheint erstaunlich und bemerkenswert, daß die Astronomen innerhalb von nur 15 Jahren mehr als 400 Sterne fanden, von deren Existenz sie vor der zufälligen Entdeckung nicht die geringste Ahnung hatten. Man kann sich natürlich auch fragen, warum nur so wenige Objekte dieser Art entdeckt wurden.

Wenn wir einmal annehmen, daß bei jeder Supernova zwangsläufig auch ein Neutronenstern entsteht, dann kommen wir bei einem Supernovaereignis pro 50 Jahren und einem Alter der Galaxis von 14 Milliarden Jahren auf immerhin 280 Millionen Supernovae – eine gleichbleibende Explosionsrate vorausgesetzt. Müßten wir dann nicht ebensoviele Neutronensterne finden, einen für jeweils 900 normale Sterne? Warum kennen wir nur etwa 400?

Eines bleibt bei einer solch einfachen Überlegung unberücksichtigt – die begrenzte Nachweisbarkeit der Pulsare. Es spielt nämlich gar keine Rolle, wie alt die Galaxis ist, wenn ein Neutronenstern nur etwa drei bis vier Millionen Jahre hindurch beobachtbar bleibt. Diese begrenzte »Lebensdauer« führt dazu, daß die meisten Pulsare längst zu alt sind, um sich überhaupt noch gegen den Himmelshintergrund abzuheben; somit bleiben nur jene übrig, die während der letzten vier Millionen Jahre entstanden sind und deren Pulse auch heute noch von unseren Instrumenten aufgefangen werden können.

Wenn wir uns also auf die letzten vier Millionen Jahre beschränken, bleiben nur noch 80 000 Supernovae übrig, so daß wir also mit maximal 80 000 nachweisbaren Pulsaren in der Galaxis rechnen könnten.

Natürlich wäre nur eine kleine Minderheit dieser Supernovae von der Erde aus zu sehen gewesen, weil die meisten durch interstellare Staubwolken verborgen geblieben wären, aber dies gilt nur für das sichtbare Licht. Radiowellen dagegen können solche Staubwolken weitgehend ungehindert durchdringen, so daß wir die Radiopulse von Neutronensternen auch dann empfangen sollten, wenn die vorausgegangene Supernova mit optischen Teleskopen nicht zu beobachten gewesen wäre.

Wer aber gibt uns die Garantie dafür, daß die Radiopulse auch wirklich in unsere Richtung ausgesandt werden? Ein Pulsar kann schließlich auch so rotieren, daß seine Strahlungskegel die Erde nicht überstreichen, und ein solches Objekt könnten wir mit unseren Teleskopen nicht entdecken, ganz gleich, wie energiereich seine Strahlung auch sein mag.

Wenn wir von den weniger als vier Millionen Jahre alten Neutronensternen nur die nehmen, die zufällig so ausgerichtet sind, daß ihre Strahlung die Erde trifft, so kann die Zahl sehr wohl auf etwa tausend schrumpfen (wiewohl einige optimistischere Schätzungen auch zu höheren Werten kommen).

Denkbar ist darüber hinaus, daß nicht bei jeder Supernova wirklich ein Neutronenstern entsteht; dadurch würde die Zahl der zu erwartenden Objekte weiter reduziert. Wir könnten uns dann sehr wohl bereits der oberen Grenze der nachweisbaren Pulsare genähert haben (obschon dies auch eine übermäßig pessimistische Einschätzung sein kann).

Bei der Suche nach Supernovae in unserer kosmischen Umgebung, die in den 30er Jahren von Fritz Zwicky begonnen wurde, stießen die Astronomen auf erkennbare Unterschiede in den Helligkeitskurven und anderen Daten. Man geht daher heute allgemein davon aus, daß es zwei verschiedene Arten von Supernova-Explosionen gibt, die als Typ I und Typ II bezeichnet werden (manche Theoretiker neigen sogar zu einer Dreiteilung: Ia, Ib und II; Anm. d. Ü.).

Supernovae vom Typ I sind in der Regel leuchtkräftiger und können eine absolute Helligkeit von bis zu −18,6 Größenklassen erreichen, leuchten dann also vorübergehend so hell wie 2,5 Milliarden Sonnen. Wenn eine solche Supernova in der Entfernung von alpha Centauri aufleuchten würde, so erschiene sie am Himmel mit rund einem Siebtel der Sonnenhelligkeit. Supernovae vom Typ II sind etwas weniger hell und erreichen allenfalls eine Leuchtkraft von einer Milliarde Sonnen.

Ein anderer auffälliger Unterschied macht sich in der weiteren Entwicklung der Helligkeitskurve bemerkbar: Wenn Supernovae vom Typ I ihre maximale Leuchtkraft erreicht und überschritten haben, nimmt die Helligkeit wieder sehr gleichmäßig ab, während Supernovae vom Typ II meist ziemlich unregelmäßige Schwankungen zeigen.

Ein dritter Unterschied ergibt sich aus der Analyse der Spektren: Supernovae vom Typ I zeigen so gut wie gar keine Wasserstofflinien, während die Spektren von Typ-II-Supernovae auf große Mengen an Wasserstoff schließen lassen.

Verschieden sind schließlich auch die Orte, an denen die einzelnen Supernovae aufleuchten: Während solche vom Typ I in Spiralgalaxien und elliptischen Systemen gleichermaßen auftreten, erscheinen Supernovae vom Typ II nur in Spiralgalaxien und dort hauptsächlich im Bereich der Spiralarme.

Dieser letzte Unterschied enthält eine ganz wichtige Information. Elliptische Galaxien sind nahezu völlig staubfrei, und die dort vorhandenen Sterne sind im wesentlichen verhältnismäßig massearm, vergleichbar mit der Sonne, so daß sie kaum jünger sind als die Galaxien selbst; entsprechendes gilt für die Sterne in den Zentralregionen von Spiralgalaxien.

Die Arme von Spiralgalaxien dagegen enthalten sehr viel interstellaren Staub, und wir werden noch sehen, daß dort sehr viele junge, massereiche Sterne anzutreffen sind.

Supernovae vom Typ I müssen daher Sterne erfordern, die etwa die Masse der Sonne haben oder etwas mehr, während Supernovae vom Typ II Sterne voraussetzen, die deutlich mehr Masse besitzen, mindestens drei Sonnenmassen oder noch mehr.

Sterne sind um so seltener, je mehr Masse sie in sich vereinen. Solche, die mit Typ-I-Supernovae in Verbindung gebracht werden, kommen mindestens zehnmal häufiger vor als jene, die für eine Typ-II-Supernova gebraucht werden. Man könnte daher vermuten, daß Typ-I-Supernovae entsprechend zehnmal häufiger sind als Typ-II-Supernovae.

Aber weit gefehlt! Beide Supernovatypen treten etwa gleich häufig auf. Daraus können wir ableiten, daß nicht jeder massearme Stern als Typ-I-Supernova endet, sondern lediglich eine kleine Minderheit. Für das Aufblitzen einer Supernova vom Typ I ist also mehr als nur ein massearmer Stern erforderlich: Es muß ein ganz bestimmter Sterntyp dieser Größe sein.

Hier helfen uns die chemischen Unterschiede zwischen den beiden Supernovatypen weiter. Die Spektren von Typ-I-Supernovae liefern keinen Hinweis auf die
Anwesenheit von Wasserstoff, so daß man annehmen darf, daß es sich um Sterne
am Ende ihrer Entwicklung handelt. Wenn ein Stern keinen Wasserstoff mehr
besitzt, dafür aber Kohlenstoff, Sauerstoff und Neon, können wir mit einiger
Sicherheit einen Weißen Zwerg dahinter vermuten. Bei Typ-I-Supernovae sollte
es sich daher um explodierende Weiße Zwerge handeln.

Weiße Zwerge, die sich selbst überlassen bleiben, explodieren allerdings nicht,
sondern können im Gegenteil als äußerst stabil angesehen werden. Wir haben
aber bereits gelernt, daß Weiße Zwerge nicht immer alleine stehen, sondern gelegentlich als Partner in einem engen Doppelsternsystem zu finden sind. Wenn
dort der andere Stern sich im Zuge seiner Entwicklung zu einem Roten Riesen
aufbläht, wird Materie von ihm zu einer Akkretionsscheibe um den Weißen
Zwerg hinüberströmen und von dort periodisch auf den Weißen Zwerg hinab-
regnen.

Wir haben schon gelernt, daß die Materie, die auf den Weißen Zwerg auftrifft, in
größeren Zeitabständen verdichtet und so weit aufgeheizt wird, daß es zu einer
Fusionsreaktion kommt. Damit verbunden ist dann eine gewaltige Explosion,
bei der die Reste der Akkretionsscheibe weggeschleudert werden; gleichzeitig
steigert der Weiße Zwerg seine Helligkeit vorübergehend so sehr, daß er uns als
Nova erscheint. Dieser Vorgang wiederholt sich nach mehr oder minder langen
Pausen.

Jedesmal wird dann natürlich auch ein Teil der Masse auf dem Weißen Zwerg
zurückbleiben und so zu einem allmählichen Massenzuwachs führen.

Was aber, wenn der Weiße Zwerg von Anfang an eine ziemlich große Masse von
vielleicht 1,3 Sonnenmassen besitzt? Oder wenn der Partnerstern ungewöhnlich
massereich ist, sich zu einem sehr großen Roten Riesen aufbläht und entsprechend mehr Masse wesentlich schneller an den Weißen Zwerg verliert? Oder
wenn gar beide Voraussetzungen erfüllt sind?

In einem solchen Fall wird der Weiße Zwerg nach nicht allzu langer Zeit genügend Masse aufgesammelt haben, um die Chandrasekhar-Grenze bei 1,44 Sonnenmassen zu überschreiten. Jenseits dieser Grenze aber kann er nicht mehr als Weißer Zwerg fortbestehen.

Er muß vielmehr unter seiner eigenen Massenanziehung in sich zusammenstürzen, wobei die Kohlenstoff- und Sauerstoff-Atomkerne mit großer Wucht zusammengequetscht werden. Das Ergebnis ist eine plötzliche Fusion, die auf einen Schlag genügend Energie freisetzt, um den Sternrest explodieren zu lassen; im Verlaufe weniger Wochen strahlt ein solcher explodierter Weißer Zwerg soviel Energie ab wie die Sonne während ihres 10 Milliarden Jahre dauernden Lebens. Der Kollaps des Weißen Zwerges und die daraus resultierende Fusion seiner Masse läßt also nicht nur eine Nova aufleuchten, sondern eine Supernova vom Typ I.

Eine solche Typ-I-Supernova zerreißt den kollabierenden Weißen Zwerg vollständig, so daß keinerlei Sternrest zurückbleibt – kein Weißer Zwerg und kein Neutronenstern; lediglich eine turbulente, expandierende Wolke aus Gas und Staub kündet dann noch eine Zeitlang von diesem Ereignis. Die beiden »neuen Sterne«, die Tycho im Jahre 1572 und Kepler 1604 beobachtet haben, waren aller Wahrscheinlichkeit nach solche Typ-I-Supernovae. Weder an der einen noch an der anderen Position konnte bislang ein Neutronenstern gefunden werden, sondern nur expandierende Nebelfetzen.

Auch Supernovae vom Typ II ereignen sich in einem fortgeschrittenen Entwicklungsstadium des Sterns, doch ist er noch nicht so weit gealtert wie im Falle einer Typ-I-Supernova – er hat sich zumeist erst zu einem Roten Riesen aufgebläht. Allerdings muß er ziemlich massereich sein und mindestens drei bis vier Sonnenmassen enthalten (nach Ansicht vieler Theoretiker sogar mehr als 10 bis 12 Sonnenmassen; Anm. d. Ü.), und damit wird er zu einem Roten Überriesen.

Ein solcher Stern enthält in seinem Innern mehrere verschiedene Schichten und ähnelt damit einer überdimensionalen Zwiebel. Ganz außen trifft man noch auf Wasserstoff und Helium, jene Mischung, die bei einem normalen Stern auf der Hauptreihe den Löwenanteil der Materie stellt. Darunter befindet sich eine Schale aus massereicheren Atomkernen wie etwa Kohlenstoff, Stickstoff, Sauerstoff und

Neon. Noch weiter nach innen überwiegen die Atomkerne von Natrium, Aluminium und Magnesium, während in einer vierten Schicht hauptsächlich Schwefel,
Chlor, Argon und Kalium vorkommen. Die innerste, fünfte Schicht (der eigentliche Kern) besteht im wesentlichen aus Eisen-, Kobalt- und Nickelkernen.
Jede dieser Schalen – bis auf die äußere – enthält also die Fusionsprodukte der
darüberliegenden leichteren Atomkerne. Wenn aber die Fusionskette eines Sterns
erst einmal bei Eisen, Kobalt und Nickel angekommen ist, gibt es keine Fortset-
zung mehr: Jeder weitere Schritt, sei es nun die Fusion zu noch komplexeren
Atomkernen oder auch der Zerfall in einfachere Atome, *verbraucht* Energie, statt
Energie zu produzieren.
Wenn der Eisenkern im Innern heranwächst, ist irgendwann der Punkt erreicht,
an dem der Stern nicht mehr genügend Energie freisetzen kann, um sich selbst zu
tragen. Die inneren Schichten stürzen mit einem Schlag in sich zusammen, und
die dabei anfallende Gravitationsenergie reicht aus, um die äußeren Schichten explosionsartig davonzutreiben. Darüber hinaus sorgt die entstehende Schockwelle
für eine starke Verdichtung dieser äußeren Schalen, so daß die dort vorhandenen
leichteren Atomkerne noch miteinander reagieren und zu schwereren Atomen
verschmelzen können – ein Prozeß, bei dem zusätzlich Energie anfällt; sie ermöglicht sogar jene weiteren Schritte der Kernfusion, die Energie von außen benötigen. Das ganze Ereignis präsentiert sich uns als Supernova vom Typ II.
Der kollabierte Kern einer solchen Supernova dürfte in jedem Fall zu einem Neutronenstern schrumpfen – auch dann, wenn während der Explosion soviel Materie
verlorengeht, daß die Chandrasekhar-Grenze eigentlich nicht überschritten wird:
Die Wucht des Einsturzes ist so gewaltig, daß der Sternrest den Zustand des Weißen Zwerges praktisch ohne Zwischenstopp »überspringt«. (Eine solche Annahme ist überflüssig, wenn man von einem massereicheren Vorläuferstern ausgeht; dann bleibt in jedem Fall genügend Masse übrig, um die Chandrasekhar-
Grenze zu überschreiten. Nach Ansicht vieler Theoretiker dringt ein Stern mit
nur drei oder vier Sonnenmassen auch gar nicht bis zur Entstehung eines Eisen-
kerns vor! Anm. d. Ü.).

Schwarze Löcher

Aber auch eine Typ-II-Supernova muß nicht in jedem Fall zur Entstehung eines Neutronensterns führen.

Als Robert Oppenheimer im Jahre 1939 die theoretischen Voraussetzungen für die Entstehung eines Neutronensterns untersuchte, fragte er sich auch, was wohl geschähe, wenn man von immer massereicheren Vorläufersternen ausginge.

Natürlich wuchs mit der Masse des Sterns auch sein Gravitationsfeld. Übersteigt die Masse des kollabierenden Objektes eine Grenze von etwa 3,2 Sonnenmassen, so wird ihre Anziehungskraft so stark, daß selbst dichtgepackte Neutronen dem Druck nicht widerstehen können. Die Neutronen werden zerquetscht, und der Neutronenstern schrumpft weiter, wodurch seine Dichte – und damit die Oberflächenschwerkraft – zunimmt und der Kollaps immer schneller wird.

Wenn die Neutronen erst einmal zerstört sind, gibt es keine bekannte Barriere mehr gegen eine vollständige Kontraktion. Das galt vor 50 Jahren, als Oppenheimer seine Überlegungen anstellte, und das gilt auch heute noch. So bleibt nur die Möglichkeit, daß der Kollaps endlos weitergeht und der Stern schließlich auf unendlich kleinem Raum eine unendlich hohe Dichte erreicht.

Das heißt aber nun nicht, daß wir es mit immer weiter schrumpfenden Neutronensternen zu tun haben. Mit fortschreitender Verdichtung tritt schließlich eine entscheidende Veränderung ein.

Um die Art und Weise dieser Veränderung begreifen zu können, wollen wir uns zunächst einmal vorstellen, wir würden einen Gegenstand im Schwerefeld der Erde senkrecht nach oben werfen. Während des Aufsteigens zerrt die Erde mit ihrem Schwerefeld ständig an diesem Gegenstand und bremst dessen Geschwindigkeit allmählich ab. Schließlich kommt der Gegenstand zur Ruhe, um im nächsten Augenblick wieder zur Erde herunterzufallen.

Wäre das Schwerefeld der Erde unabhängig von der Höhe über der Erdoberfläche, dann könnte es jeden Körper abbremsen und schließlich wieder zum Erdboden herabstürzen lassen, ganz gleich, wie schnell er sich auch anfangs von der

Erde wegbewegt hätte. Irgendwo, vielleicht nach 100 Metern, vielleicht aber auch erst nach 100 oder gar 100 000 Kilometern würde es die Anfangsgeschwindigkeit auf Null abbremsen und den Körper dann wieder zur Erde zurückholen.

Zum Glück bleibt das Erdschwerefeld *nicht* auf der ganzen Strecke unverändert, sondern nimmt mit dem Quadrat der Entfernung zum Erdmittelpunkt ab. Ein Gegenstand auf der Erdoberfläche ist rund 6370 Kilometer vom Erdmittelpunkt entfernt. In einer Höhe von 6370 Kilometer über der Erde hat sich der Abstand zum Mittelpunkt also verdoppelt, die Anziehungskraft der Erde entsprechend auf ein Viertel des Wertes am Erdboden verringert. Dies geht mit zunehmender Höhe so weiter. In Mondentfernung zum Beispiel ist die Anziehungskraft der Erde auf rund 1/3600 der Oberflächenschwerkraft zurückgegangen.

Wenn nun ein Gegenstand mit genügend großer Geschwindigkeit nach oben geschleudert wird, kann er das Schwerefeld der Erde gewissermaßen überrumpeln. Es wird zwar die Aufstiegsgeschwindigkeit bremsen, aber da das Schwerefeld nach oben auch immer schwächer wird, reicht seine Intensität nicht aus, die Aufwärtsbewegung wirklich zum Stillstand zu bringen. Ein solcher Gegenstand kann dem Schwerefeld der Erde entkommen und theoretisch für ewige Zeiten endlos weit in das Universum vordringen. Natürlich wird er dabei zunächst vom Schwerefeld der Sonne weiter abgebremst, oder er gerät in die Nähe eines anderen Himmelskörpers und wird von diesem in eine Umlaufbahn gezerrt beziehungsweise stößt am Ende mit ihm zusammen.

Die Geschwindigkeit, die zur Überwindung der Erdschwere erforderlich ist, wird *Entweichgeschwindigkeit* genannt; sie beträgt 11,2 Kilometer pro Sekunde. Bei einem massereicheren Himmelskörper mit einem stärkeren Gravitationsfeld fällt diese Entweichgeschwindigkeit entsprechend höher aus; für Jupiter beträgt sie 60,5 Kilometer pro Sekunde, für die Sonne sogar 617 Kilometer pro Sekunde.

Wenn ein Stern kollabiert, wird das Schwerefeld an seiner Oberfläche zunehmen, obwohl die Masse unverändert bleibt – die Oberfläche rückt einfach näher an den Mittelpunkt heran. So besitzt Sirius B, der erste Weiße Zwerg, der von den Astronomen genauer untersucht wurde, zwar eine der Sonne vergleichbare Masse, aufgrund des wesentlich kleineren Durchmessers aber eine deutlich stärkere Oberflächenschwerkraft; entsprechend liegt die Entweichgeschwindigkeit für Sirius B bei 4900 Kilometer pro Sekunde.

Je höher die Entweichgeschwindigkeit für einen Himmelskörper ist, desto schwieriger wird es für andere Objekte, aus dem Anziehungsbereich dieses Körpers zu entkommen, und desto seltener wird eine solche »Flucht« gelingen.

Während des vergangenen Vierteljahrhunderts haben unsere Raketen genügend große Geschwindigkeiten erreicht, um das Schwerefeld der Erde verlassen zu können. Würde die Schwerkraft an der Erdoberfläche allerdings über Nacht auf den für Jupiter gültigen Wert anwachsen (ohne daß wir etwas davon merkten), dann könnten wir mit den uns verfügbaren Mitteln keine Rakete mehr in den Weltraum entsenden.

Für einen Neutronenstern von einer Sonnenmasse errechnet sich die Entweichgeschwindigkeit zu rund 200 000 Kilometer pro Sekunde oder zwei Dritteln der Lichtgeschwindigkeit. Unter solchen Voraussetzungen würde nicht nur unsere heutige Raketentechnik kläglich versagen, sondern auch nahezu alle anderen denkbaren Antriebsarten. Einzig sehr energiereiche Partikeln sehr geringer Masse und masselose Teilchen sind in der Lage, einer solch geballten Anziehungskraft zu entkommen: energiereiche Elektronen, Neutrinos und Photonen (»Lichtteilchen«).

Wenn ein Neutronenstern weiter kollabiert, übersteigt die Oberflächenschwerkraft alle Grenzen, und mit ihr nimmt die Entweichgeschwindigkeit immer mehr zu, bis sie schließlich bei 300 000 Kilometern pro Sekunde liegt, der Lichtgeschwindigkeit im Vakuum. Nach der Relativitätstheorie von Albert Einstein (1879–1955) ist dies die größte Geschwindigkeit, die für Materieteilchen allerdings unerreichbar bleibt; auch masselose Teilchen können sich nicht schneller als das Licht ausbreiten.

Der deutsche Astronom Martin Schwarzschild (1873–1916) hat kurz vor seinem Tod den Radius berechnet, bei dem die Entweichgeschwindigkeit eines kollabierenden Objektes die Lichtgeschwindigkeit erreicht. Wenn der Neutronenstern diesen Schwarzschildradius unterschreitet, kann nichts mehr den Anziehungsbereich dieses Sternmonsters verlassen (ein solches Entkommen ist nur unter sehr speziellen Voraussetzungen möglich, die uns aber an dieser Stelle nicht weiter zu interessieren brauchen). Alles, was nahe genug an ein solches Objekt herankommt, wird wie in einem endlos tiefen Loch verschwinden – nicht einmal Licht kann von seiner Oberfläche reflektiert werden. Der amerikanische Physiker Archibald Wheeler (1911–) prägte in diesem Zusammenhang den Begriff *Schwarzes Loch*, der sofort von allen Kollegen aufgegriffen wurde.

Falls also der kollabierende Kern eines Sterns die Grenze von 3,2 Sonnenmassen überschreitet, wird er das Weiße-Zwerg-Stadium und die Neutronensternphase ohne Zwischenstopp durchschlagen und als Schwarzes Loch enden.

Eine Supernova vom Typ II liefert daher nicht nur häufig einen Neutronenstern, sondern vermutlich ebenso häufig ein Schwarzes Loch. Wenn aber Neutronensterne das Ergebnis nur einer Art von Supernova sind und nicht einmal unter diesen Voraussetzungen zwingend entstehen müssen, brauchen wir uns nicht darüber zu wundern, warum die Zahl der Pulsare so weit hinter der Zahl der Supernovae zurückbleibt.

Schwarze Löcher haben gegenüber den Neutronensternen einen entscheidenden Nachteil – sie entziehen sich nahezu völlig einem direkten Nachweis.

Neutronensterne können wir anhand ihrer Strahlungskegel erkennen, sofern diese über die Erde hinwegstreifen. Ein Schwarzes Loch aber läßt nicht einmal Strahlung entweichen. Alle Beobachtungsmethoden, die bei anderen astronomischen Objekten so erfolgreich eingesetzt werden können, versagen bei der Suche nach einzelnen, isoliert stehenden Schwarzen Löchern vollständig.

Wir würden ein solches isoliertes Schwarzes Loch nur dann bemerken, wenn es genügend massereich oder genügend nahe ist (oder beides), um sich durch seine Schwerkraft zu verraten. Es könnte durchaus Millionen von Schwarzen Löchern, verteilt über die ganze Galaxis, geben, ohne daß wir etwas davon wissen müßten.

Aber Strahlung muß ja nicht unbedingt von einem Objekt selbst stammen, sondern kann auch in seiner Umgebung entstehen. Ein Schwarzes Loch ist nie als völlig isoliert anzusehen, da es immer irgendwelche Materie in seiner Umgebung gibt – und seien es nur die weit verstreuten Atome und Staubkörner interstellarer Wolken. Wenn aber Materie in den Anziehungsbereich eines Schwarzen Loches gerät, wird sie sich in einer Akkretionsscheibe sammeln, aus der sie langsam, ganz allmählich, auf einer immer enger werdenden Spiralbahn in das Schwarze Loch stürzt. Während dieses Absturzes wird die Materie Röntgenstrahlung aussenden. Die Röntgenstrahlen, die von der herabregnenden interstellaren Materie ausgesandt werden, sind jedoch so wenig intensiv, daß man sie kaum über größere Distanzen nachweisen kann; für die Suche nach Schwarzen Löchern reichen sie nicht aus.

Nehmen wir aber einmal an, daß sich ein Schwarzes Loch unweit einer großen »Materiequelle« befindet, aus der ständig Materie in ausreichendem Maße hinüberströmt. In diesem Fall wäre die Röntgenstrahlung intensiv genug, um auch über weite Distanzen bemerkt werden zu können. Solche Voraussetzungen sind in engen Doppelsternen gegeben, in Sternsystemen also, von denen man zunächst Novae und – falls einer der beiden Sterne ein Weißer Zwerg ist – auch Supernovae vom Typ I erwarten würde.

Wenn dagegen einer der beiden Sterne ein Schwarzes Loch ist, braucht man keine weitere Explosion zu befürchten. Ein Schwarzes Loch würde nur beständig an Masse zunehmen, da es für diese Objekte keine Massenobergrenze gibt. Dieser Massenzuwachs wäre allerdings mit der Entstehung von Röntgenstrahlung an einer Stelle verbunden, an der man ansonsten nichts würde sehen können.

Deshalb begannen sich die Astronomen zunehmend für Röntgenquellen am Himmel zu interessieren.

Im Jahre 1971 fand der Röntgensatellit Uhuru eine starke Röntgenquelle im Sternbild Schwan, die unregelmäßige Intensitätsschwankungen zeigte; ein solches Verhalten schien für einen Neutronenstern unwahrscheinlich, so daß der Verdacht aufkam, es könne sich um die Strahlung aus der Umgebung eines Schwarzen Loches handeln.

Also nahm man die Quelle genauer unter die Lupe. Anhand der ebenfalls von dort ausgehenden Radiostrahlung konnte man ihre Position sehr genau ermitteln: Sie fiel fast mit der eines sichtbaren Sterns mit der Katalogbezeichnung HD-226868 zusammen, einem sehr großen, blauen und damit heißen Stern, der etwa 30 Sonnenmassen umfaßt. Es zeigte sich, daß dieser Stern alle 5,6 Tage von einem Partner umrundet wurde, und aus der Art der Bahn konnte man die Masse des Begleiters zu rund fünf bis acht Sonnenmassen abschätzen.

Der Sternpartner von HD-226868 ist jedoch unsichtbar, obwohl er eine intensive Röntgenquelle darstellt. Wenn man nichts von ihm sieht, muß es sich um ein sehr kleines Objekt handeln, und da es sowohl für einen Weißen Zwerg als auch für einen Neutronenstern zu massereich ist, bleibt als Erklärung anscheinend nur ein Schwarzes Loch.

Hinzu kommt, daß HD-226868 sich offenbar aufbläht, als ob er gerade zu einem Roten Überriesen heranwüchse. Es ist daher leicht vorstellbar, daß Materie von ihm zu dem Schwarzen Loch hinüberschwappt und dessen Akkretionsscheibe die Quelle der beobachteten Röntgenstrahlung ist.

Wenn der Begleiter von HD-226868 wirklich ein Schwarzes Loch ist (und die Indizienkette bleibt vorerst noch indirekt), dann muß es sich zweifellos um den Überrest einer früheren Supernova handeln.

Das expandierende Universum

Obwohl Supernovae bereits sehr gewaltige Explosionen sind und alles übertreffen, was wir uns nach irdischen Maßstäben vorstellen können, gibt es noch heftigere Explosionen. Wir kennen sogenannte aktive Galaxien, bei denen die ganze Kernregion auseinanderzufliegen scheint und weit mehr Energie über einen wesentlich längeren Zeitraum freisetzt, als dies im Falle einer Supernova möglich ist. Aber wir können noch weitergehen.

Wir *müssen* sogar noch weitergehen, wenn wir eine Vorstellung davon gewinnen wollen, welche Bedeutung Supernovae für uns haben können.

Haben Supernovae überhaupt eine Bedeutung für uns, kann man fragen. Können sie überhaupt von Bedeutung sein?

Auf den ersten Blick könnte man meinen, daß wir uns überhaupt nicht um Supernovae zu kümmern brauchten. Nur ein kleiner Prozentsatz der existierenden Sterne kann als Nova oder Supernova aufblitzen, und wir kennen keinen Stern in unserer näheren Umgebung, bei dem ein solches Ereignis in absehbarer Zukunft zu erwarten wäre.

Würde unsere Sonne zu den Sternen gehören, die eines Tages zu einer Nova oder gar Supernova würden, könnte diese gräßliche Aussicht sehr wohl unsere Aufmerksamkeit auf die Erforschung des Supernova-Prozesses lenken – aber unsere Sonne ist kein gefährdetes Objekt: Ihre Masse reicht nicht aus, um eine Supernova vom Typ II heraufzubeschwören, und einen engen Doppelstern sucht man bei ihr auch vergeblich, so daß sie nie zu einer Typ-I-Supernova werden kann – nicht einmal zu einer einfachen Nova.

Man darf sogar annehmen, daß ein Stern, der als Nova oder Supernova enden wird, überhaupt nicht von einem Planeten umrundet werden kann, auf dem die Entwicklung intelligenter Lebensformen möglich ist.

Wenn ein Stern genügend Masse in sich vereint, um sich zu einer Typ-II-Supernova zu entwickeln, bleibt er nicht lange genug auf der Hauptreihe, um der Evolution auf einem möglichen Planeten ausreichend Zeit für die Entwicklung intelligenter Lebensformen zu lassen.

Ist er andererseits nicht massereicher als die Sonne, dafür aber Partner in einem engen Doppelsternsystem, so daß er eines Tages als Nova oder Typ-I-Supernova aufblitzen kann, so gibt es in genügend geringer Distanz keine stabilen Bahnen für einen Planeten – das aber ist nach allem, was wir heute wissen, eine notwendige Voraussetzung für die Entwicklung von Leben.

Was also brauchen uns Novae und Supernovae zu kümmern? Könnten wir nicht sagen, daß solche Ereignisse uns – abgesehen von dem gelegentlichen Anblick eines außergewöhnlich hellen Sterns am nächtlichen Firmament – weder Nutzen noch Schaden bringen und wir sie daher getrost den Astronomen und Science-Fiction-Schreibern überlassen sollten?

Wir könnten zu einer solchen Auffassung gelangen, gewiß, aber nur dann, wenn wir uns überhaupt nicht dafür interessieren, wie unser Universum entstand, wie Sonne und Erde sich bildeten, wie sich das Leben auf unserem Planeten entwickkelte und welche Gefahren uns möglicherweise in Zukunft drohen: Explodierende Sterne jedenfalls spielen bei all diesen Punkten eine entscheidende Rolle.

Fangen wir also mit der Frage an, wie unser Universum entstand.

Lange Zeit hindurch herrschte in den meisten (wenn nicht allen) Kulturen einschließlich der unsrigen der Glaube vor, die Welt sei vor nicht allzu langer Zeit innerhalb einer vergleichsweise kurzen Phase von einem übernatürlichen Wesen erschaffen worden.

Nach der Überlieferung in unserem Kulturkreis wurde die Welt von Gott in nur sechs Tagen erschaffen, und Versuche, diese Schöpfungswoche zu datieren, führten lediglich etwa 6000 Jahre in die Vergangenheit zurück. Für diese Tradition gibt es keinerlei handfeste Beweise – sie stützt sich lediglich auf das erste Kapitel der Genesis, des ersten Buchs des Alten Testaments. Dennoch wagten nur wenige Menschen, mögliche Zweifel an dieser Erklärung zu äußern.

Nachdem die moderne Astronomie jedoch das klassische Weltbild sprengte und die Grenzen des Universums mit jeder neuen Entdeckung weiter hinausschob, bis es schließlich unvorstellbare Ausmaße erreichte, wurde es immer schwerer, ja geradezu unmöglich, den biblischen Schöpfungsbericht noch länger wörtlich zu nehmen.

Andererseits schien die Astronomie jedoch auch keine Grundlage für eine rein »natürliche« Schöpfungsgeschichte liefern zu können.

Sicher, es gab die Nebularhypothese von Laplace, die man als Erklärung für die Entstehung des Sonnensystems aus einer langsam rotierenden Gas- und Staubwolke heranziehen konnte – aber wo kamen das Gas und der Staub her?

Vermutlich waren alle Sterne der Galaxis auf diese Weise entstanden, so daß es

anfangs eine entsprechend große Materiewolke gegeben haben mußte, die sich
dann zu vielen Milliarden Sternen und Planetensystemen entwickelte. Als man in
den 20er Jahren lernte, daß das Universum zahllose Galaxien enthält, bedeutete
dies, daß offenbar auch zahllose dieser riesigen Gas- und Staubwolken existiert
haben mußten. Wo kamen sie alle her? Wie sollte man den Ursprung solcher
riesigen Materiemengen in einem Universum erklären, das Milliarden von Lichtjahren groß war, ohne dabei wieder auf einen allmächtigen Schöpfer zu verfallen?
Die Lösung kam schließlich von Beobachtungen, die zunächst gar nichts mit unserem Problem zu tun zu haben schienen, die am Ende aber zu einer Revolution
unseres Weltbildes führten.
Es begann mit dem amerikanischen Astronomen Vesto Melvin Slipher
(1875–1969), der im Jahre 1912 ein Spektrum der Andromeda-Galaxie (deren
wahre Natur damals noch nicht bekannt war) aufnahm und daraus ableiten
konnte, daß sich dieses System mit einer Geschwindigkeit von 200 Kilometern
pro Sekunde auf uns zubewegt.
Diese Aussage gelang ihm aufgrund der Beobachtung, daß die bekannten dunklen
Spektrallinien aus ihren normalen Positionen im Spektrum zum blauen Ende hin
verschoben waren. Eine solche Blauverschiebung entsteht, wenn sich die Licht-
quelle und der Beobachter einander nähern, und die Größe der Verschiebung sagt
etwas über die Relativgeschwindigkeit zwischen Quelle und Beobachter aus. Die
Methode nutzt einen Effekt, den der österreichische Physiker Johann Christian
Doppler (1803–1853) im Jahre 1842 erstmals erklärte.
Dieser »Doppler-Effekt« wurde zunächst nur bei Schallwellen beobachtet, doch
konnte der französische Physiker Armand H. L. Fizeau (1819–1896) sechs Jahre
später zeigen, daß das gleiche Prinzip auch bei Lichtwellen gültig ist. Seitdem
konnte man aus einer Verschiebung von Spektrallinien ganz gleich welcher Quelle
(ob Kerze oder Stern) zum blauen Ende hin eine Annäherung zwischen Quelle
und Beobachter ablesen, während eine Rotverschiebung eine gegenseitige Entfernung anzeigte.
William Huggins war der erste, der dieses Verfahren bei einem Stern einsetzte. Er

fand, daß der Stern Sirius eine »kleine Rotverschiebung« aufwies und sich mithin von uns entfernen mußte. In der Folgezeit wurden auch andere Sterne spektroskopiert und dabei Relativgeschwindigkeiten von bis zu 100 Kilometern pro Sekunde gefunden.

Der Doppler-Fizeau-Effekt hatte einen ganz besonderen Vorteil. Wenn man versuchte, die *Eigenbewegung* eines Sterns (die Bewegung quer zur Sichtlinie, also entlang der Himmelsebene) zu messen, so gelang dies nur bei vergleichsweise nahen Sternen. Mithin kennt man solche Eigenbewegungen nur von ziemlich wenigen Sternen. Demgegenüber erlaubt der Doppler-Fizeau-Effekt eine Messung der *Radialgeschwindigkeit* (von uns weg oder auf uns zu) bei allen noch so weit entfernten Sternen, vorausgesetzt, sie sind hell genug, daß man ihr Spektrum aufnehmen kann.

In dem Moment, da es gelungen war, ein Spektrum der Andromeda-Galaxie zu fotografieren, spielte die Entfernung überhaupt keine Rolle mehr (Slipher ahnte zu diesem Zeitpunkt ohnehin nicht, daß die Andromeda-Galaxie etwa 2,25 Millionen Lichtjahre entfernt ist): Der Doppler-Fizeau-Effekt funktionierte bei ihr genau wie mehr als 40 Jahre zuvor bei Sirius. Die Blauverschiebung zeigte eine Bewegung des Objektes auf uns zu an. Das war nicht sonderlich überraschend – lediglich die Geschwindigkeit fiel etwas aus dem Rahmen, hatte man doch einen solchen Wert zuvor bei Sternen noch nicht beobachtet; völlig außergewöhnlich erschien die Bewegung der Andromeda-Galaxie also nicht.

Slipher setzte seine Untersuchungen an den Spektren von 14 anderen Galaxien (oder – wie er glaubte – Nebeln) fort und fand nur noch ein weiteres Objekt, das sich auf uns zu bewegte. Alle anderen entfernten sich von uns, und zwar mit Geschwindigkeiten deutlich größer als 200 Kilometer pro Sekunde.

Das allein war zwar schon verwunderlich, doch die eigentliche Überraschung sollte noch kommen.

Als in den 20er Jahren schließlich klar wurde, daß die weißen Nebel in Wirklichkeit ferne Galaxien waren, begann der amerikanische Astronom Milton La Salle Humason (1891–1972) damit, die Spektren von Hunderten von Galaxien zu fotografieren. Er mußte feststellen, daß sie alle ohne Ausnahme eine auffällige Rotverschiebung aufwiesen und sich mithin alle von uns entfernten.

Dabei gab es offenbar einen Zusammenhang zwischen der Entfernung und der Größe der Rotverschiebung: Je lichtschwächer (und damit vermutlich weiter) eine Galaxie erschien, desto stärker waren ihre Spektrallinien zum roten Ende des Spektrums verschoben, desto schneller entfernte sie sich also von uns. Im Jahre 1919 äußerte Hubble erstmals die Vermutung, daß dieser Zusammenhang durch eine einfache mathematische Gleichung ausgedrückt werden könne – eine Formel, die heute als »Hubble-Beziehung« bekannt ist. Sie besagt, daß die Fluchtgeschwindigkeit einer Galaxie proportional zur Entfernung ist: Wenn eine Galaxie fünfmal weiter entfernt ist als eine andere, dann ist ihre Radialgeschwindigkeit auch fünfmal größer.

Die Hubble-Beziehung stützte sich ausschließlich auf Beobachtungen – der Vermessung von Rotverschiebungen. Doch die Beobachtungen waren kaum angelaufen, da gab es auch schon eine theoretische Betrachtung der Zusammenhänge.

Albert Einstein hatte im Jahre 1916 seine Allgemeine Relativitätstheorie präsentiert, die erstmals eine Korrektur der Newtonschen Vorstellung über die Schwerkraft brachte. Zu dieser Relativitätstheorie gehörte unter anderem ein Satz von der sogenannten Feldgleichung zur Beschreibung des Universums als Ganzem. Einstein hatte vorausgesetzt, daß seine Gleichungen ein statisches Universum beschreiben müßten, eine Welt, die im großen Maßstab stabil und unveränderlich war. Ein Jahr später konnte der niederländische Astronom Willem de Sitter (1872–1934) jedoch zeigen, daß eine »Lösung« dieser Feldgleichungen einem kontinuierlich expandierenden Weltall entsprach. Diese Vorstellung war angesichts der Beobachtungsdaten so überzeugend, daß schließlich auch Einstein zu einem ihrer Anhänger wurde.

Der Urknall

Wenn sich das Weltall wirklich ausdehnt, ist es jeden Tag ein Stück größer als am Tag zuvor. Wenn wir uns vorstellen, daß wir uns rückwärts in die Zeit bewegen, gerade so, als ob wir einen Film rückwärts ablaufen ließen, so finden wir jeden Tag ein kleineres Universum als am Vortag.

Ein Universum kann sich zwar über eine endlose Zeit immer weiter ausdehnen, ohne je ein wirkliches Ende zu erreichen. Hingegen kann sich ein Universum nicht ohne Ende zusammenziehen, weil ein kontrahierendes Universum irgendwann auf ein Nullvolumen geschrumpft sein muß und sich dann nicht noch weiter verkleinern kann. Diese Nullmarke definiert offenbar den Beginn des heutigen Universums. Der russische Mathematiker Alexander Alexandrowitsch Friedmann (1888–1925) wies 1922 als erster auf diesen Umstand hin, nachdem er die Verhältnisse in einem expandierenden Universum mathematisch analysiert hatte; da er wenige Jahre später starb, konnte er den Gedankengang nicht weiter verfolgen.

Unabhängig von ihm kam jedoch der belgische Astronom Georges Edouard Lemaître (1894–1966) fünf Jahre nach Friedmann zu einer ähnlichen Erkenntnis. Er nahm an, daß am Anfang die gesamte Materie des Universums auf kleinstem Raum zusammengepreßt war, ehe dieses »kosmische Ei« mit unvorstellbarer Wucht explodierte und die bis heute andauernde Expansion des Universums einleitete.

Als Hubble seine Beziehung im Jahre 1929 veröffentlichte und die zugrundeliegenden Beobachtungen erläuterte, wurde klar, daß dies genau dem entsprach, was man von einem expandierenden Universum erwarten würde. Die Tatsache, daß sich alle Galaxien von uns entfernen, und zwar um so schneller, je größer ihre Entfernung schon ist, besagt nicht etwa, daß die Erde oder die Galaxis sich in einer ausgezeichneten Position befinden. In einem expandierenden Kosmos entfernen sich alle Galaxien untereinander, und den Eindruck des vermeintlichen Mittelpunktes hat man von jeder anderen Galaxie auch: Die Hubble-Beziehung ist für *jeden* Ort im Universum gültig.

Wenn sich die Andromeda-Galaxie und einige andere, benachbarte Sternsysteme

uns nähern, so deshalb, weil sie alle zur Lokalen Gruppe gehören, einem kleinen Galaxienhaufen, dessen Mitglieder untereinander durch ihre gegenseitigen
Anziehungskräfte gebunden sind und sich daher um einen gemeinsamen
Schwerpunkt bewegen; in einer solchen Gruppe gibt es immer Mitglieder, die
sich voneinander entfernen, und andere, die einander näherkommen.

Im Laufe der Zeit stellte sich heraus, daß sich in dem expandierenden Universum nicht unbedingt alle Galaxien untereinander entfernen müssen – es genügt
schon, wenn die einzelnen Galaxienhaufen sich nicht näherkommen, sondern
auseinanderstreben. Diese Galaxienhaufen sind die eigentlichen Bausteine des
Universums, wie wir es heute kennen.

Die Vorstellung von einem expandierenden kosmischen Ei wurde von dem rus-
sisch-amerikanischen Physiker George Gamow (1904–1968) aufgegriffen und
populär gemacht. Er sprach jedoch lieber vom Urknall und schuf damit einen
Begriff, der sich sehr rasch durchsetzen konnte. Der Urknall war die größt-
mögliche Explosion, die je in unserem Universum ablaufen konnte – dagegen
ist eine Supernova-Explosion ein zartes Flüstern.

Gamow sagte voraus, daß das Universum heute immer noch »nachglühen«
müsse von jener extremen Temperatur, die während des Urknalls geherrscht
habe; dieses Nachglühen sollte sich als eine schwache Radiostrahlung aus allen
Richtungen des Himmels aufspüren lassen – als eine Strahlung, deren besondere Eigenschaften leicht zu berechnen seien.

Der amerikanische Physiker Robert Henry Dicke (1916–) dachte weiter über
diesen Zusammenhang nach, und 1964 stießen der deutsch-amerikanische Physiker Arno Allan Penzias (1933–) sowie sein amerikanischer Kollege Robert
Woodrow Wilson (1930–) tatsächlich auf eine solche kosmische Hintergrund-
strahlung, die sehr gut zu den theoretischen Voraussagen von Gamow und
Dicke paßte.

Diese Entdeckung verhalf der Hypothese vom Urknall zum endgültigen
Durchbruch. Heute gehen die meisten Astronomen davon aus, daß das Universum vor vielleicht 15 Milliarden Jahren seinen Anfang in einem winzigen

Raumbereich nahm. Das genaue Alter der Welt ist noch umstritten, doch können es kaum weniger als 10 Milliarden Jahre sein und kaum mehr als 20 Milliarden Jahre.

Es erscheint offenbar plausibler anzunehmen, das Universum habe seinen Anfang in einem sehr kleinen Raumbereich genommen und sich seither bis zu jener unfaßbaren Größe entwickelt, die einer Vielzahl von Galaxienhaufen Platz bietet, als davon auszugehen, es sei auf irgendeine Weise direkt in seiner heutigen Form entstanden. Aber selbst dann bleibt die Frage, wie das Universum zu diesem Anfangszustand gekommen ist. Müssen wir an dieser Stelle doch wieder auf die alte Vorstellung von einem übernatürlichen Schöpfer zurückgreifen?

Die Physiker untersuchen derzeit die Frage, ob das Universum in seinem winzigen Anfangszustand eventuell von selbst aus dem Nichts heraus entstanden sein kann als das Ergebnis zufälliger Veränderungen (sogenannter Vakuum-Fluktuationen), und ob es am Ende eine unendliche Zahl solcher Proto-Universen gibt, die sich ständig aus dem Nichts heraus bilden, so daß wir lediglich in einer von unendlich vielen Welten leben.

In der Regel geben sich die Physiker jedoch damit zufrieden, die Entwicklung des Universums bis zum Urknall zurückzuverfolgen. Es gibt genügend Unsicherheiten über die frühen Stadien dieses Prozesses und darüber, wie sich das heute beobachtbare Universum aus einem solchen Urknall heraus entfaltet haben könnte: Die Anfangsphase der Welt ist immer noch Gegenstand intensiver Diskussionen und Überlegungen.

Zum Beispiel nahm man allgemein an, daß das Universum zu Beginn unendlich klein und unendlich heiß war, sich aber in unvorstellbar kleinen Sekundenbruchteilen bereits so weit aufgebläht und abgekühlt habe, daß die Urbausteine der Materie, sogenannte *Quarks*, entstehen konnten.

Nach einem längeren Zeitabschnitt von vielleicht einer Zehntausendstel Sekunde war das Universum bereits groß und kühl genug, daß sich die Quarks in Dreiergruppen zu Protonen und Neutronen verbinden konnten. Während der nächsten etwa drei Minuten reagierten diese Elementarteilchen zu Kernen der leichtesten

Atome, doch dauerte es noch weitere rund hunderttausend Jahre, ehe sich diese Atomkerne mit den bis dahin frei umhertreibenden Elektronen zu vollständigen Atomen verbinden konnten. Vielleicht 100 Millionen Jahre später schließlich formten sich Galaxien und Sterne, bildete sich allmählich das uns heute so vertraute Aussehen des Universums aus, wenngleich auch zunächst noch auf viel engerem Raum.

Eine Ergänzung erfuhr diese Urknalltheorie in den 70er Jahren durch die Einführung einer sogenannten inflatorischen Phase: Nach dieser Theorie hätte sich das Universum während eines sehr kurzen Zeitabschnittes unmittelbar nach dem Urknall fast überschnell aufgebläht und dadurch »geglättet«, was einige ansonsten unverständliche Beobachtungen heute besser erklären könnte.

Eine Schwierigkeit ergibt sich aus der Tatsache, daß das Universum heute nahezu ausschließlich gewöhnliche Materie enthält, die aus Protonen, Neutronen und Elektronen zusammengesetzt ist. Nach allem, was wir wissen, konnte diese gewöhnliche Materie nicht ohne eine gleichgroße Menge an *Antimaterie* entstehen, die entsprechend *Antiprotonen, Antineutronen* und *Antielektronen* enthält. Die Gesetze der Physik verlangen eigentlich, daß das Universum beide Materiearten in gleich großem Umfang aufweist, doch dies ist nach allem, was wir wissen, nicht der Fall: Wir finden überall nur normale Materie.

(Eigentlich können wir froh darüber sein, denn gäbe es wirklich ebenso viel Antimaterie wie Materie im Weltall, dann müßten sich die beiden Arten bei gegenseitigem Kontakt vernichten und vollständig in Energie umwandeln, so daß das Universum am Ende keinerlei Materie mehr enthalten würde.)

Bei dem Versuch, das Verhalten der Materie unter den extremen Temperaturen während der ersten Augenblicke des Universums zu beschreiben, mußten die Physiker neue Theorien entwickeln, die unter dem Namen »Große Vereinigungstheorien« (Grand Unification Theories, GUTs) bekannt geworden sind. Sie alle beinhalten eine winzige Asymmetrie zwischen den beiden Materiearten, so daß auf je eine Milliarde Antiteilchen eine Milliarde und ein Teilchen der gewöhnlichen Materie entstanden. Als dann Materie und Antimaterie in einer großen

Vernichtungsorgie miteinander zerstrahlten, blieb nur jeweils dieses überzählige Teilchen zurück. Trotzdem reichte die Gesamtzahl der »überlebenden« Materie aus, um die große Menge an Galaxien mit ihren Hunderten von Milliarden Sternen bilden zu können.

Ein anderes großes Problem der Urknalltheorie ist die Erklärung der klumpigen Materieverteilung im Kosmos. Der Urknall sollte eigentlich im übertragenen Sinne kugelsymmetrisch abgelaufen sein, so daß die Expansion in alle Richtungen gleichmäßig in Gang gesetzt worden wäre. Das aber hätte dazu führen müssen, daß die Atome im Universum gleichmäßig verteilt wären wie in einem normalen Gas. Warum hat sich dieses Gas zu Galaxien und Sternen verdichtet?

Die Vorstellung von einer inflatorischen Phase des Universums könnte eine Erklärung für diese klumpige Struktur der Materie bieten. Vielleicht wird es auch einmal gelingen, die übrigen Schwierigkeiten aus dem Weg zu räumen, die dem Konzept einer »natürlichen« Schöpfung heute noch entgegenstehen.

7 Die Elemente

Die Zusammensetzung des Universums

Es erscheint ziemlich sicher, daß das überhitzte Universum schon kurz nach dem Urknall weit genug abgekühlt war, um eine Verschmelzung von Protonen und Neutronen zur Bildung von Atomkernen zu ermöglichen. Aber *welche* Atomkerne entstanden damals, und in welchen Mengen? Auf diese interessante Frage versucht die Kosmogonie eine Antwort zu finden (jener Zweig der Astronomie, der sich speziell mit dem Ursprung des Universums befaßt). Da uns dieses Problem wieder zurück zu den Novae und Supernovae führt, wollen wir uns ein wenig näher damit befassen.

Es gibt eine Vielzahl verschiedener Atomkerne. Eine Möglichkeit der Klassifizierung besteht darin, die Zahl der eingeschlossenen Protonen anzugeben; man erhält so Werte zwischen 1 und etwas mehr als 100 (das Element 109 wurde vor einigen Jahren von Wissenschaftlern der Gesellschaft für Schwerionenforschung in Darmstadt nachgewiesen; Anm. d. Ü.).

Jedes Proton besitzt eine positive elektrische Elementarladung, die als $+1$ dargestellt werden kann. Da außer den Protonen nur Neutronen im Kern vorkommen, Teilchen also, die ihrem Namen gemäß keine elektrische Ladung tragen, entspricht die Gesamtladung des Kerns der Gesamtzahl der Protonen: Ein Kern mit einem Proton besitzt die Ladung $+1$, ein solcher mit zwei Protonen die Ladung $+2$, ein Kern mit 15 Protonen die Ladung $+15$, und so weiter. Die Zahl der Protonen im Atomkern gibt daher stets auch die Ladung des Atomkerns an; sie wird Ordnungszahl oder Kernladungszahl genannt.

Als sich das Universum weiter abgekühlt hatte, konnte jeder Atomkern eine bestimmte Zahl von Elektronen einfangen und an sich binden. Jedes Elektron trägt eine negative elektrische Elementarladung, die als -1 dargestellt werden kann, und weil sich elektrisch entgegengesetzte Ladungen anziehen, verharrt ein negativ geladenes Elektron vorzugsweise in der Nähe eines positiv geladenen Atomkerns. Unter normalen Bedingungen kann ein einzelner, isolierter Atomkern gerade so viele Elektronen an sich binden, wie er Protonen besitzt. Sie neutralisieren mit ihrer elektrisch negativen Ladung die elektrisch positive Ladung des Atomkerns, so daß die Gesamtladung des Atoms nach außen hin zu Null ausgeglichen wird. In einem neutralen Atom entspricht also die Zahl der Protonen und der Elektronen der atomaren Ordnungszahl.

Atome gleicher Ordnungszahl werden einem bestimmten chemischen *Element* zugerechnet. Wasserstoff ist ein solches Element, dessen Atome ein Proton im Kern und ein Elektron im Außenbezirk enthalten. Wegen ihrer Elementzugehörigkeit werden diese Atome Wasserstoffatome genannt, die Atomkerne vereinfacht Wasserstoffkerne. Da ein Wasserstoffkern nur ein Proton enthält, hat der Wasserstoff die Ordnungszahl 1.

Helium ist ebenfalls ein Element; es setzt sich aus Heliumatomen zusammen, deren jedes einen Heliumkern mit zwei Protonen (und zwei Neutronen) enthält – die Ordnungszahl von Helium ist daher 2. Lithium trägt die Ordnungszahl 3, Beryllium 4, Bor 5, Kohlenstoff 6, Stickstoff 7, Sauerstoff 8, und so weiter.

Wenn wir das auf der Erde verfügbare Material chemisch analysieren (also die Atmosphäre, die feste Erde und das Ozeanwasser), dann finden wir insgesamt 81 stabile Elemente; als stabil werden solche Elemente bezeichnet, die, sich selbst überlassen, auch nach beliebig langen Zeiträumen keiner Veränderung unterliegen.

Das einfachste Element auf der Erde (das einfachste Element überhaupt) ist der Wasserstoff mit der Ordnungszahl 1. Von ihm aus können wir die Leiter der Ordnungszahlen emporklettern, bis wir das komplexeste stabile Element auf der Erde erreichen. Es ist dies das Wismut mit der Ordnungszahl 83; ein Wismutatom enthält also 83 Protonen.

Wenn ich vorher gesagt habe, es gäbe insgesamt 81 stabile Elemente auf der Erde, dann muß die Liste der Ordnungszahlen von 1 (Wasserstoff) bis 83 (Wismut) zwei »Leerstellen« enthalten, und das stimmt: Atome mit 43 Protonen oder 61 Protonen sind nicht stabil, so daß die dazugehörigen Elemente mit den Ordnungszahlen 43 und 61 bei chemischen Analysen der in der Natur vorkommenden Materie nicht auftreten.

Dies bedeutet natürlich nicht, daß Atome mit 43 oder 61 Protonen oder auch mehr als 83 Protonen nicht zumindest *zeitweise* existieren können. Atome dieser Elemente sind nicht stabil, und das heißt, daß sie früher oder später zerfallen müssen; dieser radioaktive Zerfall kann sich in einem oder mehreren Schritten vollziehen, doch am Ende steht immer ein stabiles Element. Mitunter kann dieser Zerfall sehr lange auf sich warten lassen: Bei Thorium (mit der Ordnungszahl 90) und Uran (mit der Ordnungszahl 92) zum Beispiel dauert es Milliarden von Jahren, ehe eine größere Menge des Ausgangsmaterials zu Blei (mit der Ordnungszahl 82) zerfallen ist.

Tatsächlich ist in den rund 4,6 Milliarden Jahren, die seit der Entstehung der Erde vergangen sind, lediglich ein Teil des ursprünglich vorhandenen Thoriums und Urans »verschwunden«. Etwa 80 Prozent des Thoriums und 50 Prozent des Urans sind bislang vom Zerfall verschont geblieben, so daß man diese beiden Elemente auch heute noch in irdischem Gestein nachweisen kann.

Obwohl alle 81 stabilen Elemente (sowie Thorium und Uran) in meßbaren Mengen in der Erdkruste vorkommen, sind sie keineswegs alle gleich häufig anzutreffen. Am häufigsten kommen Sauerstoff (Ordnungszahl 8), Silizium (Ordnungszahl 14), Aluminium (Ordnungszahl 13) und Eisen (Ordnungszahl 26) vor.

Ausgedrückt in Massenanteilen stellt der Sauerstoff 46,6 Prozent der Erdkruste, Silizium 27,7 Prozent, Aluminium 8,13 Prozent und Eisen 5 Prozent. Alle vier zusammen verkörpern somit etwa sieben Achtel des Krustenmaterials, während für die Gesamtzahl aller übrigen Elemente nur ein Achtel verbleibt.

Die Elemente kommen allerdings kaum in reiner Form vor. Die Atome der verschiedenen Elemente neigen vielmehr dazu, sich untereinander zu verbinden. Siliziumatome zum Beispiel gehen mit Sauerstoffatomen eine solche Verbindung ein, der sich dann an einigen Stellen noch Eisen-, Aluminium- oder andere Atome anschließen. Verbindungen dieser Art werden Silikate genannt, und sie bilden das Gestein der Erdkruste.

Da Sauerstoffatome weniger Masse besitzen als die Atome der anderen häufigen Elemente, enthält zum Beispiel ein Kilogramm Sauerstoff mehr Atome als ein Kilogramm der anderen Substanzen. So entfallen von je 1000 Atomen der Erdkruste 625 auf den Sauerstoff, 212 auf Silizium, 65 auf Aluminium und 19 auf Eisen. Die vier genannten Elemente stellen also rund 92 Prozent der Atome innerhalb der Erdkruste.

Die Zusammensetzung der Erdkruste ist allerdings nicht typisch – weder für die Zusammensetzung des Universums noch für die der gesamten Erde.

Der Erdkern zum Beispiel, die Zentralregion, die etwa ein Drittel der Erdmasse in sich vereint, besteht vermutlich zum größten Teil aus Eisen. Dann aber dürfte Eisen etwa 38 Prozent der Gesamtmasse der Erde stellen, Sauerstoff 28 Prozent und Silizium 15 Prozent. An die vierte Stelle könnte dann Magnesium (Ordnungszahl 12) mit einem Anteil von 7 Prozent rutschen. Diese vier häufigsten Elemente stellen etwa sieben Achtel der Erdmasse.

Legen wir statt dessen noch einmal die Zahl der Atome zugrunde, dann gehören rund 480 von 1000 Atomen zum Sauerstoff, 215 zum Eisen, 150 zum Silizium und 80 zum Magnesium – zusammen 92,5 Prozent aller »irdischen« Atome.

Doch die Erde ist alles andere als ein typischer Planet des Sonnensystems. Gewiß, Merkur, Venus, Mars und Mond weisen eine ähnliche Zusammensetzung auf wie die Erde, bestehen also überwiegend aus Gesteinsmassen; bei Merkur hat man sogar einen relativ größeren eisenhaltigen Kern gefunden als bei der Erde. Ähnliches mag für einige der Planetenmonde sowie die größeren der Asteroiden gelten, doch alle diese kosmischen Felsklumpen, ganz gleich, ob mit oder ohne eisenhaltigen Kern, repräsentieren nicht einmal ein halbes Prozent der Masse, die sich um die Sonne bewegt.

99,5 Prozent der Masse im Sonnensystem (abgesehen von der Materie der Sonne selbst) sind dagegen in den vier großen Gasplaneten Jupiter, Saturn, Uranus und Neptun zu finden, wobei Jupiter alleine etwas mehr als 70 Prozent der Gesamtmasse stellt.

Jupiter besitzt möglicherweise einen kleinen Kern aus Gesteins- und metallhaltigem Material, doch selbst dann besteht der überwiegende Anteil des Planeten aus Wasserstoff und Helium; dies jedenfalls haben spektroskopische

Untersuchungen von der Erde aus und mit Hilfe von Raumsonden ergeben. Entsprechendes dürfte für die übrigen Riesenplaneten gelten.

Betrachten wir die Sonne, die etwa 500mal soviel Masse in sich vereint wie alle Planeten und Monde zusammengenommen, so treffen wir auch dort in erster Linie auf Wasserstoff und Helium: Wasserstoff stellt rund 75 Prozent, Helium rund 22 Prozent, während die restlichen drei Prozent auf die anderen, schwereren Elemente entfallen.

Machen wir auch bei der Sonne die Zahl der Atome zum Maßstab, dann entfallen 920 von 1000 Atomen auf das Element Wasserstoff und 80 auf das Element Helium, während jeweils weniger als ein Atom von den übrigen Elementen gestellt wird.

Da die Sonne zweifellos der – auch hinsichtlich der Masse – dominierende Körper im Sonnensystem ist, können wir gar nicht so sehr danebenliegen, wenn wir davon ausgehen, daß ihre chemische Zusammensetzung typisch für das gesamte System ist. Die überwiegende Mehrzahl der anderen Sterne ähnelt der Sonne hinsichtlich der Zusammensetzung, und die Beobachtung der dünnverteilten interstellaren Materie hat ergeben, daß sie ebenfalls hauptsächlich Wasserstoff und Helium enthält. So werden wir ohne große Bedenken behaupten dürfen, daß von jeweils 1000 Atomen im gesamten Universum 920 auf den Wasserstoff entfallen, knapp 80 auf Helium und weniger als ein Atom auf die übrigen Elemente.

Wasserstoff und Helium

Warum das? Ist ein Universum, das nahezu ausschließlich Wasserstoff und Helium enthält, mit der Urknalltheorie zu vereinbaren?

Anscheinend ja – zumindest, wenn man einem Gedankengang folgt, der von Gamow stammt und seither mehrfach verfeinert, in der Gundkonzeption aber nicht verändert wurde.

Danach ist die Entstehung der Elemente etwa so verlaufen: Bereits Sekunden-

bruchteile nach dem Urknall war das expandierende Universum so weit abgekühlt, daß die bekannten Atombausteine entstehen konnten – Protonen, Neutronen und Elektronen. Die Temperatur war jedoch noch so hoch, daß diese Partikeln sich noch nicht miteinander verbinden konnten; kam es zu Kollisionen, so
prallten die Teilchen lediglich aneinander ab.

Für einen Zusammenstoß zwischen zwei Protonen oder zwei Neutronen gilt das
auch heute noch, trotz der inzwischen weit niedrigeren Temperatur des Universums. In der Frühphase der Expansion sank die Temperatur jedoch schon bald
unter den Wert, der eine Verbindung zwischen Protonen und Neutronen verhindert hatte: Die sogenannte starke Wechselwirkung, die Protonen und Neutronen
aneinanderkettet (die stärkste der vier bekannten Naturkräfte), gewann die Oberhand über die temperaturbedingte Bewegungsenergie der Teilchen.

Ich erwähnte schon, daß ein einzelnes Proton als Wasserstoffkern angesehen werden kann. Ein Proton-Neutron-Paar stellt aber *ebenfalls* einen Wasserstoffkern
dar, denn auch hier ist nur ein Proton vorhanden, das Erkennungsmerkmal eines
Wasserstoffkerns. Die beiden Varianten – Proton und Proton-Neutron-Paar –
werden als *Isotope* des Wasserstoffs bezeichnet und entsprechend der Gesamtzahl
ihrer eingeschlossenen Teilchen benannt. Das einzelne Proton ist demnach ein
Wasserstoff-1-Kern, das Proton-Neutron-Paar dagegen ein Wasserstoff-2-Kern
(oft als Deuterium-Kern bezeichnet).

Aufgrund der sehr hohen Temperaturen im frühen Universum war der Wasser-
stoff-2-Kern nicht sonderlich stabil. Er neigte dazu, sich entweder in seine Bestandteile aufzulösen oder mit anderen Teilchen zu verbinden, um so einen vielleicht stabileren Kern zu bilden.

Eine Möglichkeit dazu bot der Zusammenschluß mit einem weiteren Proton zu
einem Atomkern mit zwei Protonen und einem Neutron. Das war wegen der
zwei Protonen kein Wasserstoffkern mehr, sondern ein Heliumkern, und weil er
insgesamt drei Partikeln enthielt, präzis ein Helium-3-Kern.

Eine andere Möglichkeit war die Anlagerung eines zweiten Neutrons. Das ergab
zwar auch einen Atomkern mit drei Teilchen, doch besaß der nur ein Proton und

erwies sich damit als weitere Wasserstoffvariante: Wasserstoff-3, auch Tritium genannt.

Wasserstoff-3 ist unabhängig von der Temperatur instabil, also auch unter heutigen Bedingungen. Er unterliegt inneren Veränderungen selbst dann, wenn man ihn vor Kollisionen oder auch nur Wechselwirkungen mit anderen Teilchen abschirmt. Eines der beiden Neutronen in einem Wasserstoff-3-Kern wandelt sich früher oder später in ein Proton um, so daß aus dem Wasserstoff-3-Kern ein Helium-3-Kern wird. Dieser Prozeß läuft unter den heutigen Voraussetzungen nicht besonders rasch ab: Erst nach wenig mehr als zwölf Jahren hat sich die Hälfte der ursprünglich vorhandenen Wasserstoff-3-Kerne in Helium-3-Kerne verwandelt. Mit Sicherheit dürfte diese Reaktion unter den enormen Temperaturen des frühen Universums wesentlich schneller abgelaufen sein.

Damit haben wir bereits drei verschiedene Atomkerne, die unter heutigen Bedingungen stabil sind: Wasserstoff-1, Wasserstoff-2 und Helium-3.

In einem Helium-3-Kern sind die Teilchen untereinander noch schwächer gebunden als in einem Wasserstoff-2-Kern, so daß unter den gewaltigen Temperaturen des frühen Universums Helium-3-Kerne dazu neigten, bei Kollisionen mit anderen Teilchen auseinanderzubrechen oder weitere Partikeln anzulagern.

Falls ein Helium-3-Kern mit einem weiteren Proton zusammenstößt, entsteht ein Kern mit drei Protonen und insgesamt vier Teilchen: Lithium-4. Ein solcher Kern ist jedoch selbst unter den gegenwärtigen Bedingungen nicht stabil, sondern wandelt eines seiner Protonen sehr rasch in ein Neutron um. Das Ergebnis ist eine Viererkombination aus zwei Protonen und zwei Neutronen, die als Helium-4 bekannt ist.

Helium-4 ist ein äußerst stabiler Atomkern; sein Zusammenhalt wird nur noch durch die Stabilität eines einzelnen Protons übertroffen, durch Wasserstoff-1 also. Ein einmal entstandener Helium-4-Kern ist weitgehend unempfindlich gegen noch so hohe Temperaturen.

Wenn Helium-3 mit einem Neutron kollidiert, entsteht Helium-4 auf direktem Wege; das gleiche gilt für den Zusammenstoß zweier Wasserstoff-2-Kerne. Und falls ein Helium-3-Kern mit einem Wasserstoff-2-Kern oder mit einem weiteren Helium-3-Kern zusammentrifft, entsteht ebenfalls Helium-4, wobei die überzähligen Teilchen einfach als einzelne Protonen oder Neutronen weggeschleudert werden. So wächst der Anteil an Helium-4 auf Kosten der Wasserstoff-2- und der Helium-3-Häufigkeit.

Zusammenfassend können wir daher feststellen, daß die Kollisionen von Protonen und Neutronen in einem expandierenden, sich abkühlenden Universum zunächst zur Entstehung von Helium-4 in größeren Mengen führten.

Mit fortschreitender Ausdehnung und Abkühlung sank die Bereitschaft der Wasserstoff-2- und der Helium-3-Kerne, sich zu anderen Kernen umzugruppieren. So wurden Restmengen dieser Elemente gewissermaßen eingefroren und damit stabilisiert. Heute beobachten wir noch etwa einen Wasserstoff-2-Kern auf 7000 Wasserstoffkerne, und Helium-3-Kerne sind noch seltener: Lediglich einer von einer Million Heliumkernen enthält nur ein Neutron.

Wir können also die Mengen an Wasserstoff-2 und Helium-3 vernachlässigen und vereinfacht sagen, daß das Universum schon bald nach der entsprechenden Abkühlung aus Wasserstoff-1-Kernen und Helium-4-Kernen bestand; dabei stellten die Wasserstoff-1-Kerne 75 Prozent der Masse, die Helium-4-Kerne 25 Prozent.

Etwa 100 000 Jahre später war die Temperatur des Universums so gesunken (auf etwa 3000 Grad), daß die elektromagnetische Wechselwirkung (die zweitstärkste der vier Naturkräfte) stärker als die temperaturbedingte Bewegung der bis dahin freien Elektronen wurde. Jetzt konnten die elektrisch positiv geladenen Kerne elektrisch negativ geladene Elektronen anziehen und festhalten. Das einzelne Proton des Wasserstoff-1-Kerns gab sich mit einem Elektron zufrieden, die beiden Protonen des Helium-4-Kerns benötigten zwei Elektronen. So entstanden Wasserstoff- und Heliumatome: 920 von 1000 Atomen waren Wasserstoffatome, 80 Heliumatome.

Damit ist das heutige Wasserstoff-Helium-Universum bestens erklärt.

Doch halt! Was hat es mit den massereicheren Atomen auf sich, die in der Reihe der Ordnungszahlen weiter hinten stehen (sie alle werden unter dem Sammelbegriff »schwerere Atome« geführt)? Es gibt nur relativ wenige schwere Atome im Universum, aber sie existieren. Wie sind sie entstanden?

Man könnte es mit folgender Erklärung versuchen: Obwohl Helium-4-Kerne äußerst stabil sind, mag es eine geringe Chance dafür gegeben haben, daß sie mit einem Proton, einem Neutron, einem Wasserstoff-2-Kern, einem Helium-3-Kern oder einem zweiten Helium-4-Kern reagierten und so eine kleine Menge an schwereren Atomkernen entstehen ließen, die ihrerseits dann Ausgangspunkt für jene rund drei Prozent der Masse des Universums waren, die heute von den schwereren Elementen gestellt werden.

Leider hält diese Überlegung einer kritischen Prüfung nicht stand.

Falls ein Helium-4-Kern mit einem Wasserstoff-1-Kern (einem einzelnen Proton) reagiert hätte, wäre ein Kern mit drei Protonen und zwei Neutronen entstanden: Lithium-5; eine Kollision mit einem Neutron dagegen hätte zu einem Kern mit zwei Protonen und drei Neutronen geführt: Helium-5.

Selbst unter heutigen Verhältnissen sind weder Lithium-5 noch Helium-5 stabil – falls sie überhaupt entstehen würden, müßten sie innerhalb weniger quadrillionstel Sekunden zerfallen: in einen Helium-4-Kern und ein Proton oder ein Neutron.

Die Wahrscheinlichkeit, daß ein Helium-4-Kern mit einem Wasserstoff-2- oder einem Helium-3-Kern zusammentreffen könnte, war angesichts der geringen Häufigkeit dieser beiden Kernsorten im frühen Materiebrei äußerst gering. Die wenigen Kollisionen, die vielleicht stattgefunden haben mögen, hätten auf jeden Fall bei weitem nicht ausgereicht, um die heute beobachtbaren Mengen an schwereren Elementen zu erklären.

Etwas größer war die Wahrscheinlichkeit, daß ein Helium-4-Kern mit einem zweiten Helium-4-Kern zusammentraf und sich zu einem Kern mit 4 Protonen und 4 Neutronen verband: Beryllium-8. Allerdings ist ein solcher Atomkern wiederum äußerst instabil, so daß er auch unter heutigen Bedingungen nicht länger als einige hundertbillionstel Sekunden überlebt, ehe er wieder in zwei Helium-4-Kerne zerfällt.

Zugegeben, falls *drei* Helium-4-Kerne gleichzeitig aufeinanderprallen, kann sich ein stabiler Kern bilden, doch die Chance für ein solches Dreiertreffen von Helium-4-Kernen ist in einer Umgebung, die von Wasserstoff-1-Kernen dominiert wird, vernachlässigbar klein.

Es bleibt also dabei, daß am Ende jener Phase, in der Protonen und Neutronen sich zu Atomkernen verbinden konnten, lediglich Wasserstoff-1-Kerne und Helium-4-Kerne in größeren Mengen entstanden waren. Übriggebliebene Neutronen mußten kurz darauf in Protonen (Wasserstoff-1-Kerne) und Elektronen zerfallen. *Schwerere Atome entstanden während dieser Phase nicht.*

In einem solchen Universum konnten Wolken aus Wasserstoff und Helium zu Klumpen von Galaxienmasse auseinander»brechen«, in denen dann durch weitere Verdichtung Sterne und Riesenplaneten entstanden. Sterne und Riesenplaneten bestehen schließlich zum überwiegenden Teil aus Wasserstoff und Helium. Müssen wir uns also wirklich um die Entstehung der schwereren Atome kümmern, die lediglich rund drei Prozent der Materie oder nicht einmal ein Prozent aller Atome im Weltall stellen?

Aber gewiß doch! Diese lumpigen drei Prozent müssen erklärt sein. Selbst wenn wir die relativ geringen Anteile dieser Elemente in Sternen und Riesenplaneten außer acht lassen – ein Planet wie die Erde besteht fast ausschließlich aus solchen schwereren Atomen.

Hinzu kommt, daß Wasserstoff lediglich etwa 10 Prozent der Masse im menschlichen Körper, ja der Lebewesen allgemein, stellt und Helium hier überhaupt nicht anzutreffen ist: Die verbleibenden 90 Prozent entfallen auf die schwereren Elemente.

Mit anderen Worten: Wäre das Universum so geblieben, wie es am Ende der Nukleosynthese kurz nach dem Urknall war, dann wäre die Entstehung erdähnlicher Planeten und der uns bekannten Lebensformen absolut unmöglich gewesen. Unsere eigene Existenz hängt also direkt von der Entstehung der schwereren Elemente ab! Wie aber sind sie entstanden?

Fluchtwege

Eigentlich wissen wir die Antwort auf diese Frage bereits, denn wir haben weiter vorne in diesem Buch schon gelernt, wie die Atomkerne im Innern von Sternen zusammengebacken werden. Unsere Sonne zum Beispiel verwandelt in ihrem Kernbereich beständig Wasserstoff in Helium um und bezieht aus dieser Kernfusion ihre Energie – wie alle Sterne auf der Hauptreihe.

Wäre diese Wasserstoff-Fusion der einzige Umwandlungsprozeß im Kosmos und würde er mit dem heutigen Tempo fortgeführt, dann wäre nach etwa 500 Milliarden Jahren der gesamte Wasserstoff zu Helium geworden (diese Zeit entspricht etwa dem 25- bis 40fachen des gegenwärtigen Weltalters). Aber damit hätten wir immer noch keine massereicheren Atome.

Auch sie entstehen im Innern der Sterne, aber erst, wenn der Stern die Hauptreihe verläßt. Dieser Wendepunkt wird erreicht, wenn der Kern sich so weit verdichtet hat, daß die Helium-4-Kerne häufig und mit großer Geschwindigkeit aufeinanderprallen müssen: Dann kommt es gelegentlich vor, daß *drei* Helium-4-Kerne gleichzeitig zusammenstoßen und einen stabilen Kern aus sechs Protonen und sechs Neutronen formen – Kohlenstoff-12.

Wieso kann es im Innern eines Sterns zu einer solchen Dreierkollision kommen, wenn es schon in der Zeit unmittelbar nach dem Urknall dazu nicht gereicht hat? Nun, wenn ein Stern die Hauptreihe verläßt, dann ist die Temperatur in seinem Kernbereich auf rund 100 Millionen Grad angestiegen, und auch der Druck ist gewaltig. Entsprechende Verhältnisse waren zwar auch in der Anfangsphase des Universums anzutreffen, doch hat der Kern eines Sterns gegenüber dem frühen Kosmos einen entscheidenden Vorteil: Der Kern eines Hauptreihensterns besteht aus nahezu reinem Helium-4. Wenn keine anderen Atomkerne vorhanden sind, ist eine Dreierkollision von Helium-4-Kernen wesentlich häufiger als dann, wenn die Mehrzahl der umgebenden Kerne dem Wasserstoff-1 angehören, wie dies im Gefolge des Urknalls der Fall war.

So konnten die schweren Atome zwar nicht während der ersten Phase der Nukleosynthese unmittelbar nach dem Urknall entstehen, dafür aber während der gesamten Geschichte des Universums im Innern der Sterne. Dieser Prozeß hält auch heute noch an und wird noch über viele Milliarden Jahre so weitergehen. Das gilt nicht nur für die Entstehung von Kohlenstoff, sondern auch für die übrigen schwereren Elemente bis hin zum Eisen, das – wie ich vorher schon erwähnte – das Ende dieser Fusionskette im Innern eines massereichen Sterns markiert.

Trotzdem bleiben zwei Fragen zurück:

1) Wie werden die schweren Atomkerne aus dem Innern eines Sterns über den Kosmos verteilt, daß man sie auf der Erde und in unseren Körpern finden kann?

2) Wie entstehen die Atomkerne, die noch schwerer sind als die Eisenkerne? Das schwerste stabile Eisenisotop ist das Eisen-58 (mit 26 Protonen und 32 Neutronen im Kern), doch darüber hinaus gibt es selbst auf unserem Planeten noch eine Reihe von schwereren Atomkernen bis hin zu Uran-238 mit 92 Protonen und 146 Neutronen.

Beschäftigen wir uns zunächst mit der ersten Frage. Gibt es irgendwelche Prozesse, die Materie aus dem Innern der Sterne im Universum »verteilen«?

Es gibt sie in der Tat, und einige können wir sogar bei der Beobachtung der Sonne klar verfolgen.

Wendet man die erforderlichen Vorsichtsmaßnahmen an, dann erscheint die Sonne dem bloßen Auge womöglich als eine ruhig leuchtende Kugel ohne erkennbare Strukturen, doch wissen wir inzwischen, daß die Sonne in Wirklichkeit permanent unter »Spannung« steht, die einem andauernden magnetischen Sturm ähnelt. Die gewaltigen Temperaturen tief im Innern führen in den oberen Schichten zu einer Konvektionsströmung, so wie in einem Wasserkessel kurz vor Erreichen des Siedepunktes eine heftige Strömung entsteht. Die Sonnenmaterie ist in einem ständigen Auf und Ab begriffen, das zu einer als Granulation bezeichneten Körnung der Sonnenoberfläche führt. Die Sonnenoberfläche ist von solchen »Granulen« übersät, deren jede einer »Säule« aus aufsteigendem Material entspricht; dabei haben die einzelnen Zellen die Größe eines mittleren

US-Bundestaates oder einer europäischen Nation, obschon sie auf Fotografien der Sonnenoberfläche reichlich winzig erscheinen.

Das Konvektionsmaterial dehnt sich aus und kühlt ab, wenn es aufsteigt, so daß es, wenn es die Oberfläche erreicht hat, wieder nach unten sinkt und durch neues, heißeres Material ersetzt wird. Dieses ständige Auf und Ab kommt nie zur Ruhe; es trägt mit dazu bei, die Energie aus dem Innern der Sonne an die Oberfläche zu transportieren. Von dort wird sie dann in Form von Strahlung an die Umgebung abgegeben; das Leben auf der Erde hängt von dieser Strahlung ab.

Die Konvektionsprozesse nahe der Sonnenoberfläche können mitunter zur Entstehung sehr turbulenter Prozesse auf der Oberfläche führen, bei denen dann nicht nur Energie in Form von Strahlung freigesetzt wird, sondern auch größere Mengen an Sonnengas nach außen dringen können.

Am 8. Juli 1842 zog der Mondschatten während einer totalen Sonnenfinsternis über Südfrankreich und Norditalien hinweg. Damals wurden Sonnenfinsternisse nicht oft so detailliert untersucht wie heute, weil sie sich häufig in unwegsamem Gelände fernab der großen Sternwarten ereigneten – weite Reisen mit einer kompletten Ausrüstung aber waren damals wesentlich schwieriger zu bewerkstelligen als heute. Die Finsternis des Jahres 1842 dagegen war in der Nähe der astronomischen Zentren Westeuropas zu beobachten, und so eilten die Astronomen von überall mit ihren Teleskopen herbei.

Zum ersten Mal fiel damals auf, daß während der totalen Verfinsterung rötlich glühende Zungen hinter dem dunklen Mondrand hervorlugten; sie wurden nur sichtbar, weil der Mond das grelle, alles überstrahlende Licht der Sonne abdeckte. Diese Zungen sahen wie emporschießende Materiestrahlen aus und wurden daher *Protuberanzen* genannt.

Zunächst waren sich die Astronomen allerdings nicht sicher, ob diese Protuberanzen von der Sonne oder vom Mond stammten, doch konnte diese Frage neun Jahre später, während einer totalen Sonnenfinsternis in Schweden, geklärt werden. Genauere Beobachtungen wiesen die Protuberanzen als eindeutig zur Sonne gehörend aus, während der Mond gar nichts mit ihnen zu tun hatte.

Seither wurden die Protuberanzen mit großer Aufmerksamkeit untersucht, und inzwischen kann man sie mit geeigneten Instrumenten auch außerhalb der knappen Zeit verfolgen, die eine Sonnenfinsternis bietet. Einige dieser Protuberanzen wölben sich aufwärts und erreichen dabei Höhen von mehreren zehn- bis hunderttausend Kilometern über der Sonnenoberfläche. Andere bewegen sich explosionsartig nach außen – mit Geschwindigkeiten von bis zu 1300 Kilometern pro Sekunde.

Obwohl solche Protuberanzen zu den eindrucksvollsten Erscheinungen an der Sonnenoberfläche gehören, stellen sie noch nicht die energiereichsten Prozesse dar.

Der englische Astronom Richard Christopher Carrington (1826–1875) bemerkte im Jahre 1849 einen sternähnlichen Lichtausbruch auf der Sonnenoberfläche, der rund fünf Minuten zu beobachten war und dann verschwand. Dies war die erste bekanntgewordene Beobachtung eines heute so genannten *Sonnenflares*. Carrington vermutete, daß ein großer Meteor in die Sonne gestürzt war.

Carringtons Beobachtung fand wenig Aufmerksamkeit, bis der amerikanische Astronom George Ellery Hale (1868–1938) im Jahre 1926 das Spektroheliskop erfand. Es erlaubte eine Beobachtung der Sonne im Licht einer bestimmten Wellenlänge. Die Strahlung von Sonnenflares konzentriert sich auf einige Wellenlängenbereiche, so daß die Flares sich während Beobachtungen bei diesen Wellenlängen besonders gut von der Sonnenoberfläche abheben.

Wir wissen heute, daß solche Flares verhältnismäßig oft vorkommen. Sie stehen im Zusammenhang mit den Sonnenflecken, und zu Zeiten zahlreicher Sonnenflecken können kleinere Flares im Abstand weniger Stunden auftreten, während größere Flares alle paar Wochen einmal auftauchen.

Sonnenflares sind energiereiche Explosionen an der Sonnenoberfläche; die Temperatur im Bereich eines solchen Flares ist wesentlich höher als in der Umgebung. So kann ein Flare, das nur ein Tausendstel der Sonnenoberfläche bedeckt, mehr energiereiche Strahlung (UV-Strahlung, Röntgenstrahlung, ja sogar Gammastrahlung) aussenden als die gesamte übrige Sonnenoberfläche.

Obwohl Protuberanzen sehr eindrucksvoll aussehen und mitunter tagelang zu beobachten sind, verliert die Sonne durch sie nur sehr wenig Materie an die Umgebung. Anders sieht die Sache bei den Flares aus: Sie sind weit weniger auffällig und dauern oft nur wenige Minuten (selbst die größten sind nach einigen Stunden verschwunden), und doch schleudern sie größere Mengen an Teilchen in den Weltraum hinaus, die der Sonne für immer verlorengehen.

Im Jahre 1843 veröffentlichte der deutsche Amateurastronom Samuel Heinrich Schwabe (1789–1875) das Ergebnis einer sehr sorgfältigen Beobachtungsreihe: 17 Jahre hindurch hatte er nahezu täglich die Flecken auf der Sonne gezählt und dabei festgestellt, daß ihre Häufigkeit in einem etwa elfjährigen Rhythmus ansteigt und wieder abnimmt. Neun Jahre später folgte der britische Physiker Edward Sabine (1788–1883) mit der Entdeckung, daß gewisse Störungen im Erdmagnetfeld, sogenannte magnetische Stürme, parallel zum Sonnenfleckenzyklus auftraten.

Dies war zunächst lediglich eine statistische Aussage, denn niemand konnte sich eine direkte Verbindung zwischen beiden Erscheinungen vorstellen. Als man dann aber die Flares als sehr energiereiche Ausbrüche auf der Sonne erkannte, wurde der Zusammenhang deutlich. Wenn mitten auf der Sonnenscheibe ein großes Flare aufleuchtete, gerieten die Kompaßnadeln bei uns etwa zwei Tage später völlig durcheinander, und man konnte eindrucksvolle Polarlichter beobachten.

Der zeitliche Abstand von zwei Tagen war wichtig. Wären die Auswirkungen auf die Erde durch die Strahlung der Sonne verursacht worden, hätten sie gleichzeitig mit der Beobachtung des Flares eintreten müssen (die auslösende Strahlung wäre bekanntlich ebenso mit Lichtgeschwindigkeit zur Erde vorgedrungen wie das Licht des Flares). Eine Verzögerung von zwei Tagen bedeutete hingegen, daß der Überträger des Effekts wesentlich langsamer vorankam, mit einer Geschwindigkeit von rund 900 Kilometer pro Sekunde; für irdische Maßstäbe ist das immer noch sehr schnell. Eine solche Geschwindigkeit würde man bei Elementarteilchen erwarten, die im Zusammenhang mit einem Flare aus der Sonne herausgeschleudert werden, und wenn diese Teilchen dann auch noch elektrische Ladungen tra-

gen, dann sollten sie beim Erreichen der Erde die beobachteten Magnetfeldstö-
rungen und Polarlicht-Erscheinungen auslösen können.

Die Idee, daß Elementarteilchen von der Sonne weggeschleudert werden können,
führte schließlich auch zum Verständnis einer weiteren Erscheinung der Sonne.
Während einer totalen Sonnenfinsternis kann man bereits mit bloßem Auge einen
grünlich schimmernden Strahlenkranz erkennen, der sich deutlich gegen den die
Sonne abdeckenden dunklen Mond abhebt. Er wird als *Korona* bezeichnet (nach
dem lateinischen Wort für Krone).

Auch die Sonnenkorona war während der Finsternis des Jahres 1842 zum ersten
Mal aufmerksam beobachtet worden. Dabei stellte man auch fest, daß sie wirklich
ein Teil der Sonne war und nicht etwa eine Erscheinung des Mondes. Nach 1860
konnte man dann die Fotografie zur Erforschung der Korona heranziehen und
wenig später mit spektroskopischen Untersuchungen beginnen.

Als der Mondschatten am 22. Dezember 1870 über Südspanien hinwegzog, richtete der amerikanische Astronom Charles Augustus Young (1834–1908) erstmals
ein Spektroskop auf die Sonnenkorona. Er entdeckte im Spektrum eine helle
grüne Linie, die zu keinem der damals bekannten chemischen Elemente paßte;
darüber hinaus fand er eine Reihe anderer unbekannter Linien, die er ebenso wie
die grüne Linie einem neuen Element zuschrieb. Dieses Element nannte er Koronium.

Zunächst wußte man wenig damit anzufangen: Solange die wahre Natur des
Atomaufbaus noch unverstanden war, konnte man allenfalls die Positionen der
Spektrallinien vermessen und bekanntgeben. So wurde das Rätsel des Koroniums
erst 70 Jahre später gelöst. Jedes Atom besteht aus einem massereichen Kern, der
von Elektronen umgeben ist. Jedesmal, wenn eines der Elektronen auf eine andere, weiter innen liegende Bahn wechselt, entsteht Strahlung einer bestimmten
Wellenlänge, die wir bei genügend vielen solcher Sprünge als Spektrallinie beobachten. Die charakteristischen Wellenlängen verändern sich jedoch, wenn die
Zahl der vorhandenen Elektronen nicht mit der Zahl der Protonen im Kern über-
einstimmt (solche – dann elektrisch positiv geladene – Atome werden als ionisiert

bezeichnet). Es dauerte eine Zeitlang, ehe die Physiker lernten, das spektrale Verhalten von Atomen zu verstehen, die einen Großteil ihrer Elektronen verloren hatten – zum Beispiel als Folge einer hohen Umgebungstemperatur, die zu heftigen Zusammenstößen der Atome untereinander führte, wodurch dann die Elektronen abgetrennt wurden.

Erst im Jahre 1941 konnte Bengt Edlen zeigen, daß das Koronium in Wirklichkeit kein neues Element war. Bekannte Atome wie die von Eisen, Nickel und Kalzium liefern genau die beobachteten Linien, sobald sie ein Dutzend oder mehr ihrer Elektronen verloren haben. Hinter dem Koronium verbargen sich also wohlvertraute Elemente, deren Atome vielfach ionisiert waren.

Ein solch hoher Ionisationsgrad konnte nur durch extreme Temperaturen entstehen, und so kam Edlen zu dem Ergebnis, daß die Sonnenkorona ein bis zwei Millionen Grad heiß sein müsse. Zunächst stieß er mit dieser Aussage auf nahezu einhellige Ablehnung, doch als die Höhenforschungsraketen einige Jahre später eine von der Sonne stammende Röntgenstrahlung entdeckten, verstummten die Zweifel, denn die Entstehung von Röntgenstrahlung setzt genau jene hohen Temperaturen voraus, die Edlen genannt hatte.

Heute verstehen wir die Korona als die äußere Sonnenatmosphäre, die durch die bei den Sonnenflares aufgewirbelten und weggeschleuderten Teilchen beständig aufgefüllt wird. Die Dichte der Korona ist äußerst gering: Ein Kubikzentimeter enthält weniger als eine Milliarde Teilchen, und das entspricht etwa einem Billionstel dessen, was die irdische Atmosphäre in Meereshöhe aufweist. Damit stellt die Korona nach irdischen Maßstäben ein äußerst gutes Vakuum dar. In dieses dünne Gas wird nun ständig von der Sonnenoberfläche Energie eingespeist, von den Flares ebenso wie durch die Magnetfelder der Sonnenflecken und die Schallwellen, die durch das andauernde Auf und Ab der Granulen produziert werden. Da sich diese ganze Energie auf die vergleichsweise wenigen Teilchen in der Korona verteilt, ist die auf das einzelne Teilchen konzentrierte Energiemenge (seine »Temperatur«) sehr groß, obschon die Gesamtenergie der Korona gering bleibt. Die Teilchen in der Korona stammen ebenfalls von der Sonne: Atome, die aufgrund der hohen Temperatur ihre Elektronen größtenteils verloren haben. Da die Sonne hauptsächlich Wasserstoff enthält, besteht auch die Korona in erster Linie aus Wasserstoffkernen, aus Protonen also. Heliumkerne folgen an zweiter Stelle, während die Kerne schwererer Atome auch hier nur in sehr kleinen Mengen anzutreffen sind; obwohl einige von ihnen die auffälligen Spektrallinien des vermeintlichen Koroniums liefern, ist ihr Anteil an der Koronamaterie äußerst gering.

Die Teilchen innerhalb der Korona entfernen sich in alle Richtungen von der Sonne. Dabei erfüllen sie einen immer größeren Raum, so daß ihre Dichte immer weiter abnimmt. Entsprechend schwächer wird auch die Intensität des Koronalichtes, und jenseits einer gewissen Entfernung von der Sonne verblaßt die Korona zur Unkenntlichkeit.

Dies bedeutet aber nicht, daß die Korona an dieser Sichtbarkeitsgrenze endet: Die mit großer Geschwindigkeit davonstrebenden Teilchen dehnen die Korona bis weit in das Sonnensystem hinein aus. Der amerikanische Astronom Eugene Parker (1927–) prägte für diese Teilchenströmung 1959 den Begriff *Sonnenwind*.

Der Sonnenwind durchdringt das gesamte Planetensystem. Raumsonden haben ihn bis über die Bahn des Pluto hinaus nachweisen können. Somit bewegen sich alle Planeten gewissermaßen innerhalb der weit ausgedehnten Sonnenatmosphäre; allerdings ist die Dichte des Sonnenwindes so gering, daß er keinen meßbaren Einfluß auf die Bewegung der Planeten ausübt.

Die Teilchendichte im Sonnenwind ist aber immer noch hoch genug, um andere, auffällige Erscheinungen auszulösen. Aufgrund ihrer elektrischen Ladung können die Partikeln zum Beispiel vom Magnetfeld der Erde eingefangen werden. Hier führen sie dann zur Entstehung der Van-Allen-Strahlungsgürtel, können Polarlichter auslösen und Kompaßanzeigen sowie elektronische Geräte durcheinanderbringen. Sonnenflares lösen kurzfristig einen heftigeren Sonnenwind und damit eine beachtliche Verstärkung dieser Effekte aus.

In der Umgebung der Erde bewegen sich die Teilchen des Sonnenwindes mit Geschwindigkeiten zwischen 400 und 700 Kilometer pro Sekunde, und ihre

Dichte schwankt zwischen einem und achtzig Teilchen pro Kubikzentimeter. Würden diese Partikeln ungehindert auf die Erdoberfläche treffen, so hätten sie eine äußerst zerstörerische Wirkung auf das Leben auf diesem Planeten. Zum Glück werden wir davor durch das Magnetfeld und die Atmosphäre der Erde bewahrt.

Pro Sekunde verliert die Sonne etwa 1 Million Tonnen Materie in Form von Sonnenwindteilchen. Nach menschlichen Maßstäben ist dies eine unvorstellbare Menge, für die Sonne dagegen ein winziges, wirkungsloses Leck. Obwohl die Sonne bereits seit rund 5 Milliarden Jahren auf der Hauptreihe steht und noch weitere 5 oder 6 Milliarden Jahre dort verbleiben wird, verliert sie (bei gleichbleibender Verlustrate) insgesamt lediglich 1/5000 ihrer Masse an den abströmenden Sonnenwind.

Dennoch: Ein Fünftausendstel der Masse eines Sterns ist nicht gerade ein geringer Betrag, der auf diesem Weg den bereits vorhandenen Mengen an interstellarem Gas und Staub hinzugefügt wird. Dies ist eine erste Möglichkeit, wie Materie von Sternen entweichen und das interstellare Gas auffüllen kann.

Und die Sonne stellt in dieser Hinsicht keineswegs eine Ausnahme dar; wir haben vielmehr Grund zu der Annahme, daß alle Sterne, die noch nicht kollabiert sind, einen vergleichbaren »Sternwind« produzieren. Zugegeben, wir können die übrigen Sterne nicht so detailliert erkunden wie die Sonne, aber es gibt deutliche Indizien für diese Vermutung.

Die Astronomen kennen zum Beispiel rote Zwergsterne, kleine, kühle Sterne, die in unregelmäßigen Abständen ihre Helligkeit steigern und dabei ein zunehmend weißeres Licht aussenden. Ein solches Ereignis dauert zwischen einigen Minuten und etwa einer Stunde und entspricht in vielerlei Hinsicht dem Auftreten eines Flares auf der kleinen Sternoberfläche. Man nennt diese Sterne daher *Flare-Sterne*. Ein Flare, wie wir es von der Sonne her kennen, würde auf einem kleineren Stern wesentlich deutlicher hervortreten: Was für eine Zunahme der Sonnenhelligkeit um nur ein Prozent reicht, kann bei einem lichtschwachen Stern zu einer Steigerung um 250 Prozent führen.

Rote Zwergsterne, vor allem die Flare-Sterne, können also durchaus sehr heftige Sternwinde besitzen.

Andere Sterne verfügen offenbar über sehr weit in das umgebende Weltall hinausreichende Sphären stellarer Winde. Rote Riesen und Überriesen zum Beispiel erreichen leicht einige hundert Sonnendurchmesser. Das bedeutet, daß sie eine sehr geringe Oberflächenschwerkraft aufweisen, da die größere Masse eines Roten Riesen durch den gewaltigen Abstand zum Sternmittelpunkt mehr als kompensiert wird. Hinzu kommt, daß Rote Riesen sich dem Ende ihrer Existenz nähern und kurz vor dem Kollaps stehen. Entsprechend turbulent geht es im Innern solcher Sterne zu: Man darf annehmen, daß die Konvektionsströmungen, die heiße Gasmassen nach außen transportieren, angesichts der geringen Schwerkraft stark ausgeprägt sind.

Der rote Riesenstern Beteigeuze im Sternbild Orion steht uns genügend nahe, daß die Astronomen einige Details über diesen Stern herausfinden konnten. Sein stellarer Wind wird beispielsweise milliardenfach intensiver eingeschätzt als der unserer Sonne. Obwohl Beteigeuze rund 16 Sonnenmassen in sich vereint, wäre die Masse dieses Sterns bei der gegenwärtigen Verlustrate innerhalb von etwa einer Million Jahren an den umgebenden Weltraum verlorengegangen, wenn der Stern nicht schon viel früher in sich zusammenstürzen müßte.

Wir können daher vermuten, daß der Sonnenwind unseres Tagesgestirns nicht allzusehr von der mittleren Intensität solcher Strömungen abweicht. Wenn wir dann davon ausgehen, daß rund 300 Milliarden Sterne in der Galaxis existieren, werden pro Sekunde rund 300 Billiarden Tonnen Materie in Form von Sternwind in den interstellaren Raum hinausgeblasen.

Stimmt diese Voraussetzung, so geht den Sternen unserer Galaxis innerhalb von etwa 200 Jahren soviel Materie verloren, wie unsere Sonne besitzt. Hochgerechnet auf das Alter der Galaxis, etwa 15 Milliarden Jahre, bedeutet dies, daß – bei gleichbleibender Intensität der Sternwinde – insgesamt rund 75 Millionen Sonnenmassen oder immerhin 1/2700 der Gesamtmasse der Galaxis von den Sternen an die Umgebung abgeströmt ist.

Allerdings stammt der Nachschub für die Sternwinde aus den oberflächennahen Schichten der Sterne, und die enthalten (nahezu) ausschließlich Wasserstoff und Helium. Entsprechend liefern die stellaren Winde ebenfalls (nahezu) ausschließlich Wasserstoff- und Heliumkerne, steuern also so gut wie gar nichts an schweren Atomkernen zur Elementhäufigkeit der interstellaren Materie bei. Die massereichen Atomkerne entstehen in den Kernbereichen der Sterne, und dort verbleiben sie auch, ohne Gefahr zu laufen, von den Sternwinden davongetragen zu werden.

Wenn ein Stern geringe Anteile schwererer Atomkerne auch in den äußeren Schichten aufweist (wie zum Beispiel unsere Sonne), dann wird natürlich auch der Sternwind solche Kerne mitreißen. Solche Atomkerne sind jedoch nicht im Innern der einzelnen Sterne entstanden, sondern waren von Anfang an in der Materiewolke enthalten, aus der sich der Stern ursprünglich gebildet hat. Sie stammen also von einer äußeren Quelle – jener Quelle, nach der wir ohnehin gerade suchen.

Flucht aus der Katastrophe

Wenn die Sternwinde als Transportweg für schwere Atomkerne aus dem Innern der Sterne zur interstellaren Materie nicht ausreichen, müssen wir uns nach stürmischeren Prozessen umsehen, die den Stern nach dem Verlassen der Hauptreihe erschüttern.

Dabei können wir die überwiegende Mehrzahl der Sterne von vornherein ausklammern. Etwa 75 bis 80 Prozent aller Sterne unserer Galaxis enthalten weniger Masse als die Sonne, und solche Sterne verbleiben zwischen 20 bis 200 Milliarden Jahren auf der Hauptreihe (je kleiner, desto länger). Solche Sterne können also die Hauptreihe noch gar nicht verlassen haben – nicht einmal die ältesten Exemplare, die während der ersten Milliarde Jahre nach dem Urknall entstanden sein mögen, haben bereits soviel ihres anfänglichen Wasserstoffs verbraucht, daß sie nicht länger auf der Hauptreihe verweilen können.

Hinzu kommt, daß ein massearmer Stern die Hauptreihe ohne spektakulären Abgang verläßt. So weit wir wissen, verlaufen die weiteren Entwicklungsschritte um so gemäßigter, je weniger Masse ein Stern besitzt. Ein kleiner Stern wird zwar – wie alle übrigen Sterne – eines Tages zu einem Roten Riesen heranwachsen, aber das Ergebnis wird nur ein verhältnismäßig kleiner Roter Riese sein, ein Roter Unterriese, der wesentlich länger existieren kann als ein großer Roter Riese und am Ende ziemlich unauffällig zu einem Weißen Zwerg kollabieren wird; die Materie in einem solchen Weißen Zwerg ist dann auch weit weniger dicht gepackt als etwa bei Sirius B.

Die massereicheren Atomkerne, die sich während des Rote-Riese-Stadiums im Zentrum gebildet haben (vorwiegend Kohlenstoff, Stickstoff und Sauerstoff), werden dort auch noch nach dem Kollaps zu finden sein, weil sie zu keiner Zeit in größeren Mengen der interstellaren Materie zugeführt werden konnten. Abgesehen von äußerst speziellen Einzelfällen bleiben die schwereren Elemente im Innern kleinerer Sterne scheinbar unbegrenzt eingekapselt.

Sterne von der Größenordnung unserer Sonne (plus/minus vielleicht 10 oder 20 Prozent) kollabieren bereits nach 5 bis 15 Milliarden Jahren zu einem Weißen Zwerg. Unsere Sonne, die insgesamt rund 10 Milliarden Jahre auf der Hauptreihe verweilen kann, ist nur deshalb noch dort anzutreffen, weil sie erst vor etwa 5 Milliarden Jahren entstanden ist. Ältere sonnenähnliche Sterne können sehr wohl bereits die Hauptreihe verlassen haben, vor allem jene, die kurz nach dem Urknall entstanden sind.

Sterne mit einer der Sonne vergleichbaren Masse entwickeln sich zu größeren Roten Riesen als die massearmen Sterne, und sie kollabieren am Ende dieser Phase auch heftiger als jene. Die freiwerdende Energie reicht in den meisten Fällen aus, um die äußere Hülle des Sterns abzusprengen und zu einem planetarischen Nebel auseinanderzutreiben, wie wir ihn schon früher in diesem Buch kennengelernt haben.

Die solchermaßen expandierende Gashülle eines sonnenähnlichen Sterns kann zwischen 10 und 20 Prozent der anfänglichen Sternmasse davontragen. Auch in diesem Fall stammt die Materie allerdings aus den Außenbezirken der Sterne, und die enthalten selbst unmittelbar vor dem Kollaps im wesentlichen eine Mischung aus Wasserstoff und Helium.

Selbst, wenn infolge der turbulenten Gasströmungen unter der Oberfläche eines Sterns unmittelbar vor dem Kollaps massereiche Atomkerne aus dem Innern nach außen bis in jenen Bereich transportiert werden, der anschließend abgesprengt wird, können die solchermaßen freigesetzten Mengen allenfalls einen winzigen Anteil jener schweren Atomkerne stellen, die in der interstellaren Materie anzutreffen sind.

Aber wenn wir schon bei der Entstehung von Weißen Zwergen sind: Wie ist es denn um jene Sonderfälle bestellt, bei denen der Kollaps zum Weißen Zwerg nicht in die sonst übliche Sackgasse führt. Immerhin gibt es ja auch Weiße Zwerge, die im späteren Verlauf ihrer Geschichte sehr wohl als Nachschubquelle für die interstellare Materie infrage kommen.

Wir haben schon jene Weißen Zwerge kennengelernt, die Partner eines engen Doppelsternsystems sind und dann, wenn der andere Stern sich zu einem Roten Riesen aufbläht, Materie von ihm zu sich herüberziehen. Von Zeit zu Zeit wird ein Teil dieses Materials an der Oberfläche des Weißen Zwerges zu schwereren Atomkernen verschmolzen. Die gewaltigen Energien, die dabei freigesetzt werden, lassen den Stern vorübergehend als Nova erstrahlen; sie reichen auch, um die Fusionsprodukte in den umgebenden Raum hinauszuschleudern.

Allerdings beschränkt sich der Materiegewinn eines Weißen Zwerges zumeist auf den Wasserstoff und das Helium aus den äußeren Schichten des Roten Riesen. Während des Nova-Ausbruches reagiert der Wasserstoff dann zu Helium, und was am Ende weggeschleudert wird, ist dementsprechend eine Wolke aus Heliumgas. Auch in diesem Fall gilt, daß der Anteil an schwereren Elementen, der von dem Roten Riesen abgezogen und im Zuge des Nova-Ausbruches an die interstellare Materie weitergeleitet wird, nicht ausreicht, um mehr als nur einen winzigen Bruchteil der im interstellaren Gas vorhandenen schwereren Elemente bereitzustellen.

Damit bleibt also nur noch eine denkbare Möglichkeit als Erklärung für den Ursprung der schwereren Elemente im Kosmos übrig: die Supernovae.

Supernovae vom Typ I haben eine ähnliche Vorgeschichte wie gewöhnliche Novae: Ein Weißer Zwerg in einem engen Doppelstern zieht Masse von seinem Partner zu sich herüber, wenn dieser sich zu einem Roten Riesen aufbläht. Der einzige Unterschied ergibt sich aus der Tatsache, daß die Masse des Weißen Zwerges knapp unter der Chandrasekhar-Grenze liegt und diesen Wert schließlich überschreitet, so daß der Zwergstern kollabieren muß. Im Verlaufe dieses Zusammensturzes beginnt eine umfassende Kernfusion, die genügend Energie freisetzt, um den Stern zu zerreißen.

Dann werden rund 1,4 Sonnenmassen in eine expandierende Gashülle geschleudert, die vorübergehend so hell leuchtet, daß wir sie eine Zeitlang als Supernova beobachten können. Mit fortschreitender Expansion wird die Gashülle immer schwächer leuchten, bis sie sich schließlich nicht mehr gegen den Himmelsgrund abhebt.

Bei der Explosion eines Weißen Zwergs werden große Mengen an Kohlenstoff, Stickstoff, Sauerstoff und Neon freigesetzt, jene Elemente also, die unter den schwereren Atomsorten am häufigsten sind. Darüber hinaus entstehen bei den Fusionsprozessen im Zusammenhang mit der Supernova-Explosion auch kleine Mengen noch massereicherer Atome jenseits des Neon.

Natürlich sind nur sehr wenige Weiße Zwerge in engen Doppelsternen massereich genug, die Chandrasekhar-Grenze zu überschreiten und so als Typ-I-Supernova zu enden. Dennoch dürfte es während der langen Geschichte der Galaxis so viele Explosionen dieser Art gegeben haben, daß ein beachtlicher Anteil der massereicheren Atome im interstellaren Gas aus dieser Quelle stammen kann.

Der Rest wurde bei Supernovae vom Typ II freigesetzt. Hiervon sind Sterne mit 10-, 20-, ja sogar 50- bis 60facher Sonnenmasse betroffen.

Im Innern solcher Sterne schreitet die Fusionskette während des Rote-Riese-Stadiums bis hin zur Entstehung von Eisenatomen in größeren Mengen fort. Über diese Grenze hinaus liefert die weitere Fusion keine zusätzliche Energie mehr, und so muß der Stern dann, wenn ein bestimmter Anteil des Kerns zu Eisenatomen umgeformt wurde, in sich zusammenstürzen.

Doch obschon tief im Innern eines solchen Sterns Materieschalen mit immer schwereren Atomkernen bis hin zum Eisen existieren, enthalten die äußeren Gebiete oft große Mengen noch unberührten Wasserstoffs, der nie jenen Temperatur- und Druckwerten ausgesetzt war, die für eine Fusion erforderlich sind.

Der Kollaps eines solchen Sterns vollzieht sich so plötzlich, daß die Temperatur- und Druckwerte auch in den Außenbezirken schlagartig anschwellen. Der gesamte Wasserstoff (und auch das Helium), dessen Dasein bis zu diesem Moment ziemlich langweilig gewesen sein muß, wird nun mit einem Male verschmelzen. Das Ergebnis ist eine gewaltige Kernexplosion, die wir als Typ-II-Supernova verfolgen können.

Die freiwerdende Energie wird unter anderem dazu genutzt, Atomkerne noch jenseits des Eisens zusammenzuschmieden. Der Energiebedarf für eine solche Fusion ist gewaltig, doch steht diese Energie während der Supernova-Explosion in ausreichendem Maße zur Verfügung. So entstehen Atomkerne bis hin zum Uran und auch darüber hinaus. Die Energie reicht aus, um auch radioaktive, also instabile Atomkerne entstehen zu lassen, die irgendwann wieder zerfallen werden. Somit können alle heute bekannten massereichen Atomkerne im Zusammenhang mit Typ-II-Supernovae entstanden sein.

Sehr zahlreich sind die Sterne, die eine solche Entwicklung nehmen, zwar nicht – allenfalls ein Millionstel aller Sterne dürfte über soviel Masse verfügen, wie sie für eine Typ-II-Supernova erforderlich ist. Dennoch bleiben etliche zehn- bis hunderttausend Sterne in unserer Galaxis, die für eine Typ-II-Supernova infrage kommen.

Da die Verweilzeit derart massereicher Sterne auf der Hauptreihe allenfalls einige Millionen Jahre beträgt, kann man fragen, warum nicht längst alle Objekte dieser Art kollabiert sind und ihre schweren Atome an die Umgebung abgegeben haben.

Dies hängt damit zusammen, daß auch heute noch neue Sterne entstehen, darunter gelegentlich auch sehr massereiche Sterne. Die Typ-II-Supernovae, die wir heute verfolgen, laufen bei Sternen ab, die erst vor einigen Millionen Jahren entstanden sind. Und die Typ-II-Supernovae, die spätere Generationen vielleicht dereinst beobachten können, werden Sterne sein, die heute noch gar nicht existieren.

Es könnte sogar noch gewaltigere Supernovae geben. Bis vor nicht allzu langer Zeit waren sich die Astronomen ziemlich sicher, daß Sterne mit mehr als 60 Sonnenmassen kaum stabil sein konnten: Sie würden vielmehr soviel Hitze in ihrem Innern entwickeln, daß sie ungeachtet der starken Eigengravitation auseinanderfliegen müssen, ehe sie sich überhaupt gebildet haben.

In den 80er Jahren wurde jedoch klar, daß diese Überlegungen einzelne Aspekte der allgemeinen Relativitätstheorie Albert Einsteins unberücksichtigt ließen. Bezieht man sie in die Berechnungen ein, so könnten womöglich Sterne bis zum hundertfachen Sonnendurchmesser und einer 2000fachen Sonnenmasse existieren. Und einige Beobachtungen schienen darauf hinzudeuten, daß solche supermassiven Sterne auch wirklich existierten (die bekanntesten Kandidaten konnten mittlerweile jedoch als ganze Gruppen von räumlich benachbarten, massereichen Sternen identifiziert werden; Anm. d. Ü.).

Solche übermassereichen Sterne müßten ihr Dasein als Supernovae beenden, bei denen viel mehr Energie über einen deutlich längeren Zeitraum freigesetzt würde als im Fall gewöhnlicher Supernovae. Wir könnten solche hypothetischen Ereignisse als Typ-III-Supernovae bezeichnen.

Der sowjetische Astronom V. P. Urtrobin hat die astronomischen Aufzeichnungen von Supernova-Explosionen durchforstet, um nach Anzeichen für eine solche Typ-III-Supernova zu suchen. Seiner Ansicht nach zeigte eine Supernova, die im Jahre 1961 im Sternbild Perseus erschien, ein ungewöhnliches Verhalten: Sie erreichte ihre Gipfelhelligkeit nicht im Verlauf von Tagen oder Wochen, sondern benötigte ein ganzes Jahr dazu; anschließend ging die Helligkeit auch nur sehr langsam zurück. Die produzierte Gesamtenergiemenge war zehnmal größer als bei einer gewöhnlichen Supernova. Schon damals rätselten die Astronomen über diesen auffälligen Verlauf.

Derart massereiche Sterne wären zwar äußerst selten, doch könnten sie leicht das Tausendfache dessen an schweren Atomkernen liefern, das von normalen Supernovae freigesetzt wird. In diesem Fall ginge ein beachtlicher Teil der schwereren Elemente im interstellaren Gas auf solche Ereignisse zurück.

Bislang dürften bis zu 300 Millionen Supernovae der verschiedenen Typen in unserer Galaxis explodiert sein (und entsprechend viele in jeder anderen Galaxis – abhängig von der jeweiligen Galaxienmasse). Das genügt, um die Mengen an schweren Atomkernen bereitzustellen, die im interstellaren Gas, in den Außenbezirken der Sternen und in den Planeten unseres Sonnensystems und anderer möglicher Systeme beobachtet beziehungsweise erwartet werden.

Wir sehen also, daß nahezu alle Atome, aus denen die Erde und wir selbst bestehen, im Innern von Sternen entstanden und im Zusammenhang mit Supernovae in den umgebenden Raum hinausgeschleudert worden sind. Natürlich können wir nicht bei jedem einzelnen Atom sagen, in welchem Stern es aus der Fusion von Wasserstoff und Helium entstanden ist und wann es genau bei einer Supernova freigesetzt wurde, aber wir wissen, daß die Atome allesamt einen solchen Ursprung haben müssen.

Wir alle und unsere Erde sind also nicht nur »Sternenkinder«, sondern Kinder explodierter Sterne. Wir alle sind aus dem Feuer einer Supernova geboren.

8 Sterne und Planeten

Sterne der ersten Generation

Das Universum nahm vor rund 15 Milliarden Jahren seinen Anfang im Urknall. Es begann auf unvorstellbar kleinem Raum mit einer unglaublich hohen Temperatur. Durch die rasche Expansion sank die Temperatur sehr schnell ab. Anfangs enthielt das Universum nur Energie in Form von Strahlung (Photonen) zusammen mit Quarks, Elektronen und Neutrinos, doch bald schon entstanden auch Protonen und Neutronen. Im Zuge der weiteren Expansion und Abkühlung konnten sich die Protonen und Neutronen zu leichten Atomkernen wie etwa Wasserstoff-2, Helium-3 und Helium-4 verbinden; schwerere Atomkerne entstanden dabei nicht. Nach nur wenigen Minuten war diese Phase der Nukleosynthese vorüber, war der gewaltige Vorrat an Wasserstoff und Helium im Universum entstanden. Einige hunderttausend Jahre später war die Expansion und damit die Abkühlung so weit fortgeschritten, daß die elektromagnetische Anziehung zwischen den negativen Elektronen und den positiv geladenen Atomkernen wirksam werden konnte. Dabei entstanden Wasserstoff- und Heliumatome. Heliumatome bleiben normalerweise »Einzelgänger«, doch zwei Wasserstoffatome, die mit geringer Energie aufeinanderprallen, können sich zu einem *Wasserstoffmolekül* verbinden. Mit der Expansion des Weltalls dehnten sich auch der Wasserstoff und das Helium in alle Richtungen aus. Man könnte daher erwarten, eine Mischung aus diesen beiden Gasen habe sich gleichmäßig über das Universum verteilt und müsse sich beständig überall weiter verdünnen, um den immer größer werdenden Raum des Universums zu füllen.

Aus irgendwelchen Gründen behielt die Wolke jedoch nicht überall die gleiche Dichte; vielmehr bildeten sich lokale Konzentrationen aus, sogenannte Inhomogenitäten. Möglicherweise führten zufällige Schwankungen zu turbulenten Strömungen, die dann die Atome und Moleküle in langsam rotierenden Gebilden sammelten; dazwischen blieben Regionen geringerer Dichte zurück.

Wenn sich die Atome auf Dauer hätten zufällig bewegen können, dann hätten sich diese Konzentrationen wieder aufgelöst: Die Gebiete mit höherer Dichte hätten ihre überschüssigen Partikeln an die Zonen verminderter Dichte verloren, so daß sich wieder eine gleichförmige Verteilung der Teilchen ausgebildet hätte. Natürlich hätten sich solche zufälligen Verdichtungen immer und immer wieder neu gebildet, aber zwischendurch eben auch immer wieder aufgelöst, genauso wie in der Erdatmosphäre Hoch- und Tiefdruckgebiete entstehen.

Ein Gebiet höherer Dichte kann aber auch von Dauer sein. Mit zunehmender Dichte wächst nämlich auch die Intensität des Schwerefeldes, und das kann am Ende die zufällige Bewegung der Atome in mehr geordnete Bahnen lenken. Eine solche, vom Schwerefeld bestimmte Bewegung würde einer allmählichen Auflösung der dichteren Region entgegenwirken. Das Schwerefeld einer dichteren Region wäre sogar in der Lage, weitere Atome aus den Gebieten geringerer Dichte herüberzuziehen, so daß die Teilchenkonzentration in den dichten Regionen noch zunimmt, während sie in den ausgedünnten Gebieten weiter zurückgeht.

So kann selbst eine anfänglich gleichmäßig verteilte Mischung aus Wasserstoff und Helium im Laufe der Zeit zu riesigen Wolken »verklumpen«, die untereinander durch nahezu leere Räume getrennt sind.

Diese gewaltigen Gaswolken besaßen die Masse, die wir heute bei Galaxien oder gar Galaxienhaufen beobachten, und so können wir sie als *Protogalaxien* bezeichnen. Innerhalb der Protogalaxien entstanden aus der zufälligen Bewegung der Atome weitere lokale Verdichtungen, und die Protogalaxien zerbrachen schließlich in Milliarden von kleineren Gaswolken, die untereinander durch »Leerräume« getrennt waren. So wie die Protogalaxien sich relativ zueinander drehten, so rotierten auch die einzelnen Gaswolken gegeneinander (interessanterweise drehen sich die einzelnen Objekte in die verschiedensten Richtungen; könnte man alle Rotationen überlagern, so würde man wahrscheinlich sehen, daß sich die einzelnen Drehungen kompensieren und das Weltall insgesamt keine Rotation aufweist).

Jede Gaswolke besitzt ihr eigenes Gravitationsfeld. Wenn die Wolke dicht genug ist, wird ihre Eigengravitation ausreichen, um eine Kontraktion der Wolke einzuleiten. Wenn aber eine solche Kontraktion erst einmal eingesetzt hat, nimmt die mittlere Dichte der Wolke zu, und auch die Anziehungskraft wächst an; entsprechend stärker wird der »Sog« nach innen. Man kann also erwarten, daß sich die Gaswolke immer schneller und schneller zusammenzieht.

Hand in Hand mit dieser Kontraktion steigen Druck und Temperatur im Innern der Wolke, bis schließlich der Punkt erreicht wird, an dem die Bedingungen genügen, um die Kernfusion in Gang zu setzen. Dadurch steigt die Temperatur der Wolke rasch an, und bald schon kann sichtbares Licht abgestrahlt werden. Eine solche Materiekonzentration ist dann keine Gaswolke mehr: Sie ist zu einem Stern geworden.

Diese Entwicklung lief überall in den Protogalaxien ab, und etwa eine Milliarde Jahre nach dem Urknall hatten sich die Protogalaxien in Galaxien mit leuchtenden Sternen gewandelt. Zu ihnen gehörte auch unsere Galaxis.

Diese riesigen Sternsysteme bestanden anfangs nur aus Wasserstoff und Helium, wobei Wasserstoff den größeren Anteil stellte. Entsprechend enthielten auch die Sterne nur Wasserstoff und Helium; die Astronomen nennen sie daher die »Sterne der ersten Generation«.

Wenn alle anfänglichen Gaswolken zu solchen Sternen der ersten Generation kontrahiert wären, hätte dies den Prozeß der Sternentstehung ein für alle Mal beenden können. Sterne der ersten Generation sind vergleichsweise klein und führen ein ruhiges Leben, so daß sie leicht 14 und mehr Milliarden Jahre auf der Hauptreihe verweilen können und daher heute noch existieren sollten. Aber selbst ihr Kollaps zu einem Weißen Zwerg am Ende des Rote-Riese-Stadiums vollzieht sich ziemlich unauffällig.

Es gibt tatsächlich Galaxien, die nur sehr wenig oder überhaupt keine interstellare Materie in Form von Gas- und Staubwolken enthalten und deren Sterne anscheinend alle der ersten Generation zugerechnet werden können. In solchen Galaxien war die Verteilung der Gaswolken während der Protogalaxienphase vielleicht besonders gleichförmig, waren die einzelnen Protosterne vielleicht alle von vergleichbarer Größe.

Sterne der zweiten Generation

In anderen Galaxien (einschließlich unserer Galaxis) müssen die Wolken, aus denen später die Sterne entstanden, aus irgendwelchen Gründen verschieden groß gewesen sein. Die größeren Wolken konnten sich schneller verdichten als kleinere, da sie ein stärkeres Schwerefeld besaßen, und den daraus entstandenen massereicheren Sternen war kein langes Leben beschieden, ehe sie als Supernova explodieren mußten.

Supernovae muß es daher gewissermaßen von Anfang an gegeben haben; die ersten schleuderten ihre Materie bereits in den umgebenden Weltraum, als die meisten anderen Wolken noch gar nicht zu Sternen kondensiert waren.

Die von solchen Supernovae fortgeschleuderte Materie vermischte sich mit den noch kontrahierenden Gaswolken und heizte sie dabei auf. Je heißer aber eine Wolke, desto schneller die zufällige Bewegung der Atome und desto größer damit auch ihre Neigung, sich davonzustehlen. Eine Gaswolke, die gerade begonnen hat, sich unter ihrer eigenen Schwerkraft zusammenzuziehen, kann aufgrund einer solchen Aufheizung von außen wieder expandieren. Das wiederum schwächt das Gravitationsfeld dieser Wolke, so daß die endgültige Kontraktion zu einem Stern in weite Ferne rücken kann, wenn sie nicht völlig unmöglich gemacht wird.

Die frühen Supernovae besaßen daher zwei Funktionen. Sie sorgten zum einen dafür, daß nicht alle Gaswolken mehr oder minder gleichzeitig zu Sternen kondensierten, sondern zum Teil bis heute überdauern konnten, und reicherten diese Gaswolken zum anderen mit massereicheren Atomkernen an. Diese schwereren Atome konnten sich mit Wasserstoffatomen und untereinander verbinden, wobei Staubpartikel entstanden: Aus den reinen Gaswolken wurden Mischungen aus Gas- und Staubwolken.

Dies könnte erklären, warum bei einigen Galaxien heute nur noch zwei Prozent der Masse in Form von interstellaren Gas- und Staubwolken vorliegen, während in anderen, bei denen Supernovae in den Prozeß der Sternentstehung eingegriffen haben, noch immer ein Viertel oder noch mehr der Gesamtmasse als interstellare Wolken existieren.

Innerhalb dieser Galaxien sind die Gas- und Staubwolken keineswegs gleichmä-ßig verteilt, sondern konzentrieren sich meist in zwei oder mehreren spiralförmig nach außen verlaufenden Regionen, die als Spiralarme bezeichnet werden. Man nimmt an, daß die Materie in den Spiralarmen unserer Galaxis nur etwa zur Hälfte in Sternen konzentriert ist; die Sonne befindet sich übrigens am Rande eines solchen Spiralarms innerhalb der Galaxis.

Die Außenbezirke der Galaxis sind so reich an Staubwolken, daß wir von unserem Standort aus Schwierigkeiten haben, die Struktur des Gesamtsystems zu überblicken. In der Milchstraßenebene, in der sich die interstellaren Gas- und Staubwolken häufen, sehen wir zum Beispiel nur die näheren Sterne – alle weiter entfernten bleiben hinter den Wolken verborgen. Nicht einmal das Milchstraßenzentrum können wir von uns aus einsehen, geschweige denn die Bereiche auf der anderen Seite der Galaxis.

Unsere Kenntnisse über die in hohem Maße aktive Kernregion verdanken wir nur dem Umstand, daß Radiowellen die Staubwolken weitgehend ungehindert durchdringen können und wir seit einigen Jahrzehnten die Technik der radioastronomischen Beobachtung kennen und immer weiter verbessert haben.

Die interstellaren Wolken, die heute noch innerhalb der Galaxis existieren, waren über einen Zeitraum von 14 Milliarden Jahren einem Bombardement von etlichen Millionen Supernovae ausgesetzt; sie sind daher ziemlich durcheinandergewirbelt und mit schwereren Atomen angereichert. Rund ein Prozent der Atome innerhalb der großen Wolken (oder drei Prozent der Masse) entfallen auf die schwereren Elemente jenseits des Heliums, die nur existieren, weil sie durch die unvorstellbaren Gewalten einer Sternexplosion aus dem Innern der Sterne befreit und in den interstellaren Raum getrieben wurden.

Hin und wieder wird sich auch eine der solchermaßen angereicherten Gaswolken innerhalb unserer Galaxis oder anderer Galaxien zusammenziehen und einen neuen Stern, eine Sternengruppe oder gar einen kompletten Sternhaufen bilden. Solche Objekte besitzen dann einen größeren Anteil an schwereren Elementen und werden als »Sterne der zweiten Generation« bezeichnet: Ein kleiner, aber meßbarer Teil ihrer Materie stammt somit aus dem Innern anderer Sterne, wo sie zusammengeschmiedet wurden, bis der »Spender« von einer Supernova-Explosion zerfetzt wurde.

Die Sonne ist ein solcher Stern der zweiten Generation, da sie erst vor etwa 4,6 Milliarden Jahren entstand, als die Galaxis bereits etwa 10 Milliarden Jahre alt war. Sie bildete sich aus einer Gas- und Staubwolke, die zuvor den Abfall vieler Millionen Supernovae hatte schlucken müssen. Obwohl die Sonne also wie die übrigen Sterne auch zum größten Teil aus Wasserstoff und Helium besteht, besaß sie gleich von Anfang an meßbare Mengen an schwereren Atomen.

Wenn ein Stern wie die Sonne erst mehr als 10 Milliarden Jahre nach dem Urknall entstehen konnte, dann muß es auch Sterne geben, die noch jünger sind. Daran kann es gar keine Zweifel geben, weil wir Sterne auf der Hauptreihe beobachten, die so massereich sind, daß sie nur einige Millionen Jahre dort existieren können – sie können also erst vor einigen Millionen Jahren entstanden sein. Die Sternentstehung ist auch heute noch nicht abgeschlossen, und so sollten wir nicht nur innerhalb der Galaxis allgemein, sondern auch in unserer näheren Umgebung Anzeichen für eine solche Sternentstehung beobachten.

Wie steht es zum Beispiel um den Orionnebel? Diese Gas- und Staubwolke hat eine Gesamtmasse von vielleicht 300 Sonnenmassen, und sie muß junge Sterne enthalten, sonst könnte sie nicht so leuchten; die Sterne allerdings werden von den Gas- und Staubwolken verschleiert. Das Ganze ist dann so ähnlich wie bei einer Mattglas-Glühlampe: Das Mattglas leuchtet zwar im Licht des glühenden Wolframdrahtes, aber es versperrt gleichzeitig auch den Blick auf den Draht. Aus Massenabschätzungen wissen wir, daß die Sterne im Orionnebel ziemlich massereich sind und daher nicht sehr lange auf der Hauptreihe verweilen können – entsprechend jung müssen sie sein. Es gibt daher kaum Zweifel daran, daß diese Sterne aus der umgebenden Gas- und Staubwolke entstanden sind, so wie sich auch heute dort noch neue Sterne bilden müssen.

Bei einer solchen Sternentstehung kontrahieren einzelne Bereiche der Wolke, und dabei wird das Gas immer dichter und undurchsichtiger. Das Licht der Sterne innerhalb dieses Nebels, das weite Teile der Regionen durchdringen und sie zum Leuchten anregen kann, wird von solchen Kondensationen verschluckt. Es sollte daher innerhalb des Orionnebels Bereiche geben, die gegenüber dem leuchtenden Hintergrund als dunkle, mehr oder minder kreisförmige Regionen erscheinen. Tatsächlich fand der aus den Niederlanden stammende Astronom Bart Jan Bok (1906–1983) im Jahre 1947 solche kleinen dunklen Flecken im Orionnebel; sie werden daher vielfach als Bok-Globulen bezeichnet. Vieles spricht dafür, daß es sich dabei wirklich um Sterne im Entstehungsprozeß handelt.

Man kann sich fragen, was wohl solche interstellaren Gas- und Staubwolken bewegen mag, sich plötzlich zusammenzuziehen, nachdem sie zuvor Milliarden von Jahren ohne Kontraktion überdauert haben. Vielleicht sind wieder einmal zufällige Bewegungen der Gasatome und Staubpartikeln innerhalb der Wolken beteiligt, die zu lokalen Verdichtungen mit erhöhter Schwerkraft führen, wodurch dann die Kontraktion eingeleitet wird – sehr wahrscheinlich ist dieser Prozeß aber nicht, sonst wäre er schon vor Jahrmilliarden in Gang gekommen.

Statt dessen dürften zufällige Bewegungen der Atome eine Wolke allmählich auflösen, so als würde sie angesichts des umgebenden Beinahe-Vakuums verdampfen. Es gibt jedenfalls ein sehr dünnes Gas- und Staubmedium im interstellaren Raum: Material, das entweder noch nie in einer Wolke (geschweige denn einem Stern) konzentriert war oder allmählich der einen oder anderen Wolke verlorenging.

Die Existenz solcher interstellaren Materie wurde erstmals im Jahre 1904 von dem deutschen Astronomen Johannes Franz Hartmann (1865–1936) bemerkt. Er untersuchte das Spektrum eines bestimmten Sterns und fand dabei rotverschobene Spektrallinien. Dies war für sich keineswegs überraschend, weil der Stern sich von uns entfernt. Hartmann bemerkte jedoch, daß einige Linien, die allesamt zum Element Kalzium gehörten, *keine* Rotverschiebung aufwiesen. Das Kalzium befand sich dem Beobachter gegenüber in Ruhe und konnte daher nicht auf dem Stern selbst anzutreffen sein.

Da es zwischen dem Stern und dem Beobachter nichts außer »leerem Raum« gab, konnte sich das Kalzium nur auf diesen Leerraum verteilen, der damit alles andere als leer sein mußte. Obwohl das Kalzium sehr dünn verteilt war, traf das Licht entfernter Sterne auf dem Weg durch den Raum auf genügend solcher Kalziumatome, die dann die Strahlung charakteristischer Wellenlängen verschluckten – eine dunkle Spektrallinie war entstanden.

Der aus der Schweiz stammende Astronom Robert Julius Trümpler (1866–1956) konnte im Jahre 1930 zeigen, daß die Menge des vorhandenen Staubs trotz der unvorstellbar geringen Dichte ausreichen würde, um das Licht ferner Objekte spürbar abzuschwächen.

Wir können daher vermuten, daß die heute noch existierenden interstellaren Gaswolken, die Jahrmilliarden überdauert haben, sich im Zustand eines Gleichgewichts befinden: Sie sind nicht dicht oder kalt genug, um eine Kontraktion einleiten zu können, und sie sind nicht dünn beziehungsweise heiß genug, um ihre Atome an die Umgebung zu verlieren.

Wenn sich aus einer solchen Gaswolke ein Stern bilden soll, dann muß irgend etwas in ihrer Nähe dieses Gleichgewicht stören, und sei es auch nur geringfügig und für kurze Zeit. Was könnte als »Anlasser« in Frage kommen?

Die Astronomen haben mehrere Möglichkeiten diskutiert. So müssen die jungen, heißen Sterne im Orionnebel zum Beispiel sehr intensive Sternwinde aussenden, denen gegenüber sich der Sonnenwind als zartes Säuseln erweist. Auf dem Weg nach draußen in den umgebenden Nebel kehren solche Strömungen den Staub und das Gas gewissermaßen vor sich zusammen und verdichten sie. Damit steigt auch die Schwerkraft in diesem Wolkenteil an, eine Kontraktionsbewegung setzt ein, Gas und Staub werden noch dichter zusammengepreßt, das Gravitationsfeld noch verstärkt, und so fort. Eine Bok-Globule entsteht, aus der irgendwann ein Stern wird.

Wo aber stammen die jungen, heißen Sterne her, oder – anders gefragt – wie entstanden die *ersten* Sterne im Orionnebel, ehe die mächtigen Sternwinde mitwirken konnten?

Es gibt verschiedene Möglichkeiten.

Die interstellaren Wolken bewegen sich wie die Sterne selbst auf Bahnen um die Zentralregion der Galaxis, die den größten Teil der Masse in sich vereint. Auf diesem Weg könnte eine interstellare Wolke in die Nähe eines massereichen, heißen Sterns gelangen, dessen intensiver Sternwind eine erste Verdichtungsphase und damit eine erste Welle der Sternentstehung anregt.

Denkbar wäre auch, daß zwei interstellare Gaswolken sich treffen und geringfügig anrempeln, wodurch wiederum eine erste Verdichtungsphase entsteht. Vielleicht durchdringen sich die beiden Wolken auch teilweise; in diesem Bereich wird die Dichte dann größer sein als in den anderen Zonen, die Schwerkraft kann die Oberhand gewinnen, und die Kontraktion beginnt.

Eine weitere Möglichkeit ergibt sich aus der Überlegung, daß eine interstellare Wolke durch eine Gegend der Galaxis driftet, die sehr wenig heiße Sterne enthält; in diesem Fall würde ihre Temperatur geringfügig sinken, so daß die Bewegung der Atome und Moleküle langsamer wird und die Teilchen enger zusammenrücken können. Wieder wird die Wolke dichter, kann die Kondensation einsetzen.

All diese Prozesse sind jedoch so schwach, daß sie kaum ausreichen dürften, um die beobachtete Sternentstehungsrate erklären zu können. Gibt es also einen noch wirkungsvolleren Anlasser?

Die Antwort lautet ja! Wenn eine Supernova unweit einer solchen Gas- und Staubwolke explodiert, dann wird die weggeschleuderte Materie mit Wucht in die Wolke eindringen und dort eine Schockwelle auslösen. Eine solche Schockwelle, die mit dem Überschallknall eines Flugzeuges vergleichbar ist, erweist sich als weitaus wirkungsvoller als alles, was in der Umgebung eines normalen Sterns ablaufen kann oder bei der Verschmelzung zweier Gaswolken: Die Verdichtung der Wolke fällt wesentlich stärker aus, und die Wahrscheinlichkeit der Sternentstehung ist entschieden größer.

Ich habe zwar vorher betont, daß eine Supernova die Materie innerhalb einer interstellaren Wolke aufheizen und sie damit vor dem Kollaps bewahren kann, doch hängt dies letzten Endes natürlich von der Entfernung zwischen Supernova und Wolke, von der anfänglichen Dichte der Wolke und von vielen anderen Faktoren ab. Unter gewissen Voraussetzungen dominiert die Aufheizung und die damit verbundene Zerstreuung der Wolke, in anderen Fällen ist die verdichtende Wirkung größer, und dann schließt sich eine Phase der Sternentstehung an.

Ist es also denkbar, daß vor etwa 4,6 Milliarden Jahren eine Supernova in einigen Lichtjahren Entfernung von einer interstellaren Wolke explodierte, die zuvor rund 10 Milliarden Jahre im Gleichgewicht verharrt hatte (einige Messungen an Meteoriten lassen eine solche Vermutung zu)? Entwickelte die Supernova genügend Kompressionsdruck, um diese Wolke zu verdichten und damit die Entstehung der Sonne einzuleiten?

Wenn ja, dann spielen Supernovae in dreifacher Hinsicht eine wichtige Rolle: Erstens reichern sie im Laufe von Jahrmillionen den Raum mit Atomen schwerer Elemente an, die auf andere Weise niemals entstehen könnten – mit Elementen, die für unsere Erde und uns selbst von entscheidender Bedeutung sind, da wir ohne sie nicht existieren würden (das dürfte auch für alle übrigen möglichen Lebensformen im Universum gelten).

Zweitens trug die Energie der Supernova-Explosionen mit dazu bei, daß zahllose interstellare Gaswolken (einschließlich jener, aus der schließlich die Sonne entstand) sich nicht vorzeitig zusammenzogen, so daß ihnen die notwendige Menge an schwereren Elementen für die Entstehung erdähnlicher Planeten und Lebensformen gefehlt hätte.

Drittens sorgte eine Supernova-Explosion in geringem Abstand zu einer der mittlerweile ausreichend mit schwereren Elementen angereicherten Gaswolken dafür, daß diese Wolke sich zusammenzog und zu unserer Sonne wurde.

Die Entstehung der Planeten

Wir haben gesehen, wie ein Stern (oder zwei oder ein ganzer Haufen) aus einer Verdichtung einer interstellaren Wolke entstehen kann. Was aber führt dazu, daß ein einzelner Stern wie die Sonne am Ende von einem Planetensystem umgeben ist, von Körpern also, die zu klein sind, um zu einem Stern zu werden?

In den vergangenen Jahrhunderten sind zur Erklärung dieses Vorgangs zwei Arten von Theorien entwickelt worden: 1) katastrophenähnliche Prozesse und 2) Entwicklungsprozesse.

Die Katastrophentheorien gehen davon aus, daß Einzelsterne oder Sternpaare bei ihrer Entstehung zunächst über kein Planetensystem verfügen. Jeder Stern würde demnach seine Zeit auf der Hauptreihe verbringen, sich zu einem Roten Riesen aufblähen und schließlich kollabieren, und während dieser ganzen Zeit bliebe er ohne Planetenfamilie.

Mitunter könnte das Leben des Sterns jedoch eine dramatische Wende nehmen, zum Beispiel, wenn ein anderer Stern in nur geringem Abstand vorbeizöge. Die starken gegenseitigen Anziehungskräfte würden Materie aus dem jeweils anderen Stern herausreißen, die dann zu Planeten kondensieren könnte – vielleicht sogar bei beiden Sternen. Oder ein Doppelsternpartner könnte als eine Supernova aufblitzen, bei der nur kleinere Trümmerstücke zurückblieben, die dann von dem Begleitstern aufgefangen werden könnten, wo sie zu Planeten heranwachsen würden. In diesen beiden Fällen – und in allen anderen denkbaren Katastrophenszenarien – wären die Planeten jünger, vielleicht sogar wesentlich jünger als der Stern, den sie umrunden.

Solche Katastrophen sind notgedrungen sehr selten, so daß die Wahrscheinlichkeit für die Existenz von Planeten nicht gerade sehr groß ist. Unser Sonnensystem könnte am Ende nur eines von vielleicht einem halben Dutzend innerhalb der gesamten Galaxis sein.

Die Entwicklungstheorien gehen davon aus, daß der Prozeß der Sternentstehung gleichzeitig auch zur Entstehung von Planeten führt. In diesem Fall wären die

Planeten natürlich ähnlich alt wie der Stern, den sie umrunden. Für unser Sonnensystem würde dies bedeuten, daß alle Mitglieder von der Sonne bis hin zu den fernsten Kometen am Rande des Sonnensystems das gleiche Alter besäßen. Die Entwicklungstheorien lassen darüber hinaus die Vermutung zu, daß sehr viele, wenn nicht alle Sterne von Planeten umgeben werden.

Welches der beiden Szenarien ist das richtige?

Die Antwort fällt nicht leicht. Auf wirkliche Beobachtungen kann sie sich jedenfalls nicht stützen. Bislang haben wir den Prozeß der Sternenstehung noch in keinem Fall so aus der Nähe verfolgen können, um zu wissen, ob dabei auch Planeten entstanden oder nicht oder gar wie. Ebensowenig wissen wir bis heute, ob Planetensysteme sehr weit verbreitet sind (was für die Entwicklungstheorien spräche) oder nur selten vorkommen (was die Katastrophentheorien unterstützen würde). Wir können nur aufgrund der verschiedensten theoretischen Überlegungen zugunsten der einen und gegen die andere Hypothese argumentieren.

Bei diesen theoretischen Überlegungen stellte sich heraus, daß die Szenarien aus beiden Lagern, die vor 1940 entwickelt wurden, allesamt mit großen Schwierigkeiten zu kämpfen hatten. Sie waren so gravierend, daß eigentlich jeder ernsthafte Astronom alle Erklärungsversuche ablehnen mußte. Etwas überspitzt gesagt, bestand die allen gemeinsame Konsequenz darin, daß unser Sonnensystem eigentlich gar nicht existieren durfte.

In den 40er Jahren wurden dann neue Versionen der Entwicklungstheorien ausgearbeitet, die die gröbsten Schwächen sorgfältig umgingen und anscheinend eine befriedigende Erklärung für die Entstehung des Sonnensystems liefern konnten. Entsprechend wollen wir uns auf diese Entwicklungstheorien konzentrieren, deren erste Fassung als sogenannte Nebularhypothese in der zweiten Hälfte des 18. Jahrhunderts von Kant und Laplace zur Diskussion gestellt wurde.

Die Nebularhypothese stützte sich unter anderem auf die Erhaltung des Drehimpulses. Die interstellare Wolke, aus der unsere Sonne entstehen sollte, drehte sich anfangs sehr langsam; diese »Größe« der Rotation wird durch den sogenannten Drehimpuls beschrieben, der zum einen von der Drehgeschwindigkeit abhängt, zum anderen von der Verteilung der Materie innerhalb der Wolke, von der mittleren Entfernung der einzelnen Teile zur Drehachse also. In einem geschlossenen System, das nicht durch äußere Kräfte beeinflußt wird oder Einflüsse auf andere Systeme ausübt, bleibt dieser Drehimpuls konstant. Wenn nun eine interstellare Gaswolke sich zu einem Stern verdichtet, rücken alle Teile der Wolke näher an die Drehachse heran, und dabei schrumpfen die Abstände der einzelnen Teile zur Rotationsachse. Damit der Drehimpuls unverändert bleibt, muß die Wolke diese Verringerung ausbalancieren, und das geht nur durch eine Vergrößerung der Rotationsgeschwindigkeit.

Eine Zunahme der Drehgeschwindigkeit führt ihrerseits zu einer stärkeren Zentrifugalkraft, die den Äquatorbereich des rotierenden Körpers aufwölbt. So wird eine anfangs vielleicht kugelförmige Wolke immer stärker abgeflacht, bis sie einem Pfannkuchen immer ähnlicher sieht. Schließlich wird der Äquatorwulst so extrem, daß ein ganzer Materiering abgetrennt und weggeschleudert wird. Die Materie aus diesem Ring verdichtet sich dann zu einem Planeten. Unterdessen zieht sich die kontrahierende Wolke immer weiter zusammen und dreht sich immer schneller, bis wieder ein Materiering abgetrennt wird. Der Prozeß wiederholte sich so oft, bis alle Planeten nacheinander entstanden waren. Natürlich rotierten auch die kleineren Bruchstücke, die zu Planeten heranwuchsen, wurden schneller und schneller und warfen schließlich selbst Materieringe ab, Ausgangsmaterial für die Planetenmonde.

Die Nebularhypothese klang sehr vernünftig und fand im 19. Jahrhundert viele Anhänger. Es war jedoch schwierig, einzusehen, wie ein abgesprengter Materiering sich zu einem Planeten verdichten konnte, anstatt einen Gürtel aus kleineren Körpern, ähnlich den Asteroiden, zu bilden oder sich gar allmählich zu verflüchtigen. Noch schlimmer aber war der Umstand, daß die Planeten insgesamt rund 98 Prozent des Gesamtdrehimpulses im Sonnensystem auf sich vereinen, während die Sonne sich mit den restlichen 2 Prozent begnügen muß. Die Astronomen konnten beim besten Willen keine Erklärung dafür finden, wie der Drehimpuls sich auf die schmalen Materieringe hätte übertragen sollen, die von der kontrahierenden Wolke abgesprengt wurden. So geriet die Nebularhypothese zunehmend in Schwierigkeiten und wurde schließlich als unzureichend abgetan, so daß während der nächsten 50 Jahre die Katastrophentheorien (mit ihren eigenen unübersehbaren Schwierigkeiten) populär wurden.

1944 stellte der deutsche Astronom und Physiker Carl Friedrich von Weizsäkker (1912–) eine überarbeitete Form der Nebularhypothese vor. Er ging nicht von einer gleichförmig rotierenden Gaswolke aus, sondern von einer Wolke, in der turbulente Strömungen zu zahlreichen Wirbeln führten. Als diese Wolke sich verdichtete und zunehmend die Form eines Pfannkuchens annahm, wuchsen die einzelnen Wirbel heran, und zwar um so mehr, je weiter sie von der zentralen Verdichtung entfernt waren. Dort, wo sich zwei benachbarte Wirbel berührten, trafen die einzelnen Materieströmungen aufeinander, und die Teilchen hatten Gelegenheit, sich zu größeren Einheiten zusammenzuschließen. So entstanden in den Grenzbereichen immer größere Körper, die schließlich zu den Planeten wurden, wobei jeder Planet etwa doppelt so weit von der Sonne entfernt war wie sein innerer Nachbar.

Dieses Szenario von Weizsäckers brauchte nicht zu erklären, wie sich die Planeten aus abgesprengten Gasringen gebildet haben mochten; es bot vielmehr eine andere Entstehungsgeschichte an. Aber wie war es um die ungewöhnliche Verteilung des Drehimpulses innerhalb des Sonnensystems bestellt? Von Weizsäckers Theorie wurde schon bald durch eine Betrachtung erweitert, die den Einfluß des elektromagnetischen Feldes der heranwachsenden Sonne auf ihre Umgebung berücksichtigte. Damit war es kein großes Problem mehr, den Löwenanteil des Drehimpulses im Planetensystem von der Sonne weg auf die vergleichsweise kleinen Planeten zu übertragen. Entsprechend zuversichtlich sind die Astronomen, daß sie mittlerweile eine Ahnung von den wesentlichen Grundzügen der Planetenentstehung entwickeln konnten.

Warum aber sind die einzelnen Planeten so unterschiedlich in ihrer Größe und anderen Eigenschaften?

Wäre die Sonne ein Stern der ersten Generation, der vollständig aus Wasserstoff und Helium besteht, so wären vermutlich auch alle Planeten aus dieser Stoffmischung, würden also in ihrer Zusammensetzung die Konzentration der chemischen Elemente innerhalb der Sonne repräsentieren.

Heliumatome und Wasserstoffmoleküle verbinden sich nicht mit weiteren Elementen und bleiben selbst bei sehr niedrigen Temperaturen gasförmig. Sie können einzig durch die Gravitationskraft zusammengehalten werden.

Stellen wir uns einmal eine kondensierende Gaswolke aus Wasserstoff und Helium vor. In ihr tobt ständig ein Kampf zwischen der Schwerkraft, welche die Materiewolke zusammenhalten möchte, und der zufälligen Bewegung der einzelnen Atome und Moleküle, welche die Materiekonzentration wieder auseinandertreiben wollen. Je größer die Masse der kondensierenden Wolke und je weiter die Kondensation bereits fortgeschritten ist, desto stärker wird die Schwerkraft den Körper zusammenhalten. Je kälter die Materie, desto langsamer läuft die zufällige Bewegung der Atome und Moleküle ab, und desto weniger sind die Teilchen bestrebt, sich von dieser Wolke zu lösen, desto enger rücken die Partikeln auch in diesem Fall zusammen.

Die Sonne hatte von Anfang an keine Probleme mit dem Zusammenhalt, vereint sie doch mehr als 99 Prozent der Gesamtmasse im Sonnensystem. Obwohl sie aus Gas besteht, das sich unter anderen Bedingungen schnellstens in der Umgebung verteilen würde, und obwohl in ihrem Innern die Kernverschmelzungsprozesse eingesetzt haben, die mit ihrer Aufheizung des Sonnenkörpers die Auflösungstendenzen noch verstärken, hatte das gewaltige Schwerefeld der Sonne keine Mühe, den riesigen Gasball zusammenzuhalten.

Demgegenüber wäre die Entstehung von Planeten aus wesentlich kleineren Wasserstoff-Helium-Konzentrationen weitaus schwieriger gewesen.

Versuchen wir einmal, uns die Entstehung der Planeten in verschiedenen Entfernungen zur Sonne vorzustellen. Alle, ob nah oder weiter entfernt, konnten nur sehr langsam heranwachsen, weil ihre Schwerefelder die auseinandertreibenden Kräfte nur geringfügig übertrafen. Je größer die Planeten jedoch wurden, desto besser konnten sie mit ihrer Anziehungskraft diesen Auflösungstendenzen entge-

184

genwirken, und entsprechend schneller nahm ihre Masse weiter zu (»Schneeball-effekt«).

Schließlich präsentierten sich die Planeten als beachtliche Ansammlungen aus einem Wasserstoff-Helium-Gemisch, das aufgrund der allmählichen Kontraktion im Innern immer heißer wurde. Aufgrund der geringeren Masse erreichten Temperatur- und Druckwerte im Zentrum der Planeten jedoch nie jene extremen Werte, die im Innern der Sonne zur Zündung der Kernfusion geführt hatten, und so blieben die Planeten »tote, kalte« Himmelskörper, statt als kleine Sterne am Himmel aufzuleuchten.

Die Schwerkraft reichte aber aus, um die Planeten auch angesichts der hohen Temperaturen im Zentrum und der daraus resultierenden verstärkten auseinandertreibenden Wirkung zusammenzuhalten. Zum Glück für die Planeten leiten Wasserstoff und Helium die Wärme nicht besonders gut, so daß die oberflächennahen Bereiche ungeachtet der hohen Zentraltemperaturen relativ kühl blieben – und gerade in den oberflächennahen Schichten hätten die auseinandertreibenden, dissipativen Kräfte ihre größte Wirkung.

Vielleicht war die Entstehung der Planeten weitgehend abgeschlossen, als im Innern der kontrahierenden Sonne die Kernfusion einsetzte und so die Energie für das Aufleuchten des riesigen Gasballs bereitstellte. Damit veränderte sich die Umgebung der Planeten schlagartig.

Zum einen konnte die Sonnenstrahlung die Oberflächen der neu entstandenen Planeten aufheizen, zum anderen breitete sich nun eine Partikelströmung von der Sonne in alle Richtungen aus (der uns schon bekannte Sonnenwind).

Die Erwärmung der Planetenoberflächen verstärkte die dissipativen Tendenzen dort, wo sie am leichtesten greifen konnten, und so lösten sich immer mehr Wasserstoff- und Heliumwolken von den Planetenoberflächen ab, die dann von dem Sonnenwind fortgerissen wurden.

Naturgemäß waren diese beiden Prozesse vom Sonnenabstand abhängig und machten sich bei den sonnennahen Planeten wesentlich stärker bemerkbar als weiter draußen. Das Material der sonnennächsten Planeten mußte am stärksten verdampfen und am schnellsten vom Sonnenwind fortgerissen werden, so daß sie zunehmend an Masse verloren. Damit nahm aber auch die Stärke des Gravitationsfeldes ab, das allein diesem Materieverlust noch hatte entgegenwirken können; entsprechend beschleunigte sich der Auflösungsprozeß, bis schließlich die sonnennahen Planeten ganz verschwunden waren.

In größerem Abstand von der Sonne waren die solaren Einflüsse schon geringer, so daß die Planeten selbst überleben konnten, während mögliche Monde, die sich auch aus den Wirbeln gebildet haben mochten, sich aufgrund ihrer geringeren Schwerkraft nicht halten konnten.

Wäre die Sonne also ein Stern der ersten Generation, so besäße sie nur einige Planeten in größerem Abstand, vergleichbar mit den Gasriesen im Sonnensystem (Jupiter, Saturn, Uranus und Neptun) – mehr nicht. Es gäbe keine Planeten, auf denen Menschen leben könnten oder die jene Materialien enthielten, aus denen sich Lebewesen entwickeln können. Ein Planetensystem um einen Stern der ersten Generation wäre für Leben, wie wir es kennen, nicht geeignet.

Die Entstehung der Erde

Die Sonne ist aber ein Stern der zweiten Generation. Da die Gas- und Staubwolke, aus der sich die Sonne vor mehr als 4,5 Milliarden Jahre bildete, bereits durch zahlreiche Supernova-Explosionen angereichert war, enthielt sie insgesamt vier verschiedene Arten von Materie.

Den Löwenanteil mit 97 Prozent der Masse stellten Wasserstoff und Helium – auch bei einem Stern der zweiten Generation.

Hinzu kamen jene Elemente, deren Atome nur wenig massereicher sind als die von Wasserstoff und Helium. Kohlenstoff, Stickstoff und Sauerstoff sind die häufigsten Vertreter dieser Gruppe; sie verbinden sich mit Wasserstoff zu Methan, Ammoniak und Wasser. Betrachtet man das Verhalten dieser drei Verbindungen bei sinkenden Temperaturen, so gefriert zunächst das Wasser zu Eis, gefolgt von Ammoniak und Methan; in den beiden letztgenannten Fällen erhält man eine eisartige Substanz. Man darf daher annehmen, daß die genannten Verbindungen (zusammen mit ähnlichen, aber selteneren Kombinationen) während der Entstehungphase der Planeten aufgrund der niedrigen Temperaturen als »Eis« vorlagen. Dazu kamen die noch schwereren Elemente wie Aluminium, Magnesium, Silizium, Eisen und Nickel. Aluminium, Magnesium und Silizium können sich (wie einige andere, weniger häufige Elemente) mit Sauerstoff zu Silikaten verbinden. Diese Silikate stellen den Hauptteil der Erdkruste.

Schließlich können auch Eisen und Nickel in die Silikatbildung einbezogen werden, doch kommen diese Elemente meist in genügend großen Mengen vor, um in relativ reiner Form, allenfalls mit Beimengungen ähnlicher Substanzen, erhalten zu bleiben. Sie werden als Metalle bezeichnet.

Man könnte meinen, daß die verhältnismäßig kleine Menge an schwereren Elementen angesichts der erdrückenden 97 Prozent Wasserstoff und Helium kaum ausreichen könnte, um die Entstehung eines Planeten wie der Erde zu ermöglichen, so daß unser Szenario der Planetenbildung ähnlich »erfolglos« ausgeht wie bei einem Stern der ersten Generation. Die Gesamtmasse des Sonnensystems umfaßt jedoch 343 600 Erdmassen, und da reichen auch schon drei Prozent an schwereren Elementen für mehr als 10 000 erdähnliche Planeten.

Gewiß, mehr als 99 Prozent der schwereren Elemente sind in der Sonne konzentriert, während die Planeten und alle übrigen Körper im Planetensystem nur 448 Erdmassen stellen. Doch selbst dann reichen die verfügbaren schwereren Elemente noch für mehr als 13 Planeten von der Größe der Erde.

In der Umgebung eines Sterns der zweiten Generation wie der Sonne ist also genügend Material für einen erdähnlichen Planeten vorhanden.

Bei der Entstehung von Planeten im Umfeld eines Sterns der zweiten Generation werden zunächst die Silikate und Metalle erstarren und sich zusammenfinden. Silikat-Moleküle und Metallatome können aufgrund der elektromagnetischen Kräfte zwischen ihren äußeren Elektronenhüllen eine feste Verbindung eingehen und brauchen daher keine Gravitationskraft, die sie zusammenhält; sie halten selbst bei hohen Temperaturen (bis zwei- oder dreitausend Grad) zusammen – auch dann, wenn nur kleine Mengen beteiligt sind.

Es ist daher anzunehmen, daß jeder Planet einen gesteins- und metallhaltigen Kern besitzt. Anfangs werden diese Substanzen untereinander vermischt sein, doch wenn die Größe des Planeten weiter anwächst und die Temperatur im Kern steigt, können sie sich leichter trennen, vor allem dann, wenn das Metall zu schmelzen beginnt. Zwar besitzen Silikate eine höhere Schmelztemperatur als Metalle, doch werden sie bereits weit vorher plastisch, so daß die schwereren Metalle langsam nach unten absinken und sich im Zentrum sammeln können. Am Ende haben wir dann einen Planeten mit einem metallhaltigen Kern, der von einem Mantel aus Gestein umgeben wird.

Dies gilt für die Erde ebenso wie für Venus und Merkur. Demgegenüber standen bei der Entstehung von Mars und Mond aus bislang noch nicht völlig verstandenen Gründen offenbar weniger Metalle zur Verfügung, die dann mit den Silikaten vermischt blieben, so daß diese beiden Himmelskörper vermutlich durch und durch aus Gesteinen bestehen.

Wenn sich erst einmal ein gesteins- und metallhaltiger Kern gebildet hat, kann dessen Schwerefeld dem heranwachsenden Planeten viel leichter zu einer Schicht aus Eis und eisähnlichen Substanzen sowie einer Hülle aus Wasserstoff und Helium verhelfen. Vermutlich vollzieht sich die Planetenentstehung in der Umgebung eines Sterns der zweiten Generation daher viel rascher als bei einem Stern der ersten Generation.

Und was passiert, wenn die Sonne ihre Kernreaktionen zündet? Auch dann werden natürlich die sonnennahen Planeten einer Erwärmung sowie dem mitreißenden Sonnenwind ausgesetzt. Sämtlicher Wasserstoff und alles Helium, das diese Planeten eingefangen haben, wird dabei verlorengehen, ebenso wie das meiste, wenn nicht alles Eis: Es wird verdampfen und weggefegt. Einzig der Kern aus Metall und Gestein kann diesem Ansturm widerstehen.

Die Temperatur des Merkur ist so hoch und die Schwerkraft des Mondes so gering, daß beide keine gasförmige Hülle halten können; entsprechendes gilt für die Asteroiden, von denen es anfangs weniger, dafür aber größere gegeben haben mag als heute. Venus und Erde besaßen dagegen genügend Anziehungskraft, um einen kleinen Anteil der Eismassen zurückzubehalten, und Mars war bereits zu weit von der Sonne entfernt, um alles verlieren zu müssen; dabei waren diese Substanzen zunächst vielleicht in lockerer Form an die Silikate gebunden, ehe sie ausgegast wurden und die Atmosphären bildeten. Da die Erde größer als Mars und kühler als die Venus ist, konnte sie Wasser in genügend großen Mengen für die Entstehung der Ozeane zurückhalten.

Jenseits des Asteroidengürtels blieben die Planeten weitgehend von den Einflüssen der Sonne verschont; so behielten sie den größten Teil der Eismassen und des Wasserstoff-Helium-Gemischs, den sie während der Entstehungsphase eingefangen hatten. Dies entspricht dem Aufbau von Jupiter, Saturn, Uranus und Neptun: Mit Ausnahme kleinerer Mengen an schwereren Elementen gleichen sie jenen Planeten, die sich in der Umgebung eines Sterns der ersten Generation hätten bilden können.

In diesen kalten, von der Sonne unerreichten Randbezirken des Sonnensystems konnten schließlich auch kleinere Körper entstehen. Einige enthalten vornehmlich Gesteine wie etwa Io, der innerste der vier großen Jupitermonde. Andere verfügen über größere Eisanteile wie Ganymed und Kallisto, die beiden äußeren großen Jupitermonde, Titan, der größte Saturnmond, oder Pluto, der sonnenfernste Planet; auch die Kometen sind im wesentlichen fliegende Eisberge. Daneben gibt es noch Körper, die etwa zu gleichen Teilen aus Eis und Gestein bestehen; Europa, der zweitinnerste der großen Jupitertrabanten, gehört dazu.

Auf jeden Fall aber entstand die Erde genau an der richtigen Stelle und genau aus den richtigen Zutaten, um die Entstehung von Leben möglich werden zu lassen – etwas, was ohne das Zutun von Supernovae völlig ausgeschlossen gewesen wäre.

9 Leben und Evolution

Fossilien

Wir verdanken den Supernovae mehr als nur die Entstehung der Erde. Sie haben auch bei der Entstehung und Weiterentwicklung des Lebens eine entscheidende Rolle gespielt. Um dies zu verstehen, müssen wir den astronomischen Bereich verlassen und uns der Geologie und Biologie zuwenden. Fangen wir einmal mit einem Rückblick auf die Geschichte der Erde an.

Seit mehr als 200 Jahren haben die Wissenschaftler versucht, das Alter der Erde zu bestimmen; doch erst die Entdeckung der Radioaktivität im Jahre 1896 gab den Geologen einen zuverlässigen Zeitmesser in die Hand.

Der amerikanische Chemiker Bertram Boren Boltwood (1870–1927) wies im Jahre 1907 als erster darauf hin, daß man den langsamen, aber stetigen Zerfall von Uran zu Blei dazu verwenden könne, aus dem Verhältnis dieser beiden Elemente zueinander das »radiometrische« Alter eines bestimmten Steins zu ermitteln, jene Zeit, die seit seiner letzten Erstarrung vergangen ist.

Tatsächlich wurden entsprechende Methoden zur Altersbestimmung aus dem Zerfall von Uran und anderen langlebigen Elementen entwickelt. Mit ihnen konnte man schließlich das Alter des Sonnensystems allgemein und der Erde speziell zu etwa 4,6 Milliarden Jahren ermitteln (so weit jedenfalls liegt die Zeit zurück, in der die ursprüngliche Gas- und Staubwolke sich bereits zu größeren festen Körpern verdichtet hatte, deren Überreste heute noch existieren).

Da die Erde seither ständig von irgendwelchen geologischen Prozessen umgestaltet wurde, ist es wenig wahrscheinlich, wenn nicht völlig unmöglich, wirkliches Urgestein aus der Anfangszeit der Erde auf unserem Planeten zu entdecken. Die ältesten, bislang bekannten Gesteinsformationen sind rund 3,8 Milliarden Jahre alt und wurden in Grönland gefunden.

Der Mond ist kleiner als die Erde und war entsprechend weniger geologisch aktiv; auf ihm haben die Astronauten Gesteinsreste gefunden, die etwa 4,4 Milliarden Jahre alt sind. Aber auch der Mond war anfangs nicht von störenden Einflüssen verschont geblieben: Während der ersten paar hundertmillionen Jahre wurden

Erde und Mond von zahllosen kleineren Körpern bombardiert, die gewissermaßen als »Nachzügler« aus der Entstehungsphase des Sonnensystems übriggeblieben waren. Auf der Erde sind die Spuren dieser Einschläge durch die Einwirkun-
gen von Wind, Wasser und Leben längst verwischt worden, aber der Mond trägt
die Narben noch heute deutlich sichtbar in Form ungezählter Einschlagkrater, die
seine Oberfläche prägen.

Zum Glück gehören Meteoriten, die vom Himmel fallen, zu jenen kleinen Körpern, welche die lange Geschichte des Sonnensystems nahezu unbeschadet überdauert haben. Ihre Analyse führte schließlich auch zu der anfangs genannten Al-
tersangabe von 4,6 Milliarden Jahren.

Das Leben ist auf dieser Erde nichts Neues. Lebewesen haben die Erde während
der längsten Zeit ihrer Geschichte bevölkert, und sie haben mitunter auch deutliche Spuren hinterlassen – in Form von Fossilien, die im Gestein gefunden wurden. Diese Fossilien sind versteinerte Überreste früherer Lebewesen; dabei läßt
sich das relative Alter schon an der Erdschicht ablesen, in der sie gefunden werden.

Berichte über Fossilienfunde waren bereits im Altertum bekannt, doch wurden
sie im westlichen Kulturkreis zumeist totgeschwiegen oder mit den abenteuerlich-
sten Erklärungen »wegdiskutiert« – schließlich schrieb das lange Zeit beherrschende Weltbild bei uns den Gedanken an eine nicht sehr weit in der Vergangenheit zurückliegende Schöpfung der Welt vor. Nicht einmal die Wissenschaftler
mochten dieser Lehrmeinung widersprechen, nach der die Welt – und mit ihr die
Erde – erst vor einigen Jahrtausenden erschaffen worden war.

Im Verlauf des 19. Jahrhunderts allerdings zwangen immer mehr Fakten die Forscher zu der Einsicht, daß die Erde sehr viel älter sein müsse.

Obwohl man das absolute Alter der Fossilien immer noch nicht bestimmen
konnte, war es doch möglich, das relative Alter zu ermitteln. Dabei stützte man
sich auf die Tiefe der Schicht, in der ein fossilhaltiger Stein gefunden worden war.
Es erschien plausibel anzunehmen, daß die Erde im Laufe ihrer langen Geschichte
ganz allmählich von immer neuen Ablagerungsschichten überdeckt wurde, so daß

die älteren Schichten weiter unten, die jüngeren dagegen weiter oben liegen mußten.

Wenn aber erst einmal das relative Alter der Erdschichten bekannt war, konnte man anhand der Schichten, in denen die einzelnen Fossilien gefunden worden waren, sehr leicht auch das relative Alter der Fossilien ermitteln.

Als die ältesten fossiltragenden Gesteine erwiesen sich jene, die von dem englischen Geologen Adam Sedgwick (1785–1873) kambrisch genannt worden waren; er hatte diese Bezeichnung in Anlehnung an den römischen Namen Cambria gewählt, mit dem die Eroberer aus Italien das heutige Wales belegt hatten (in Wales hatte Sedgwick die ersten Steine dieser Art gefunden).

Die Fossilien aus dem Kambrium stammten ganz offensichtlich von Meerestieren – Überreste von Landlebewesen sind aus dieser Periode nicht erhalten. Die beherrschende Form damals scheint eine gewesen zu sein, die zu den Gliederfüßlern gerechnet wird und wegen ihres Aussehens die Bezeichnung Trilobit (»Dreilapper«) erhielt. Die Hufeisenkrabben heutiger Zeit ähneln den frühen Trilobiten vielleicht am meisten. Alle Gesteine aus der Zeit davor werden als präkambrisch zusammengefaßt.

Mit den Methoden der radiometrischen Altersbestimmungen fand man später, daß die ältesten kambrischen Gesteine (und damit die ältesten Fossilien) etwa 600 Millionen Jahre alt sind. Dies ist zwar schon ein unvorstellbar langer Zeitraum, und doch erschienen die ältesten Fossilien damit eher jung gegenüber dem Alter der Erde.

In den Gesteinsschichten, die während der ersten vier Milliarden Jahren (oder 7/8 der Erdgeschichte) abgelagert wurden, tauchten keine Fossilien auf. Sollte dies bedeuten, daß das Leben erst während des letzten Achtels der bisherigen Erdgeschichte auf unserem Planeten aufgetaucht ist?

Die Biologen konnten dies nicht glauben. Die Entstehung von Fossilien ist ein Prozeß, der von vielen äußeren Einflüssen abhängt. Milliarden und Abermilliarden Lebewesen sind gestorben, ohne irgend etwas zurückzulassen, das versteinert und damit der Nachwelt erhalten werden konnte. Es ist also durchaus denkbar, daß ganze Arten von Lebewesen im wahrsten Sinne des Wortes »spurlos« von der Erdoberfläche verschwunden sind. Umgekehrt können einige wenige Gruppen, die vielleicht gar nicht einmal sehr zahlreich vertreten waren, durch Zufall ganze Fossilienbänke hinterlassen haben.

Hinzu kommt, daß manche Körperteile leichter erhalten bleiben als andere. Zähne, Knochen und Panzer, die »harten« Teile, können viel leichter versteinern als Weichteile. So haben in der Zeit zwischen 1 Millionen und 50 000 Jahren in der Vergangenheit zahlreiche Frühmenschen in Afrika und Eurasien gelebt, und doch kennen wir nur sehr wenige fossile Überreste von ihnen – sie waren bereits zu intelligent, um allzu oft unter solchen Bedingungen vom Tod überrascht zu werden, die für eine spätere Versteinerung besonders geeignet waren. Die wenigen Teile, die erhalten blieben, sind meist versteinerte Schädel und Zähne.

Unter den ältesten Fossilien stellen die gepanzerten Trilobiten bereits ziemlich komplexe Lebewesen dar.

Es erscheint ganz natürlich anzunehmen, daß Lebewesen um so weniger komplex aufgebaut sind, je älter sie sind. Entsprechend kann man davon ausgehen, daß auch im Präkambrium bereits Lebewesen existierten, die nur noch nicht so weit entwickelt waren wie die Trilobiten – wenig genug jedenfalls, um keine harten Strukturen zu besitzen; sie könnten durch und durch aus Weichteilen bestanden haben wie die heutigen Regenwürmer und Schnecken, so daß sie kaum irgendwelche Fossilien hinterlassen haben können. Daher muß das Fehlen von Fossilien in den präkambrischen Gesteinen nicht notwendigerweise »kein Leben« bedeuten, sondern kann nur »keine Hartteile« heißen.

In den 50er Jahren fand der amerikanische Biologe Elso Sterrenberg Barghoorn (1915–1984) Spuren fossilierter Blaualgen-Kolonien unweit des Oberen Sees zwischen den USA und Kanada. Blaualgen gehören zu den einfachsten zellularen Lebensformen, die heute noch existieren. Sie ähneln in vieler Hinsicht den Bakterien, enthalten aber zusätzlich Chlorophyll.

Sowohl Blaualgen als auch Bakterien bestehen aus sehr kleinen Zellen, die keinen gesonderten Zellkern besitzen, sondern ihre Kernsubstanzen über die ganze Zelle verteilt haben. Sie werden Prokaryoten genannt (nach der griechischen Bezeichnung für »[entwicklungsmäßig] vor dem Kern«). Die Zellen aller anderen Organismen, von den einzelligen Pflanzen und Tieren bis hin zu den vielzelligen Lebewesen (einschließlich des Menschen), besitzen einen abgeschlossenen Zellkern; sie heißen entsprechend Eukaryoten (nach der griechischen Bezeichnung für »[mit] echtem Kern«).

Fossile Blaualgen sind nicht einfach nachzuweisen. Sie sind so winzig, daß man sie unter dem Mikroskop untersuchen muß. Dabei gilt es, den Nachweis zu führen, daß die kleinen zellförmigen Strukturen wirklich biologischen Ursprungs und nicht etwa mineralogischer Natur sind.

Dies war keine leichte Aufgabe, doch Barghoorn konnte die Beweise in peinlich genauer und schließlich überzeugender Form präsentieren. Die ersten Mikrofossilien, die er gefunden und untersucht hatte, waren in zwei Milliarden Jahre altem Gestein eingeschlossen. Nachdem er gelernt hatte, wonach man suchen mußte, fand er Hinweise auf sehr einfache, mikroskopische Lebensformen in immer älteren Gesteinsformationen und stieß 1977 in südafrikanischem Urgestein auf Mikrofossilien, deren Alter zu 3,4 Milliarden Jahren bestimmt werden konnte.

Die Entstehung des Lebens

Offenbar ist also die Erde, die vor rund 4,6 Milliarden Jahren entstand, zunächst für einige Hundertmillionen Jahre einem ständigen Bombardement aus dem Kosmos ausgesetzt gewesen, das die Oberfläche immer wieder aufwühlte; dabei handelte es sich um größere Brocken, die aus der Entstehungsphase übriggeblieben waren, die Sonne auf den Erdkurs kreuzenden Bahnen umkreisen und nun nachträglich noch mit der Erde oder dem Mond zusammenstießen.

Vor etwa 4 Milliarden Jahren hörte dieses kosmische Bombardement allmählich auf, kam die Erdoberfläche zur Ruhe und entwickelte sich langsam zu einer be-

wohnbaren Umgebung. Binnen weniger als 500 Millionen Jahren haben dann einfachste Lebensformen die Erde bevölkert, und seither – seit 3,5 Milliarden Jahren
oder drei Viertel ihres bisherigen Alters – ist die Erde nach allem, was wir heute
wissen, ständig von einer Vielzahl der unterschiedlichsten Organismen bewohnt
worden.
Wie entstand das Leben auf unserem Planeten?
Da wir nicht die geringsten haltbaren Beweise für übernatürliche Eingriffe besitzen, bleibt uns nur ein wissenschaftlicher Erklärungsversuch. Danach müssen zufällige Kombinationen jener einfachen Moleküle, die in den Ozeanen und der
Atmosphäre vorhanden waren, zu immer komplexeren Verbindungen geführt haben. Schließlich entstanden dabei auch genügend komplexe Moleküle mit jenen
Eigenschaften, die wir als grundlegend biologisch ansehen.
Leider können wir diesen Prozeß nirgends direkt beobachten, weder auf unserer
Erde, wo wir durch mehrere Milliarden Jahre von dem Ereignis getrennt sind,
noch auf einem anderen bewohnbaren Planeten, der mit Sicherheit viele Lichtjahre von uns entfernt wäre. Aber wir können Indizien für diese Hypothese sammeln.
Zuerst müssen wir herauszufinden suchen, welche einfachen Moleküle damals auf
der Erde anzutreffen waren. Es besteht kaum Zweifel daran, daß es sich um jene
eisbildenden Moleküle handelt, die wir schon während der Entstehungsphase der
Planeten kennengelernt haben – allenfalls die Kombinationen der einzelnen Moleküle untereinander sind noch umstritten. Wasser war mit Sicherheit vorhanden,
ebenso stickstoff- und kohlenstoffhaltige Verbindungen.
Auf Jupiter und den anderen Planeten des äußeren Sonnensystems kommen Stickstoff und Kohlenstoff in Verbindung mit Wasserstoff vor: Methan beziehungsweise Ammoniak. Auf Venus und Mars hat sich dagegen der Kohlenstoff mit dem
Sauerstoff zu Kohlendioxid verbunden, während Stickstoff nur in reiner, moleku-
larer Form auftritt.
Einige Wissenschaftler gehen davon aus, daß die ursprüngliche Atmosphäre der
Erde aus Ammoniak, Methan und Wasserdampf bestand und ein Großteil des

Ammoniaks im Meerwasser gelöst war. Andere nehmen an, daß die Lufthülle Kohlendioxid, Stickstoff und Wasserdampf enthielt und ein Großteil des Kohlendioxids sich mit dem Meerwasser verband. Denkbar wäre auch, daß die Atmosphäre zunächst aus Ammoniak, Methan und Wasserdampf zusammengesetzt war (Atmosphäre I) und dann durch die Einwirkung natürlicher Prozesse, allerdings noch ohne Einbeziehung biologischer Einflüsse, zu einer Atmosphäre aus Kohlendioxid, Stickstoff und Wasserdampf (Atmosphäre II) umgeformt wurde. Die Frage, welche der beiden denkbaren Atmosphären die Erde einhüllte, ist aber für unser Problem allenfalls zweitrangig. In beiden Fällen sind nämlich Wasserstoff-, Kohlenstoff-, Stickstoff- und Sauerstoffatome (die zusammen 99 Prozent der Elemente in lebendem Gewebe stellen) vorhanden; die restlichen Elemente – vor allem auch jene, welche die harten Teile der Organismen härten – waren in gelöster Form im Urmeer enthalten.

Welche Prozesse aber waren notwendig, um aus diesen einfachen Molekülen komplexere Verbindungen aufzubauen? Einfache Zusammenstöße und der zufällige Austausch einzelner Atome können dazu nicht ausgereicht haben. Allgemein kann man davon ausgehen, daß der Aufbau komplexerer Moleküle Energie verbraucht. Es mußte also Energie hinzukommen, um die Veränderungen möglich zu machen.

Auf der Urerde standen zum Glück eine ganze Reihe möglicher Energiequellen zur Verfügung. Da gab es zum Beispiel die vulkanische Wärme oder die elektrische Energie, die bei Blitzentladungen freigesetzt wurde, und man kann davon ausgehen, daß beide Prozesse (Vulkanismus und Gewitter) in der Anfangsphase viel heftiger auf unserem Planeten getobt haben als heute.

Daneben gab es die Energie aus dem radioaktiven Zerfall, die anfangs auch in größerem Umfange bereitstand als heute, da die meisten der ursprünglich vorhandenen radioaktiven Atome längst zerfallen sind.

Und schließlich darf die Ultraviolettstrahlung der Sonne nicht vergessen werden. Heute erreicht nur noch ein geringer Teil der solaren UV-Strahlung die Erdoberfläche, weil der atmosphärische Sauerstoff (der aus zweiatomigen Molekülen besteht) durch eben diese Strahlung in Höhen um 25 Kilometer über der Erdoberfläche in das dreiatomige Sauerstoffmolekül Ozon umgewandelt wird und dabei die UV-Strahlung absorbiert. Solange diese Ozonschicht nicht zerstört wird, schützt sie uns vor der gefährlich hohen Intensität der solaren UV-Strahlung. Sauerstoff ist jedoch kein originärer Bestandteil der Atmosphäre. Er ist chemisch viel zu aktiv und verbindet sich daher mit vielen anderen Elementen oder Molekülen, so daß er ziemlich schnell aus einer Atmosphäre verschwinden würde, sofern es keinen Nachschub gäbe. Für diesen Nachschub sorgen die grünen Pflanzen, die ständig Sauerstoff an die Atmosphäre abgeben: Sie nutzen die Energie des Sonnenlichts, um aus dem atmosphärischen Kohlendioxid zusammen mit Wasser Stärke und andere Substanzen zu produzieren, die von den Tieren als Nahrungsmittel genutzt werden können; dabei wird der Sauerstoff des Kohlendioxids als eine Art »Abfallprodukt« an die Atmosphäre freigesetzt.

Auf der frühen Erde gab es vor der Entstehung des Lebens keine grünen Pflanzen und damit auch keine Sauerstoff-Fabriken. Entsprechend konnte es auch keinen freien Sauerstoff und keine Ozonschicht geben, so daß die solare UV-Strahlung ungehindert bis zur Erdoberfläche vordringen konnte.

Im Jahre 1952 begann der amerikanische Chemiker Stanley Lloyd Miller (1930–) mit Versuchen zur Simulation der frühen Umweltbedingungen auf unserem Planeten. Er füllte sorgfältig gereinigtes und sterilisiertes Wasser in einen Glaskolben und gab eine »Atmosphäre« aus Wasserstoff, Ammoniak und Methan hinzu, um so eine leicht variierte Form der Atmosphäre vom Typ I zu simulieren. Die notwendige Energiezufuhr erfolgte über zwei Elektroden, mit denen er elektrische Entladungen ähnlich den Gewitterblitzen produzieren konnte. Nach einer Woche analysierte er die Substanzen, die sich während dieser Zeit gebildet und in seinem »Ozeanwasser« gelöst hatten. Dabei fand er einfache organische Verbindungen einschließlich einiger sogenannter Aminosäuren, bei denen es sich um Bausteine der Proteine handelt, die ihrerseits zu den wesentlichen Bestandteilen lebender Zellen gehören. Andere wiederholten das Experiment mit UV-Strahlung als Energiequelle und kamen zu sehr ähnlichen Ergebnissen. Auch bei Versuchen mit Typ-II-Atmosphären konnten komplexere Verbindungen nachgewiesen werden.

Am eifrigsten war der im heutigen Sri Lanka geborene Biochemiker Cyril Ponnamperuma (1923–). Er kam bei seinen Versuchen bis zur Entstehung von sogenannten Nukleotiden, den Bausteinen der Nukleinsäuren, die ebenfalls eine wichtige Rolle in lebendem Gewebe spielen. Darüber hinaus konnte er Adenosin-Triphosphat (ATP) gewinnen, das für die Energieumwandlung im Innern der Zellen von Bedeutung ist.

All diese Verbindungen entstanden abiotisch, das heißt, ohne Beteiligung jedweder Lebensformen (mit Ausnahme des Experimentators natürlich); Ausgangspunkt war in allen Fällen eine simulierte Uratmosphäre, deren Bestandteile sich in Richtung auf lebende Zellen hin neu zusammenschlossen.

Der amerikanische Biochemiker Sidney Walter Fox (1912–) experimentierte auf einer anderen Entwicklungsstufe. Er begann mit einer Mischung aus Aminosäuren, die sich unter Wärmezufuhr zu proteinähnlichen Substanzen verbanden; wenn diese Substanzen in Wasser gelöst wurden, bildeten sie winzige Kügelchen, die eine gewisse Ähnlichkeit mit Zellen besaßen.

Bei den Versuchen wurde auch nicht annähernd eine Entwicklungsstufe erreicht, die man als lebendig hätte bezeichnen können, nicht einmal in der einfachsten Form. Allerdings sind die Untersuchungen im Labor auch immer nur mit kleinen Flüssigkeitsmengen über kurze Zeiten durchgeführt worden, und *dennoch* gab es (allerdings kleine) Schritte auf dem Weg zur Entstehung von Leben.

Was, wenn wir uns einen ganzen Ozean aus primitiven Bausteinen vorstellen, der über Hunderte von Millionen Jahren einer ständigen Energiezufuhr ausgesetzt war? Unter solchen Voraussetzungen fällt es nicht schwer, an eine Phase der »chemischen Evolution« zu glauben, die vor etwa 3,5 Milliarden Jahren mit dem Auftauchen einfachster lebender Zellen endete.

Die Entwicklung der Arten

Wie oft muß das Leben auf der Erde entstanden sein? Entstanden die Blaualgen aus einer chemischen Evolutionskette und Bakterien aus einer anderen? Oder stand jede Blaualgenart und jede Bakterienart am Ende eines eigenen Entwicklungsweges? Und gab es vielleicht kompliziertere Entwicklungspfade, die zur Entstehung der einzelnen Trilobitenarten führten, zu den verschiedenen Dinosauriern, zu den Menschen?

Dies erscheint denkbar unwahrscheinlich. Wenn es Millionen verschiedener chemischer Entwicklungswege gäbe, getrennt für jede Art von Pflanze, Tier oder Mikroorganismus und damit auch für solche Lebewesen, die noch nicht sehr lange auf der Erde leben, dann sollte man entsprechende chemische Evolutionen auch heute noch beobachten können. Dafür gibt es jedoch nicht die geringsten Anzeichen.

Hinzu kommt, daß man eine chemische Evolution zwar in der besonderen Umwelt einer frühen Erde (mit ursprünglicher Atmosphäre und ohne existierendes Leben) nachvollziehen kann, nicht aber unter den heute herrschenden Bedingungen (sauerstoffhaltige Atmosphäre und bereits existierende Lebensformen). Sauerstoff ist ein sehr aktives Element, das sich bereitwillig an komplexere Verbindungen anlagert, sie aufbricht und zerstört und damit den chemischen Evolutionsweg untergräbt (entsprechend müssen solche Bausteine im Innern der Lebewesen mit den verschiedensten, mitunter recht trickreichen Methoden vor dem Kontakt mit Sauerstoff geschützt werden). Außerdem wären solche Bausteine eine willkommene Nahrung für bereits vorhandene Lebensformen.

So erscheint es weitaus vernünftiger, von einer einmaligen Entstehung des Lebens in der Frühphase der Erdgeschichte auszugehen, allenfalls von mehreren Versuchen, die jedoch nur in einem Fall zu überlebensfähigen Ergebnissen führten. Nachdem erst einmal eine Lebensform entstanden war und sich durchgesetzt hatte, dürfte sie jede weitere chemische Evolution abrupt beendet haben.

Wenn dies zutrifft, kann man sich andererseits fragen, warum diese eine Lebensform nicht bis auf den heutigen Tag die einzige blieb? Wie kam es in der Vergangenheit zu so vielen verschiedenartigen Lebensformen (zumindest die fossilen Überreste lassen einen großen Formenreichtum vermuten), und warum gibt es auch heute noch so viele unterschiedliche Lebewesen?

Wenn man die fossilen Überreste untersucht, findet man oft erkennbare Verwandtschaften unterschiedlichen Grades zwischen den einzelnen Arten. Alte Organismen haben gewisse Ähnlichkeiten mit lebenden Formen, und nicht selten gibt es eine ganze Reihe von Zwischengliedern, die auf eine schrittweise Entwicklung von den Anfängen zur Gegenwart hin schließen lassen. Gestützt wird dieses Bild durch andere Untersuchungsergebnisse, sowohl biochemischer Art als auch direkter Beobachtungen.

Die Antwort auf unsere Frage lautet, daß die einzelnen Lebensformen sich im Laufe der Zeit ganz allmählich verändern, wenn sie in endlosen Zyklen in ihren Nachfahren weiterleben. Einige Arten oder Spezies sterben aus, andere verändern sich so, daß man sie als neue Lebensformen einordnen kann; wieder andere sind Ausgangspunkt für zwei oder mehr neue Entwicklungslinien. So lassen sich die etwa zwei Millionen verschiedener Lebensformen, die heute auf unserem Planeten vermutet werden und zu denen auch der Mensch (Homo sapiens) als eine Form gehört, als Nachkommen früherer Lebensformen verstehen, die ihrerseits Glieder einer langen Entwicklungskette waren, und so fort, bis hin zu den einfachsten Lebensformen vor rund 3,5 Milliarden Jahren, die am Ende der chemischen Entwicklungsphase aufgetaucht waren. Diese langsame, schrittweise Veränderung der Lebewesen von den frühesten Organismen zu der Vielfalt längst ausgestorbener und heute noch lebender Arten wird als »biologische Evolution« bezeichnet.

Die Wissenschaftler vergangener Jahrhunderte taten sich aus zwei Gründen schwer, die Vorstellung einer solchen biologischen Evolution zu akzeptieren.

Zum einen berief sich die dominierende Religion des westlichen Kulturkreises auf die Worte der Bibel, denen zufolge nicht nur die Welt erst vor einigen tausend Jahren entstanden war, sondern auch die Vielfalt der Lebewesen aus der Hand eines übernatürlichen Schöpfers stammte, alle Arten also von Anfang an existierten. Eine Hinwendung zur biologischen Evolution schien gleichbedeutend mit einem Zweifel an den Grundfesten des Glaubens, und da viele Wissenschaftler von diesem Glauben durchdrungen waren, scheuten sie vor einem solchen Schritt zurück. Selbst jene, die rebellisch genug waren, um die Autorität der Kirche in Frage zu stellen, könnten die wütenden Proteste ihrer gläubigen Mitbürger gefürchtet haben.

Zum anderen kannten selbst jene Wissenschaftler, die eine biologische Evolution für möglich hielten, keinen Prozeß, der solche Veränderungen bewirkt haben könnte. Katzen warfen stets kleine Katzenjunge, Hunde warfen Hundebabys, Menschen gebaren Säuglinge – ohne jegliches Anzeichen einer erkennbaren Veränderung, die als Ausdruck einer allmählichen Evolution hätte gedeutet werden können.

Erst der französische Naturforscher Jean Baptiste Lamarck (1744–1829) schlug im Jahre 1809 eine Erklärung für den Evolutionsmechanismus vor: Er nahm an, daß die Lebewesen bestimmte Teile ihres Organismus stärker beanspruchten als andere; als Folge davon würden die viel benutzten Teile sich weiter ausbilden, während die zu wenig benutzten Partien zurückgebildet wurden. Diese Veränderungen sollten dann an die Nachkommen weitergegeben und dort eventuell fortgesetzt werden, und so weiter.

Auf diese Weise mochte eine Antilope, die sich von hochwachsenden Blättern ernährte, ihren Hals beständig gestreckt haben, um weiter nach oben zu gelangen. Dies hätte dann zu einer Verlängerung der Halswirbelsäule und der Beine geführt, die an die Nachkommen weitervererbt und von ihnen weiterentwickelt worden wäre, bis schließlich nach vielen Generationen eine Giraffe entstand. Solche Veränderungen würden so langsam ablaufen, daß ein Menschenleben allein nicht ausreichen würde, um Veränderungen erkennbar werden zu lassen, nicht einmal die gesamte Menschheitsgeschichte.

Doch dieser Vorschlag, der die Evolution auf eine Vererbung erworbener Veränderungen zurückführte, erwies sich als falsch.

Er ließ sich vor allem auf experimentellem Wege widerlegen. In den 8oer Jahren des vergangenen Jahrhunderts führte der deutsche Biologe August F. L. Weismann (1834–1914) ein solches Experiment durch, indem er über 22 Mäusegenerationen hinweg insgesamt 1592 Tieren unmittelbar nach der Geburt den Schwanz abschnitt. Trotz dieses massiven Eingriffs besaßen die neugeborenen Mäuse immer wieder den gewohnten Mäuseschwanz.

Hinzu kam, daß im Zuge der Evolution auch zahlreiche Veränderungen von Körperteilen aufgetreten sein mußten, welche nicht bewußt genutzt wurden. So mußte die Evolution dazu geführt haben, daß beispielsweise ein Chamäleon seine Hautfarbe perfekt an die Umgebung anpassen und sich so besser vor seinen natürlichen Feinden schützen konnte, aber es erschien unvorstellbar, daß ein Chamäleon diese Farbwechsel bewußt vornahm und trainierte und so seinen Nachkommen einen effizienteren Schutz weitergeben konnte.

Im Jahre 1859 stellte der englische Naturforscher Charles Robert Darwin (1809–1882) eine andere Erklärung für die Evolution vor, nachdem er über 14 Jahre hinweg zahlreiche Belege für seine Hypothese gesammelt hatte.

Er ging davon aus, daß in jeder Generation einer bestimmten Art einige Lebewesen sich in mancherlei Weise geringfügig von den anderen unterschieden und entsprechend schneller oder langsamer, größer oder kleiner, stärker oder schwächer, intensiver rot oder blau gefärbt oder sonst was waren. Diese vielen winzigen Unterschiede traten eher zufällig auf, und ihre Träger mochten aufgrund eben dieser Abweichungen in ihrer Umwelt besser abschneiden als der große Durchschnitt mit den herkömmlichen Eigenschaften oder solche Individuen mit anderen Veränderungen.

Wer aber besser abschneidet, hat auch größere Chancen, seine Eigenarten an die Nachkommen weiterzugeben. Unter ihnen gab es dann wieder vereinzelt solche, die schneller oder langsamer, größer oder kleiner, stärker oder schwächer, intensiver rot oder blau gefärbt oder sonst was waren. Wieder hatten die besser angepaßten Formen größere Überlebenschancen und konnten ihre Eigenarten weitervererben, so daß die gesamte Art über viele Generationen schneller oder langsamer, größer oder kleiner, stärker oder schwächer, intensiver rot oder blau gefärbt oder sonst was wurde. In verschiedenen Gegenden oder unter anders gearteten Umständen mochten andere Vorteile entscheidend sein, und so konnten aus der gleichen Art verschiedene Entwicklungslinien heranwachsen. Wenn aber keine noch so geartete Veränderung ausreichte, um gegenüber all den anderen Spezies bestehen zu können, dann verschwand diese Art eben im Laufe der Zeit von der Bühne der Weltgeschichte.

Weil in gewissem Sinne also die Natur aus den zufällig auftretenden Veränderungen auswählt, bezeichnete Darwin diesen Prozeß als »biologische Evolution durch natürliche Zuchtauswahl«. Dieses Modell der Evolution hat sich bis heute erhalten, wiewohl in den eineinviertel Jahrhunderten seither manche Verfeinerungen erarbeitet wurden und heute noch über das ein oder andere Detail diskutiert wird. Ungeachtet aller Detailfragen stellt jedoch kein Biologe die *Tatsache* der Evolution mehr ernsthaft in Frage – so wie man zwar über die genaue Funktion einer Uhr diskutieren kann, sich jedoch darüber einig ist, daß sie die Zeit anzeigt.

Vererbungslehre

Auch Darwin hatte keine konkrete Erklärung dafür liefern können, wie die zufälligen Schwankungen unter den Mitgliedern einer Spezies in den Evolutionsprozeß eingreifen mochten. Nehmen wir einmal an, einige Exemplare einer Art wären tatsächlich überdurchschnittlich schnell, und setzen wir weiter voraus, daß Schnelligkeit für diese Art einen Vorteil bedeutet, der bessere Überlebenschancen bringt. Wäre es aber nicht wahrscheinlich, daß sich diese schnelleren Exemplare mit langsameren Vertretern ihrer Spezies vereinen und ihre gemeinsamen Nachkommen wieder nurmehr durchschnittliche Geschwindigkeiten erreichen könnten (schließlich analysieren die Lebewesen vor der Vereinigung in den seltensten Fällen die körperliche Kondition ihres Partners)? Müßte nicht die (in den meisten

Fällen eher zufällige) Auswahl des jeweiligen Partners zu einer Beschneidung aller
extremen Leistungen führen, zu einem riesigen Reservoir an eintönigen Durch-
schnitts-Exemplaren, das keinerlei Ansatzpunkte für eine natürliche Auswahl
mehr böte?

Im Jahre 1865 konnte der österreichische Botaniker Johann Gregor Mendel
(1822–1884) das Gegenteil beweisen. Er hatte mit großer Sorgfalt Kreuzungsver-
suche an Erbsenpflanzen angestellt und dabei das Erscheinungsbild der einzelnen
Pflanzen gründlich untersucht. So kreuzte er zum Beispiel langstielige Erbsenpflanzen mit kurzstieligen und fand, daß alle Pflanzen der nächsten Generation
langstielig waren; Pflanzen mit mittleren Stiellängen gab es dagegen nicht. Die
Kreuzung dieser ersten Nachkommenschaft untereinander führte in der zweiten
Generation zu einer Mischung aus lang- und kurzstieligen Pflanzen in einem Verhältnis von 3 zu 1.

Mendel nahm zur Erklärung dieser Beobachtung an, daß in jeder Pflanze zwei
Faktoren die Stiellänge beeinflußten. Bei langstieligen Pflanzen begünstigten
beide Faktoren das Längenwachstum; man konnte sie durch die Schreibweise LL
kennzeichnen. Ähnliche Faktoren führten bei den kurzstieligen Pflanzen zu ver-
kürztem Stielwachstum, in unserer Schreibweise ll.

Bei einer Kreuzung der beiden Pflanzen gab jeder Elternteil *einen* seiner beiden
Faktoren weiter – welchen, blieb dem Zufall überlassen. Bei LL-Pflanzen spielt
diese Zufallsauswahl jedoch keine Rolle, weil in beiden Fällen ein L weitergegeben wird; ebenso gilt für eine ll-Pflanze die Weitergabe eines l-Faktors. So können die Nachkommen also nur die Kombinationen Ll oder lL tragen. In diesem
Fall erweist sich der die Stiellänge fördernde Faktor als dominant, so daß die
Eigenschaft »langstielig« sich gegenüber kurzstieligen Pflanzen durchsetzen
kann: Alle Ll- und lL-Kombinationen besitzen lange Stiele und ähneln daher den
LL-Pflanzen.

So kann in der ersten Generation der Eindruck entstehen, als sei die Eigenschaft
»kurzstielig« verlorengegangen, doch dieser äußere Eindruck täuscht: Wenn Ll-
und lL-Pflanzen untereinander gekreuzt werden, wird jeder Elternteil die eine

Hälfte des Nachwuchses mit einem L-Faktor ausstatten, die andere Hälfte dagegen mit einem l-Faktor. Es gibt also insgesamt vier mögliche Kombinationen für die zweiten Generation: LL, Ll, lL und ll (dabei sorgen die Regeln des Zufalls dafür, welcher der Nachkommen welche Kombination bekommt). Die ersten drei Kombinationen führen zu langstieligen Pflanzen, die letzte dagegen zu einer kurzstieligen – so entsteht das von Mendel beobachtete Verhältnis von 3 zu 1.

Mendel konnte zeigen, daß andere Eigenschaften auf die gleiche Weise weitergegeben wurden; daraus leitete er Gesetzmäßigkeiten ab, die heute unter dem Namen »Mendelsche Gesetze« bekannt sind. Sie machen deutlich, daß extreme Entwicklungstendenzen auch bei Kreuzungen unterschiedlicher Typen *nicht* eingeebnet, sondern weitergegeben werden und auch in späteren Generationen immer und immer wieder auftreten.

Leider war Mendel kein besonders bekannter Botaniker und darüber hinaus seiner Zeit weit voraus. Obwohl er die Ergebnisse seiner Experimente veröffentlichte, fand er keine Beachtung, bis im Jahre 1900 drei andere Botaniker unabhängig voneinander zu den gleichen Ergebnissen kamen. Sie alle mußten jedoch feststellen, daß Mendel ihnen um eine Generation voraus war, und sie alle erkannten sein Erstlingsrecht auf die Entdeckung an.

Damit war die größte Schwierigkeit innerhalb der Darwinschen Evolutionstheorie aus dem Weg geräumt: die vermeintliche Tendenz, Extreme zu beschneiden und die Entwicklung eines Durchschnittstyps zu fördern.

Welches aber waren die biologischen und chemischen Ursachen für die Mendelschen Gesetze?

Im Jahre 1882 berichtete der deutsche Anatom Walther Flemming (1843–1905) über seine Untersuchungen an Zellen. Er hatte Methoden entwickelt, Zellen mit einigen der von den Chemikern neu entwickelten, synthetischen Farbstoffe einzufärben. Dabei hatten bestimmte Farbstoffe die Tendenz gezeigt, sich mit bestimmten Zellstrukturen zu verbinden, andere dagegen nicht zu färben. Ein Farbstoff erwies sich dabei als besonders günstig, reagierte er doch mit Material im Innern des Zellkerns. Flemming nannte diese Zellkernsubstanz »Chromatin«, nach dem griechischen Wort für Farbe.

Zu jener Zeit wußte man bereits, daß der Zellkern für die Teilung der Zelle von entscheidender Bedeutung war, denn Zellen, deren Kerne entfernt worden waren, teilten sich nicht weiter. So färbte Flemming ein Gewebe ein, dessen Zellen gerade in der Teilung begriffen waren. Dabei wurden die einzelnen Zellen zwar abgetötet, doch da sie sich in jeweils verschiedenen Phasen des Teilungsprozesses befanden, erhielt Flemming gewissermaßen Momentaufnahmen der Chromatin-Verteilung in diesen einzelnen Stadien. Diese Momentaufnahmen mußte Flemming nur noch in der richtigen Reihenfolge ordnen, um so den Teilungsprozeß in allen Einzelheiten studieren zu können.

Offenbar sammelte sich das Chromatin vor der Zellteilung in winzigen stabförmigen Gebilden, die sich paarweise nebeneinander anordneten. Flemming nannte diese Stäbchen Chromosomen, nach dem griechischen Wort für »gefärbte Körper«. Die Chromosomen reihten sich entlang der Mittelachse des Zellkerns auf und verdoppelten sich dann, gerade so, als ob jedes Chromosom sein eigenes Double produzierte. Damit existierten dann jeweils zwei Paare oder insgesamt vier Exemplare eines jeden Chromosoms.

Anschließend wanderten diese Paare zu den gegenüberliegenden Enden der Zelle, ehe die Zelle eine Trennhaut ausbildete und sich schließlich einschnürte. So bekam jede Tochterzelle den kompletten, paarweisen Chromosomensatz mitgeliefert.

Der belgische Biologe Edouard Joseph van Beneden (1846–1910) untersuchte die Chromosomen im Jahre 1887 genauer und stellte fest, daß unterschiedliche Spezies verschieden viele Chromosomenpaare enthielten. So wissen wir inzwischen, daß jede vollständige menschliche Zelle insgesamt 46 Chromosomen enthält, die in 23 Paaren zueinander angeordnet sind. Beneden fand außerdem, daß die Ei- und Samenzellen der einzelnen Organismen immer nur einen halben Chromosomensatz enthalten, ein Chromosom von jedem Paar (menschliche Samen- und Eizellen verfügen daher über 23 Chromosomen).

Wenn eine Samenzelle die Eizelle befruchtet, entsteht aus der Vereinigung wieder ein kompletter, paarweiser Chromosomensatz mit jeweils einem Anteil des Vaters und der Mutter (befruchtete menschliche Eizellen verfügen also über 23 Chromosomenpaare).

Kurz nach der Wiederentdeckung der Mendelschen Gesetze wies der amerikanische Biologe Walter Stanborough Sutton (1877–1916) im Jahre 1902 darauf hin, daß die Chromosomen sich genauso verhielten, wie man es von den Mendelschen Faktoren erwarten mußte, sie also mit diesen identisch sein mußten: Das Verhalten der Chromosomen steuerte die Vererbung.

Wollte man jedem Chromosom nur den Einfluß auf eine ganz bestimmte Eigenart zubilligen, so konnte ihre Zahl natürlich nicht ausreichen, um die Vielzahl möglicher Eigenschaften zu steuern. Man mußte sich also jedes Chromosom als Molekülkette vorstellen, deren einzelne Mitglieder für eine bestimmte Eigenschaft verantwortlich waren. Der dänische Botaniker Wilhelm Ludwig Johannsen (1857–1927) regte im Jahre 1909 an, diese Moleküle als *Gene* zu bezeichnen, nach dem griechischen Wort für Ursprung. Die Untersuchung dieser Gene ist unter dem Begriff genetische Forschung bekannt geworden.

10 Nukleinsäuren und Mutationen

Der Aufbau der Gene

Was sind die Gene? Welche Moleküle verbergen sich dahinter?

Der erste Hinweis auf eine Antwort kam bereits 1869, lange, bevor jemand anders außer Mendel überhaupt etwas von der Existenz der Gene ahnte. Der Schweizer Biochemiker Johann Friedrich Miescher (1844–1895) hatte in den Zellen eine Substanz nachgewiesen, die sowohl Stickstoff- als auch Phosphoratome enthielt. Da man glaubte, daß diese Substanz in den Zellkernen konzentriert war, nannte man sie schließlich Nukleinsäure.

Später stellte sich heraus, daß es zwei verschiedene Arten von Nukleinsäure gibt: die sogenannte Ribonukleinsäure, kurz RNA (als Abkürzung für den international gebräuchlichen Fachausdruck »ribonucleic acid«), und die Desoxyribonukleinsäure, kurz DNA. Die DNA erwies sich tatsächlich als eine im wesentlichen auf den Zellkern (genauer: die Chromosomen) beschränkte Substanz, während die RNA hauptsächlich in den übrigen Zellteilen vorkommt.

Anfangs wurde den Nukleinsäuren wenig Aufmerksamkeit geschenkt. Man hielt sie für ziemlich einfache Verbindungen, die so wenig komplex erschienen, daß sie allenfalls Routineaufgaben innerhalb der Zelle wahrnehmen konnten. Statt dessen glaubte man, in den Proteinen die eigentlich wichtigen Zellbausteine erkannt zu haben, die in unzähligen Varianten vorkamen und in Einzelfällen einige tausend Atome enthalten konnten.

Proteine bestehen aus Aminosäuren, von denen es zwanzig verschiedene biologisch wirksame Arten gibt. Sie können in beliebiger Weise untereinander kombiniert werden, und man kann sich leicht vorstellen, wie Hunderte solcher Aminosäure-Moleküle zu langen Ketten verbunden sind; dabei können einzelne Arten bis zu 30mal vorkommen. Jede einzelne Anordnung der Aminosäuren führt zu einem anderen Protein mit anderen Eigenschaften und Aufgaben. Die Zahl der möglichen Kombinationen der 20 aktiven Aminosäuren ist weit größer als die Gesamtzahl der im Kosmos vorhandenen Atome – selbst dann, wenn das Universum mit Atomen vollgepackt wäre. Die Vielfalt der möglichen Lebensformen, so

schien es, konnte nur von der unendlichen Vielfalt der Proteine herrühren. Demgegenüber bestehen die Moleküle der Nukleinsäuren aus nur vier verschiedenen
Bausteinen, die als Nukleotide bezeichnet werden; lange Zeit hindurch glaubte
man sogar, daß jedes Nukleinsäure-Molekül nur jeweils vier Nukleotide enthalte,
von jeder Sorte eines.

Der deutsche Biochemiker Martin L. A. Kossel (1853–1927) untersuchte als erster
die Nukleinsäuren genauer. Von 1879 an enthüllte er viele Details ihrer chemischen Struktur. Er erkannte außerdem, daß Samenzellen besonders viel Nukleinsäure enthielten (DNA-Moleküle, wie wir heute wissen), während die dort vorhandenen Proteine weit einfacher aufgebaut waren als gewöhnlich.

Da die Samenzellen das gesamte Erbgut des Vaters tragen und kaum etwas anderes außer dicht gepackten Chromosomenbündeln enthalten, hätte ihre Zusammensetzung wichtige Hinweise liefern können. Rückblickend fällt es leicht, zu
sagen, daß angesichts des Übergewichts an DNA eben diese Substanzen die
Hauptrolle bei der Vererbung spielen mußten, während die Proteine dagegen nur
von untergeordneter Bedeutung sein konnten. Der starke Glaube an die führende
Rolle der Proteine machte es Kossel (und allen anderen Wissenschaftlern der da-
maligen Zeit) jedoch fast unmöglich, eine solche Ansicht zu vertreten.

Im Jahre 1937 erkannte der englische Botaniker Frederick Charles Bawden
(1908–), daß ein Vertreter der kleinsten bekannten Lebensform, ein sogenanntes
Virus, sowohl Nukleinsäure als auch Proteine enthielt. Viren bestehen (wie wir
heute wissen) lediglich aus einem Nukleinsäure-Molekül, das von einer Protein-
hülle umgeben ist.

Alle Viren enthalten offenbar Nukleinsäuren, einige DNA, andere RNA (daneben gibt es noch sehr kleine, virusähnliche Moleküle, die als Prionen bezeichnet
werden, über die jedoch in dieser Hinsicht noch sehr wenig bekannt ist).

Geht man davon aus, daß Viren äußerst einfach aufgebaut sind und wenig mehr
darstellen als isolierte, unabhängige Chromosomen, die sich jedoch bei passender
Gelegenheit vermehren können, dann sollte auch hier der Nachweis von Nukleinsäuren wichtige Aufschlüsse liefern können. Doch die Wissenschaftler, die von

der übergeordneten Rolle der Proteine überzeugt waren, hielten die Proteine der Viren für die entscheidenden Teile, während sie den Nukleinsäuren allenfalls einige untergeordnete Funktionen zubilligten.

Die Wende kam im Jahre 1944. Damals untersuchte der kanadisch-amerikanische Arzt Oswald Theodore Avery (1877–1955) zwei verschiedene Formen des Bakteriums, das Lungenentzündung auslösen konnte. Das eine besaß eine glatte »Haut« und wurde daher »S-Typus« genannt (nach dem englischen Wort für glatt, smooth), während das andere diese Haut nicht aufwies und daher als »R-Typus« bezeichnet wurde (nach dem englischen Wort für rauh, rough).

Anscheinend fehlte dem R-Bakterium ein Gen, das für die Bildung der glatten Haut zuständig war. Wenn aber S-Bakterien abgetötet und aufgelöst wurden, konnte aus den toten Zellen eine Substanz gewonnen werden, die, wenn sie den R-Bakterien »verabreicht« wurde, bei diesen ebenfalls die Bildung einer glatten Haut bewirkte. Der Extrakt der S-Bakterien mußte offenbar das den R-Bakterien fehlende Gen enthalten.

Avery und zwei Mitarbeiter machten sich daran, den Extrakt in reiner Form darzustellen und den entscheidenden Wirkstoff zu isolieren, also all jene Bestandteile herauszuziehen, die mit der Hautbildung nichts zu tun hatten. Am Ende dieser schwierigen Aufgabe mußten sie festellen, daß der Wirkstoff keinerlei Proteine mehr enthielt, sondern aus purer Nukleinsäure bestand. Offenbar war nicht das Protein, sondern die Nukleinsäure das Gen.

Inzwischen begann sich abzuzeichnen, daß auch die Nukleinsäuren wie die Proteine in Wirklichkeit riesige Kettenmoleküle sein mußten, die aus Hunderten, wenn nicht Tausenden von Nukleotiden bestanden. Dieser Umstand war den Chemikern nur deshalb so lange entgangen, weil sie bei ihren herkömmlichen Extraktionsverfahren die riesigen Moleküle in gewisser Weise mit roher Gewalt zerstört hatten; behutsamere Methoden lieferten dann auch tatsächlich die kompletten Moleküle, die sich als wahrhaft gigantisch erwiesen.

Jetzt endlich machten sich die Wissenschaftler ernsthaft Gedanken über die Nukleinsäuren, vor allem die DNA-Moleküle. Der Engländer Francis H. C. Crick

(1916–) und sein amerikanischer Kollege James Dewey Watson (1928–) enthüllten 1953 die Struktur der DNA; sie zeigten, daß die Moleküle aus zwei Nukleotidketten bestanden, die in einer Doppelhelix gewunden waren, also wie zwei parallel verlaufende Wendeltreppen angeordnet waren.

Die beiden Ketten werden untereinander durch chemische Bindungen zwischen den einzelnen Atomen zusammengehalten, wobei jede Seite die exakte Umkehrform ihres Gegenübers darstellt. Wenn also die eine Seite nach vorn gewölbt war, wies die gegenüberliegende Seite eine rückwärtige Wölbung auf, und umgekehrt. So paßten die Bindungen optimal zueinander und konnten die ganze Struktur fest zusammenhalten.

Diese Struktur erklärte auch gleich, wie ein DNA-Molekül sich selbst reproduzieren konnte, wenn es im Zuge der Zellteilung zu einer Verdopplung der Chromosomensätze kam: Die beiden Nukleotidketten wurden wie durch einen Reißverschluß geöffnet, und dann diente jede Seite als »Gußform« für die Bildung einer neuen Nukleotidkette. Diese neue Kette war wiederum dort nach innen gewölbt, wo sich die Gußform nach außen wölbte, und umgekehrt. Wenn man die beiden Stränge der Doppelhelix als A und B bezeichnet, dann ist A die Gußform für einen neuen B-Strang und B die Gußform für einen neuen A-Strang. Die neuen Ketten entstehen unmittelbar hinter der Trennstelle, wo sich die alte Doppelhelix öffnet, so daß in dem Augenblick, wo die ursprüngliche Doppelhelix vollständig aufgetrennt ist, bereits zwei neue, komplette DNA-Moleküle vorliegen, die beide so sauber zusammengefügt sind wie das ursprüngliche Molekül.

Seither haben die Wissenschaftler viele Details darüber herausgefunden, wie das DNA-Molekül die Zelle steuert. Obwohl ein solches Molekül nur aus vier verschiedenen Nukleotiden besteht, kommen die Steuerfunktionen nicht den einzelnen Nukleotiden zu, sondern jeweils Gruppen aus drei aufeinanderfolgenden Nukleotiden. Jede dieser Dreiergruppen (Trinukleide) kann eine der vier verschiedenen Nukleotide an der ersten Stelle aufweisen, ebenso eine der vier Sorten an zweiter und an dritter Stelle. Die Zahl der möglichen Kombinationen ergibt sich damit zu 4x4x4=64.

Jedes Trinukleid entspricht einer bestimmten Aminosäure (da es mehr Trinukleide als biologisch wirksame Aminosäuren gibt, müssen verschiedene Trinukleide der gleichen Aminosäure entsprechen). Ein bestimmter Abschnitt der langen DNA-Kette innerhalb eines Chromosoms (jener Teil, der ein Gen darstellt) kann die Produktion einer Aminosäurekette überwachen, die der eigenen Trinukleidfolge entspricht.

Das Protein, das auf diese Weise gebildet wird, heißt *Enzym* und kann die Geschwindigkeit einer bestimmten chemischen Reaktion innerhalb der Zelle steuern. Alle Gene eines Chromosoms zusammen überwachen die Bildung aller Enzyme einer Zelle; dabei bestimmen die Natur der einzelnen Enzyme und ihre relativen Häufigkeiten die charakteristischen Zellfunktionen. Die einzelnen Zellen zusammengenommen bilden schließlich den Menschen oder ein anderes Lebewesen – je nach der Beschaffenheit der Gene.

Da die Gene von den Eltern an die Nachkommen weitergegeben werden, gehören auch die Nachkommen derselben Spezies an wie die Eltern und besitzen die gleichen physischen Eigenschaften, so daß Hunde nicht nur immer Hundebabys werfen, sondern Beagles immer Beagles, wobei die Jungen eines speziellen Beaglepaares stets auch verwandte Fellmuster und andere Eigenschaften der Eltern aufweisen.

Genetische Veränderungen

Daraus ergibt sich jedoch folgende Frage: Wenn DNA-Moleküle sich selbst identisch reproduzieren und von den Eltern an die Kinder weitergegeben werden, warum hat dann nicht jedes Lebewesen die gleichen Erbanlagen und daher identische physische (äußere) Eigenschaften?

Warum haben sich dann verschiedenartige Spezies entwickelt, und wie? Wie kommt es, daß innerhalb einer einzigen Art – bleiben wir ruhig bei den Beagles – Unterschiede von Wurf zu Wurf auftreten, ja sogar innerhalb eines Wurfes? Warum sehen Geschwister verschieden aus?

Die Antwort ist einfach: Die Replikation der DNA-Moleküle erfolgt nicht absolut perfekt. Wenn die lange Nukleotidkette sich aus den frei in der Zelle umhertreibenden Nukleotiden ein Duplikat zusammenstellt, kommt es gelegentlich vor, daß ein falsches Nukleotid angepaßt und eingebaut wird, bevor der Fehler korrigiert werden kann. Der Strang A hat dann ein geringfügig verändertes Gegenstück B* produziert (der Stern soll auf das an einer Stelle falsch eingebaute Nukleotid verweisen). Bei der nächsten Replikation entsteht an der B*-Gußform eine passende A*-Kette, und von da an bleibt das veränderte DNA-Molekül in den Zellen der Tochtergenerationen dieser speziellen Art erhalten.

Selbst eine kleine Veränderung des DNA-Moleküls kann die Eigenschaften des Lebewesens verändern, mitunter ganz beachtlich. Daher sind die Nachkommen nicht bloße Kopien ihrer Eltern. Manchmal treten bei ihnen Eigenschaften auf, die zwar nicht bei den Eltern, dafür aber bei weiter zurückliegenden Vorfahren beobachtet wurden; gelegentlich findet man aber auch Eigenschaften, die nachweislich von keinem der Vorfahren bekannt sind.

Viehzüchter wußten schon lange, daß mitunter Tiere mit völlig ungewohnter Färbung, abnormal kurzen Beinen oder zwei Köpfen geboren werden oder solche, die andere überraschende, ungewohnte Eigenarten aufweisen; die Wissenschaftler haben solchen Ausreißern der Natur jedoch lange Zeit hindurch keine Beachtung geschenkt.

Im Jahre 1886 bemerkte der holländische Botaniker Hugo Marie De Vries (1848–1935), der später die Mendelschen Gesetze neu entdecken sollte, daß die Blumen in einem Beet, die alle von einer Mutterpflanze stammten, dennoch gewisse Unterschiede aufwiesen. Er züchtete diese Blumen weiter und fand, daß hin und wieder solche Abweichungen zwischen einzelnen Nachkommen und der Elterngeneration auftraten. De Vries nannte diese plötzlichen Veränderungen Mutationen, nach dem lateinischen Wort für verändern.

Als man später die Methode der DNA-Replikation verstehen lernte, wurde deutlich, daß solche Mutationen auf Fehler im Replikationsprozeß zurückgehen.

Aber warum gibt es solche Fehler? Nun, kein Prozeß läuft immer und ewig ohne

Fehler ab. Wenn eine neue Nukleotidkette zusammengefügt wird, besteht immer die Gefahr, daß zufällige Zusammenstöße unter den Molekülen ein falsches Nukleotid an die Gußform heranpressen. Normalerweise wird der Fehler vermieden, da dieses falsche Nukleotid nicht paßt und daher zurückprallt; gelegentlich trifft es aber auch unter einem solchen Winkel auf, daß der Fehler nicht sofort auffällt und der falsche Baustein eingepaßt ist, bevor er wieder abprallen kann.

Ein Vergleich mag diesen Prozeß verdeutlichen. Man stelle sich vor, daß eine große Zahl von Menschen sich zu einer gemeinsamen Veranstaltung trifft und jeder seinen Mantel selbst in der Garderobe aufhängt. Am Ende der Veranstaltung strömen dann alle in die Garderobe, um ihren Mantel wieder abzuholen. Jeder möchte nur seinen eigenen Mantel und weiß noch ungefähr, wo er ihn deponiert hat. Man wird daher annehmen, daß am Ende auch jeder mit dem richtigen Mantel aus der Garderobe herauskommt – und doch weiß jeder, daß hin und wieder jemand zufällig den falschen Mantel erwischt.

Mutationen erfolgen nach dem gleichen Prinzip. Obwohl sie sehr selten auftreten, ist ihre Zahl angesichts der vielen Replikationen unter den Tausenden von Genen und den Milliarden von Zellteilungen absolut gesehen beachtlich. Wahrscheinlich enthält jedes Lebewesen einige Mutationen gegenüber seinen Eltern; sie sind dann für die Unterschiede zwischen den Mitgliedern einer Generation verantwortlich (daneben gibt es noch andere Gründe, die sich vor allem aus einer andersartigen Umwelt ergeben – Menge und Qualität der Nahrung während der Kindheit, das Auftreten von Krankheiten oder Verletzungen, und so weiter). Unter solch zufälligen Veränderungen kann dann die natürliche Auswahl stattfinden und evolutive Kräfte entwickeln.

Die meisten derartigen Veränderungen gereichen, da es sich um Zufallsprodukte handelt, dem einzelnen Lebewesen zum Nachteil. Wenn man versehentlich den falschen Mantel in der Garderobe erwischt, wird sich meist herausstellen, daß er entweder nicht paßt oder nicht dem eigenen Geschmack entspricht. Eine solche »Mutation« kommt ungelegen, und so wird man alles daransetzen, wieder den eigenen, richtigen Mantel zu bekommen.

Äußerst selten kann es dabei auch vorkommen, daß man den falschen Mantel viel passender findet als den eigenen. Wenn man ihn dann auch trotzdem zurückgeben muß, so kann man sich doch dazu entschließen, einen entsprechenden Mantel zu kaufen; in diesem Fall hat die Mutation eine »positive« Veränderung bewirkt.

Auf ähnliche Weise kann sich auch eine genetische Veränderung während der unvollkommenen DNA-Replikation in der einen oder anderen Hinsicht als günstig erweisen. Sie verhilft dem Lebewesen vielleicht zu einer erfolgreicheren Anpassung an die Umwelt und zu zahlreichem Nachwuchs, an den die Mutation zum größten Teil weitergegeben wird.

Selbst wenn es nur eine positive Mutation auf 10 000 ungünstige gäbe, würde die positive sich im Laufe der Zeit immer weiter ausbreiten, während die nachteiligen nach und nach wieder verschwinden. So scheinen die evolutiven Veränderungen stets auf ein Ziel hin zu führen, nämlich zu einer erfolgreicheren Ausgangsposition im täglichen Leben.

Von den vielen erfolglosen Veränderungen, die schon bald wieder aufgegeben werden, merken wir wenig oder gar nichts. Einzig die wenigen positiven Veränderungen fallen auf. Aus diesem Grund fällt es uns schwer zu glauben, daß evolutive Prozesse rein zufällig sind und nicht von einer übergeordneten Intelligenz gesteuert werden. Wenn wir *alle* Veränderungen registrieren könnten, gute und schlechte, träte ihr zufälliger Charakter viel deutlicher in Erscheinung; dann würde auch klar, daß die natürliche Auswahl eine positive Veränderung verstärkt und alle übrigen zurückweist und so den Anschein einer zielgerichteten Entwicklung erweckt.

Die Entwicklung der Menschen ist also das Ergebnis von Mutationen – unvollkommenen DNA-Replikationen –, die den Evolutionsprozeß ermöglichten. Gäbe es diese Mutationen nicht, verliefe die DNA-Replikation absolut fehlerfrei, so hätte die erste entstandene Lebensform immer nur exakte Abbilder ihrer selbst geschaffen, sonst nichts, und dann würden auch heute noch nur identische Nachkommen dieser ersten, einfachen Lebensform existieren.

Allerdings treten solche positiven Mutationen nicht häufig genug auf, um das

Tempo der Evolution erklären zu können. Wenn wir einmal annehmen, daß es eine Million Jahre oder länger dauert, ehe sich eine Art in eine andere entwickelt hat, würde man dies nicht gerade für einen sehr raschen Prozeß halten, und doch reichten die Zufalls-Mutationen dafür nicht aus.

Da solche Mutationen offenbar häufiger auftreten, als sie nach den Gesetzen des Zufalls erwartet werden können, müssen äußere Umstände zu einer erhöhten Mutationsrate führen.

Wir können uns dies noch einmal anhand des Garderoben-Vergleichs klarmachen. Wenn eine ungewohnt große Zahl von Menschen mit falschen Mänteln aus der Garderobe herauskommt, muß irgend etwas den Suchprozeß beeinflußt haben. Zum Beispiel könnte eine Lampe in der Garderobe ausgefallen sein, was die Wahl des richtigen Mantels unter vielen ähnlichen Exemplaren erschweren würde. Vielleicht haben die Gäste aber auch zu tief ins Glas geschaut und in leicht benommenem Zustand nicht mehr klar erkennen können, ob sie den richtigen Mantel mitnehmen. Aber es gibt noch eine dritte Möglichkeit, nämlich das plötzliche Auftreten einer Notsituation. Wenn jemand in die Garderobe gerannt kommt und ruft »Der Bus fährt ab«, dann würde vermutlich jeder schnell nach dem vermeintlich richtigen Mantel grapschen und damit die Fehlerquote beträchtlich erhöhen.

Mutagene Faktoren

Ein solcher die Mutationsrate erhöhender Einfluß kann als mutagener Faktor bezeichnet werden, nach den griechischen Worten für »eine Veränderung auslösend«. Was wären solche mutagenen Faktoren auf der Erde, was könnte die Mutationsrate so erhöhen, daß das beobachtete Evolutionstempo erklärbar wird?

Ein solcher Einfluß wäre ein Ansteigen der Temperaturen. Je höher die Temperatur, desto schneller bewegen sich Atome und Moleküle, und desto schwerer fällt die Auswahl des richtigen Gegenstücks während der DNA-Replikation. Die Mutationsrate würde also mit steigender Temperatur ebenfalls zunehmen. Das Leben hat sich jedoch in den Ozeanen der Erde entwickelt und ist dort auch bis vor etwa 400 Millionen Jahren geblieben – für rund 9/10 der bisherigen Existenzdauer auf unserem Planeten also.

Die Umweltbedingungen sind aber im Wasser wesentlich gleichförmiger als auf dem trockenen Land: Die Wassertemperatur schwankt im Laufe der Jahreszeiten oder von Jahr zu Jahr weit weniger als die Lufttemperatur. Temperaturwechsel können also während 90 Prozent der Zeit keinen großen Einfluß auf die Mutationsrate gehabt haben und damit auch nicht für das beobachtete Evolutionstempo verantwortlich gemacht werden.

Bestimmte Chemikalien können ebenfalls als mutagene Faktoren in Erscheinung treten, wenn sie dazu neigen, sich mit den DNA-Molekülen zu verbinden, und so durch ihre Anwesenheit zu Störungen bei der Replikation führen. Sie können aber auch die Anordnung einzelner Atome innerhalb der DNA-Moleküle verändern und so bei der nächsten Replikation für fehlerhafte Gußformen sorgen.

Allerdings werden Lebensformen, die leicht von Chemikalien in ihrer Umwelt beeinträchtigt werden, so viele Mutationen erfahren, daß sie sehr bald aussterben werden, da die meisten dieser Mutationen zum Nachteil gereichen. Die natürliche Auswahl wird viel eher jene Mutationen bevorzugen, die aus dem einen oder anderen Grund unempfindlich gegenüber den chemischen Einflüssen sind, so daß wir am Ende auch in diesem Fall keine Beschleunigung der Evolution erwarten können. Heutzutage sind solche mutagenen Chemikalien dagegen zu einem ernsten Problem geworden. Die Chemiker haben Tausende von neuen Verbindungen entwickelt, die in der Natur nicht vorkommen, und diese Stoffe sind zum Teil in beachtlichen Mengen in die Umwelt gelangt. Darunter befinden sich auch mutagene Verbindungen. Weil aber die Lebewesen zuvor noch nie mit solchen Substanzen in Berührung kamen, hatten sie auch keine Gelegenheit, durch natürliche Auswahl eine Resistenz zu entwickeln. So können viele Lebensformen, darunter auch der Mensch, von solchen Substanzen ernsthaft bedroht werden.

Einige Mutationen zum Beispiel wandeln normale Zellen durch die Produktion eines abnormalen *Oncogens* in Krebszellen um (der Wortteil »onco« bezeichnet im Griechischen ein wucherndes Wachstum, wie es für Krebs typisch ist). Die entsprechenden Mutagene werden unter dem Begriff *Karzinogene* zusammengefaßt, nach dem griechischen Wort für Krebs (eine Krebsgeschwulst breitet sich vielfach ähnlich wie die Füße eines Krebses in alle Richtungen aus).

Mit Ausnahme dieses letzten Jahrhunderts und seiner Entwicklung der chemischen Großindustrie haben chemische Mutagene in der Milliarden Jahre währenden Geschichte des Lebens keine besondere Rolle gespielt, so daß auch sie nicht für das rasante Tempo der Evolution verantwortlich gemacht werden können.

Einen weitaus wirksameren mutagenen Faktor fand der amerikanische Biologe Hermann Joseph Muller (1890–1967). Er untersuchte die Vererbung zufälliger Mutationen bei Fruchtfliegen, wollte sich aber nicht mit der normalen Mutationsrate zufriedengeben, weil dies selbst bei der raschen Generationenfolge der Fruchtfliege zu lange Wartezeiten erfordert hätte, und suchte deshalb nach Möglichkeiten, die Mutationsrate zu steigern.

Im Jahre 1919 versuchte er es zunächst mit einer Erhöhung der Temperatur; die Mutationsrate stieg zwar an, aber noch nicht genug.

Da kam ihm die Idee, es mit Röntgenstrahlen zu versuchen. Sie waren energiereicher als die »sanften« Wärmestrahlen und würden die Fruchtfliegen vollständig durchdringen können; wenn sie dabei auf ein Chromosom träfen, wären sie wohl in der Lage, hier und dort Atome aus dem DNA-Molekül herauszuschlagen. Solche chemischen Veränderungen mußten unausweichlich zu einer Mutation führen. Muller hatte zwar keine Vorstellung von der chemischen Zusammensetzung der Gene (sie wurde erst 30 Jahre später entschleiert), doch war er sicher, daß die Röntgenstrahlen ihre Spuren hinterlassen würden.

Er behielt recht. Im Jahre 1926 konnte er zweifelsfrei beweisen, daß Röntgenstrahlen die Mutationsrate gewaltig vergrößerten.

Nun interessierten sich auch andere Wissenschaftler für diese Erscheinung, und

bald wurde deutlich, daß jede Form energiereicher Strahlung die Mutationsrate ansteigen ließ, UV-Strahlung ebenso wie die Strahlung radioaktiver Substanzen. Wie aber konnte energiereiche Strahlung für das rasante Evolutionstempo verantwortlich gemacht werden?
Röntgenstrahlen werden auf der Erde erst seit knapp einem Jahrhundert künstlich und in größeren Mengen erzeugt, während sie in der Natur so gut wie gar nicht auftreten. Zwar produziert die Sonnenkorona ebenso wie andere Himmelsobjekte ständig Röntgenstrahlung, doch wird sie zum größten Teil innerhalb der Erdatmosphäre absorbiert und kann daher kaum bis zum Erdboden vordringen.
Radioaktive Substanzen gibt es dagegen sehr wohl auf der Erde, und in der Anfangszeit des Lebens war ihre Menge vielleicht doppelt so groß wie heute. Allerdings konzentrieren sie sich auf die feste Erdkruste, so daß die Lebensformen im Wasser von ihrer Strahlung kaum beeinträchtigt werden konnten. Da sie darüber hinaus sehr ungleichförmig in der Erdkruste verteilt sind, gibt es selbst auf dem Festland nur wenige Plätze, an denen die natürliche Strahlenbelastung so hoch ist, daß sie als wichtiger mutagener Faktor eine Rolle spielen kann.
Die UV-Strahlung der Sonne ist in einer Hinsicht weniger gefährlich als die Röntgenstrahlen oder die Strahlung radioaktiver Substanzen, weil sie weniger energiereich ist. Dafür ist UV-Strahlung im Sonnenlicht immer enthalten, war sie vor allem in der Frühzeit des Lebens vorhanden, als sich die UV-absorbierende Ozonschicht in der oberen Atmosphäre noch nicht gebildet hatte.
Der UV-Anteil des Sonnenlichts scheint ein unabwendbarer Faktor zu sein. Vor der Ausbildung des Ozonschicht konnte genügend harte, energiereiche UV-Strahlung bis zum Erdboden vordringen und nicht nur Mutationen auslösen, sondern auch jene chemischen Veränderungen, die unmittelbar zum Tode der Lebewesen führen mußten. Vielleicht hat es deswegen so lange gedauert, bis das Leben das Festland eroberte. Bevor der Ozonschild der Erde die harte UV-Strahlung abzublocken begann, dürfte der Ausstieg aufs Festland und damit in die volle UV-Strahlung tödlich gewesen sein.
Im Wasser dagegen wird auch die harte UV-Strahlung wirksam absorbiert. So

könnten die Lebensformen im Meer dazu übergegangen sein, tagsüber bei starker Sonneneinstrahlung ein paar Dezimeter tief unter die Oberfläche abzusinken, um abends, wenn die Sonne in Horizontnähe stand, wieder aufzutauchen. Pflanzenzellen, die das Sonnenlicht für ihren Stoffwechsel benötigten, mußten dabei jene Tiefe aufsuchen, in der ihnen noch genügend Sonnenlicht zur Verfügung stand, aber die gefährliche UV-Strahlung bereits wirksam abgehalten wurde. Nachdem sich die Pflanzenzellen erst einmal entwickelt hatten, wuchs alsbald der Sauerstoffgehalt der Atmosphäre, so daß sich allmählich auch die schützende Ozonschicht ausbilden konnte; damit war die Gefahr der UV-Strahlung schließlich gebannt.

Wenn aber alle mutagenen Faktoren, die wir in diesem Abschnitt diskutiert haben, ziemlich wirkungslos geblieben sind, wie können wir das rasante Evolutionstempo erklären? Für die Antwort auf diese Frage müssen wir einen neuen Ansatz suchen.

Kosmische Strahlung

Nach der Entdeckung der Radioaktivität im letzten Jahrzehnt des vergangenen Jahrhunderts mußten die Wissenschaftler zunächst Geräte zum Nachweis der radioaktiven Strahlung entwickeln. Dabei stellten sie zu ihrer Überraschung fest, daß diese Geräte auch dann eine Strahlung registrierten, wenn keine bekannte radioaktive Quelle in der Umgebung war. Die Signale konnten sogar auch dann noch beobachtet werden, wenn man die Apparatur mit Bleiplatten abschirmte – eine Methode, die bei allen bis dahin bekannten Strahlungsarten als Schutz ausgereicht hatte.

Offenbar existierte noch eine weitere Strahlung, die nicht nur von einer unbekannten Quelle stammte, sondern darüber hinaus auch weit durchdringender (und damit energiereicher) als alle bekannten Strahlungsarten sein mußte – energiereicher jedenfalls als die Gammastrahlen, die von bestimmten radioaktiven Substanzen ausgingen und die ihrerseits schon energiereicher als die Röntgenstrahlen waren.

Man nahm zunächst an, daß diese neue Form der Strahlung aus unbekannten Quellen in der Erdkruste stammte und Ausdruck einer Art Superradioaktivität war, doch gab es dafür keinerlei Anhaltspunkte. Schließlich kam der österreichische Physiker Victor Franz Hess (1883–1964) auf den Gedanken, man könne diese Hypothese überprüfen, indem man Strahlungsdetektoren von einem Ballon hoch in die Atmosphäre tragen lasse. Falls die Strahlungsquelle wirklich im Erdboden zu suchen war, sollte die Intensität der Strahlung mit steigender Höhe immer geringer werden.

Von 1911 an unternahm Hess mit seinen Instrumenten insgesamt 10 Ballonaufstiege, fünf tagsüber und fünf während der Nacht; einer der Aufstiege während der Tagstunden fiel mit einer totalen Sonnenfinsternis zusammen. Zu seiner Überraschung mußte er feststellen, daß die Ergebnisse auf eine ganz andere Herkunft der Strahlung schließen ließen: Je höher der Ballon aufstieg, desto stärker wurde die Intensität der durchdringenden Strahlung; sie konnte also nicht aus dem Erdboden stammen, sondern mußte von irgendwo am Himmel herkommen. Die Sonne kam allerdings hierfür nicht in Frage, denn die Meßdaten fielen tagsüber und während der Nachtstunden gleich aus.

Soweit Hess und andere Wissenschaftler herausfinden konnten, schien die Strahlung gleichmäßig aus allen Richtungen des Himmels zu kommen. Der amerikanische Physiker Robert Andrews Millikan (1868–1953) nannte sie daraufhin »kosmische Strahlung«, und der Begriff setzte sich allgemein durch. Millikan nahm an, daß es sich bei der kosmischen Strahlung um eine spezielle Form der elektromagnetischen Strahlung handelte, eine extreme Variante des sichtbaren Lichtes also. Elektromagnetische Strahlung verhält sich wie eine Wellenerscheinung. Je kürzer die Wellenlänge, desto energiereicher die Strahlung. Sichtbares Licht zum Beispiel hat bereits ziemlich kurze Wellenlängen; dabei besitzt rotes Licht noch die längsten Wellen und die geringste Energie, und über die Regenbogenfarben rot, orange, gelb, grün, blau und violett nimmt die Wellenlänge ab, die Energie dagegen zu.

Die Wellenlängen der UV-Strahlung sind noch kürzer als die von violettem Licht, und so sind die UV-Strahlen energiereicher als sichtbares Licht jeglicher Wellenlängen. Röntgenstrahlen verfügen über noch kürzere Wellenlängen als die UV-Strahlung, werden hierin aber noch von den Gammastrahlen übertroffen. Millikan glaubte nun, daß die kosmische Strahlung mit ultrakurzer Gammastrahlung vergleichbar wäre und deshalb energiereicher und durchdringender sei als jene. Dagegen stand die Auffassung eines anderen amerikanischen Physikers, Arthur Holly Compton (1892–1962), nach der die kosmische Strahlung aus sehr schnellen, elektrisch geladenen Elementarteilchen bestand; ihre Energie basierte auf ihrem Impuls, also auf Masse und Geschwindigkeit.

Es gab nur einen Weg, wie man diesen Streit eventuell schlichten konnte.

Falls die kosmische Strahlung wirklich elektromagnetischer Natur war, konnte sie keine elektrische Ladung besitzen und würde daher vom Erdmagnetfeld unbeeinflußt bleiben, so daß sie überall auf der Erde in gleicher Weise aus allen Richtungen des Himmels auftreffen mußte.

Bestand die kosmische Strahlung dagegen aus elektrisch geladenen Teilchen, müßten diese Partikeln vom Magnetfeld der Erde in Richtung zu den magnetischen Polen abgelenkt werden. Allerdings würde diese Ablenkung aufgrund der hohen Energie der Teilchen nur sehr gering ausfallen. Compton rechnete vor, daß die Ablenkung dennoch groß genug sei, um nachgewiesen werden zu können, und entsprechend die Intensität der kosmischen Strahlung mit wachsendem Abstand vom Erdäquator zunehmen sollte.

Von 1930 an begann Compton, auf unserem Planeten herumzureisen, um seine Hypothese zu überprüfen. Es gelang ihm tatsächlich der Nachweis, daß seine Deutung der kosmischen Strahlung als energiereiche, elektrisch geladene Partikeln richtig war: Compton fand eine Abhängigkeit der Intensität von der geographischen Breite. Millikan hielt zwar beharrlich an seiner Hypothese fest, doch schlossen sich immer mehr Physiker der Ansicht Comptons an. Heute besteht kein Zweifel mehr an der Partikelnatur der kosmischen Strahlung.

Die kosmische Strahlung besteht zum überwiegenden Teil aus positiv geladenen Atomkernen der beiden einfachsten chemischen Elemente Wasserstoff und Helium, die im Verhältnis 10 zu 1 beobachtet werden; daneben gibt es einen kleinen Anteil an schwereren Atomkernen bis hin zu Eisenatomen. Damit ähnelt die Häufigkeit der Atomkerne in der kosmischen Strahlung der Häufigkeit der chemischen Elemente im Kosmos.

Es ist gar nicht verwunderlich, daß die kosmischen Strahlen eine so hohe Durchschlagskraft besitzen, da sich die Teilchen wesentlich schneller bewegen als vergleichbare Partikel, die sonst in der Umgebung der Erde anzutreffen sind, einschließlich der Teilchen, die beim Zerfall radioaktiver Substanzen freigesetzt werden. Die energiereichsten Partikel der kosmischen Strahlung rasen mit Geschwindigkeiten durch das Universum, die nur knapp unterhalb der Lichtgeschwindigkeit liegen (bekanntlich bildet die Lichtgeschwindigkeit ein absolutes Tempolimit für alle materiellen Teilchen).

Die Existenz dieser kosmischen Strahlungsteilchen ist für die biologische Evolution von entscheidender Bedeutung. Diese Teilchen können nämlich aufgrund ihrer hohen Energie Mutationen auslösen – und tun dies auch.

Die kosmischen Strahlungsteilchen treffen bei weitem nicht in vergleichbaren Mengen auf die Erdoberfläche wie etwa die UV-Strahlung der Sonne oder die Röntgenstrahlen eines medizinischen Apparates oder die Strahlung radioaktiver Substanzen. Doch während man die Nähe zu Röntgenquellen oder radioaktiven Substanzen meiden und sogar der nahezu allgegenwärtigen UV-Strahlung dadurch ausweichen kann, daß man im Schatten verweilt, gibt es gegen die Teilchen der kosmischen Strahlung keinen praktikablen Schutz.

Gewiß, man könnte sich tief ins Innere eines Berges oder Bergwerkes zurückziehen oder sich in einer Luftblase am Boden eines tiefen Sees einquartieren oder sich mit einem meterdicken Bleipanzer schützen, doch die überwiegende

Mehrzahl der Lebewesen befolgt solche Vorsichtsmaßnahmen nicht noch hat sie solche Strategien je befolgt.

Über Milliarden von Jahren hindurch haben die Lebewesen von energiereicher elektromagnetischer Strahlung oder der Strahlung radioaktiver Substanzen oder mutagenen Chemikalien wenig zu befürchten brauchen, aber sie waren einem ständigen Bombardement der kosmischen Strahlung ausgesetzt, Tag und Nacht, wo immer sie sich gerade aufhielten. Die Atmosphäre und das Wasser der Ozeane vermochten zwar den größten Teil der gewöhnlichen Strahlung von der Sonne und von den übrigen Himmelsobjekten abzublocken, aber gegenüber den Teilchen der kosmischen Strahlung blieben sie wirkungslos.

Dabei kommen die Teilchen der eigentlichen kosmischen Strahlung (»Primärstrahlung«) gar nicht am Erdboden an. Sie stoßen vielmehr mit den Atomen und Molekülen der Erdatmosphäre zusammen, werden dabei abgebremst und schließlich absorbiert. Bei diesen Zusammenstößen entstehen jedoch neue, ebenfalls noch sehr energiereiche und damit mutagene Partikel (»Sekundärstrahlung«), die bis zur Erdoberfläche vorstoßen und tief in die Kruste und das Ozeanwasser eindringen können.

Man kann davon ausgehen, daß das ständige Bombardement der irdischen Lebensformen durch die kosmische Strahlung sanft genug war, um das Überleben der Organismen nicht zu gefährden, aber auch intensiv genug, um die Mutationsrate deutlich über das Niveau zu heben, das sich aus der bloßen Unvollkommenheit des Replikationsmechanismus oder dem Mitwirken der übrigen unzureichenden mutagenen Faktoren ergäbe.

Die Teilchen der kosmischen Strahlung sind also mehr als alle anderen Einflüsse verantwortlich für eine hohe Mutationsrate, die dann der Natur genügend Ausgangsmaterial für eine rasche Evolution bereitstellte. Wir verdanken unsere Existenz somit eigentlich diesen Teilchen der kosmischen Strahlung, denn ohne sie wäre die Evolution so langsam abgelaufen, daß sie bis heute vielleicht noch nicht über das Stadium wurmähnlicher Organismen in den Meeren hinausgekommen wäre.

Wo aber kommt die kosmische Strahlung her?

Da die Teilchen aus allen Himmelsrichtungen auftreffen, können sie nicht mit irgendeinem bestimmten Objekt oder auch nur einer Objektgruppe in Verbindung gebracht werden. Wir können nicht einmal davon ausgehen, daß einzelne Teilchenschauer von einem Objekt stammen, das zufällig in der gleichen Blickrichtung steht, aus der die Teilchen zu kommen scheinen.

Elektromagnetische Strahlung breitet sich stets auf scheinbar geradem Wege aus und wird allenfalls in unmittelbarer Nähe massereicher Körper von eben diesem geraden Wege abgebracht. Wenn man also in irgendeiner Richtung einen Lichtstrahl sieht, kann man davon ausgehen, daß die Strahlungsquelle in der gleichen Richtung zu finden ist: Betrachtet man einen Stern im sichtbaren Licht, so blickt man auf den Stern, wenn man sein Licht sieht. Wir haben uns so an diese geradlinige Ausbreitung des Lichtes gewöhnt, daß uns jemand für verrückt erklären würde, wollten wir betonen, daß »ein Stern stets in der Richtung zu finden sei, in der man ihn sieht«. Wo sollte er anders stehen?

Entsprechendes gilt für jede andere Form der elektromagnetischen Strahlung – sie stammt ebenfalls aus der Gegend, aus der wir die Strahlung empfangen; darauf können wir uns – zumindest in den allermeisten Fällen – verlassen.

Anders elektrisch geladene Teilchen: sie bewegen sich nicht notwendigerweise auf einer geraden Bahn weiter, sondern werden von magnetischen Feldern beeinflußt – und die Galaxis ist voll solcher magnetischer Felder. Ein Teilchen der kosmischen Strahlung hat daher in der Regel einen ziemlich verschlungenen Pfad hinter sich, bevor es auf die Erde trifft, einen Pfad, der von all den passierten Magnetfeldern beeinflußt wird.

Wenn das Teilchen sich schließlich der Erde nähert, ist dieser letzte Teil der Flugbahn alles andere als typisch für die Bahn, auf der es in einer Entfernung von vielleicht 12 Lichtjahren geflogen ist. Dies ist so ähnlich, wie wenn man einen Vogel oder eine Fledermaus auf sich zukommen sieht und diese Flugbahn in der rückwärtigen Verlängerung auf einen fernen Baum zuführt: dies muß nicht unbedingt heißen, daß der Vogel oder die Fledermaus wirklich von diesem Baum losgeflogen sind, weil sie unterwegs ihre Flugrichtung leicht ein Dutzend Mal verändert haben können.

Wenn aber jedes einzelne Teilchen der kosmischen Strahlung auf seinem eigenen, komplizierten Weg zu uns gelangt, ist es nicht verwunderlich, daß die Teilchen insgesamt aus allen Richtungen des Himmels zu kommen scheinen und man keines von ihnen bis zu seinem Ursprungsort zurückverfolgen kann.

Wir wissen jedoch, daß die Partikel der kosmischen Strahlung sehr energiereich sind und daß es am Ort ihrer Entstehung äußerst turbulent zugehen muß. Von einem vergleichsweise ruhigen Ort gehen keine energiereichen Teilchen aus.

Das energiereichste Objekt im Sonnensystem ist zweifellos die Sonne selbst, und der heftigste Prozeß auf ihrer Oberfläche ist ein Sonnenflare. Genügt die bei einem Sonnenflare freigesetzte Energie, um Teilchen der kosmischen Strahlung zu produzieren?

Die Frage ist so nie gestellt worden, aber die Antwort kam trotzdem und drängte sich den Wissenschaftlern geradezu auf. Gegen Ende Februar 1942 wurde ein großes Sonnenflare mitten auf der Sonne beobachtet, und dies bedeutete, daß es genau in Richtung Erde »feuerte«. Kurz darauf registrierte man einen Schauer vergleichsweise schwacher kosmischer Strahlungsteilchen. Sie trafen aus Richtung Sonne ein, und dies konnte als Beweis für ihren solaren Ursprung akzeptiert werden, da die kosmischen Teilchen auf dem kurzen Weg zwischen Sonne und Erde kaum meßbar von ihrer ursprünglichen Bewegungsrichtung abgeleitet worden sein konnten.

Seither hat man zahlreiche solcher Schauer der »weichen« kosmischen Strahlung im Anschluß an Sonnenflares registriert, sofern diese Flares an den passenden Stellen der Sonne beobachtet worden waren.

Heute erscheint uns dies alles andere als überraschend. Der Sonnenwind ist bekanntlich eine nach außen gerichtete Strömung, die vorwiegend Wasserstoff- und Heliumatomkerne enthält. Diese Atomkerne besitzen bereits eine gewisse Energie, jagen sie doch mit Geschwindigkeiten von einigen hundert Kilometern pro Sekunde durch das Sonnensystem. Sonnenflares sind besonders energiereiche

Prozesse auf der Sonnenoberfläche, und sie produzieren nichts anderes als starke »Böen«, innerhalb derer die Teilchen mit wesentlich höherer Geschwindigkeit fliegen. Wenn ein Flare genügend Energie freisetzt und die Sonnenwindteilchen stark genug beschleunigt, werden sie zu Teilchen der kosmischen Strahlung.

Die Teilchen der kosmischen Strahlung unterscheiden sich also lediglich durch ihre Geschwindigkeit und damit ihre Energie von den Teilchen des Sonnenwindes – so wie sich Röntgenstrahlung nur durch die kürzeren Wellenlängen und damit die höhere Energie von sichtbarem Licht unterscheidet.

Trotzdem kann die Sonne nur hin und wieder Teilchenschauer an der unteren Energiegrenze der kosmischen Strahlung freisetzen. Zur Produktion energiereicherer Partikeln in so großen Mengen, daß sie die ganze Galaxis erfüllen können, bedarf es wesentlich größerer Energien, als sie von der eigentlich ruhigen Sonne in ihren »besten Jahren« bereitgestellt werden können.

Bei der Suche nach geeigneteren Prozessen stoßen wir unvermeidlich auf die Supernova-Explosionen, die auf stellarer Ebene die gewaltigsten Energiemengen freisetzen, und es erscheint durchaus vernünftig, davon auszugehen, daß bei jeder dieser Explosionen ein unvorstellbar heftiger und energiereicher stellarer Sturm in alle Richtungen davontreibt.

Diese Teilchen sind energiereich genug, um für die kosmische Strahlung in Betracht zu kommen. Sie fliegen mit hoher Geschwindigkeit durch das Beinahe-Vakuum des interstellaren Raumes, ohne eine Abbremsung zu erfahren. Im Gegenteil können sie, wenn sie von Magnetfeldern abgelenkt werden, noch näher an die Lichtgeschwindigkeit heran beschleunigt werden. Je mehr Energie sie aufnehmen, desto weniger lassen sie sich durch Magnetfelder von einer geraden Flugbahn abbringen, so daß sie schließlich selbst unsere Galaxis verlassen und in den noch leereren intergalaktischen Raum vordringen können.

Doch längst nicht alle Teilchen der kosmischen Strahlung nehmen diesen Weg. Eine Reihe von ihnen trifft auf der langen Reise mit Materie zusammen, sei es nun ein vereinzeltes Atom oder Staubkorn der interstellaren Materie oder ein Stern oder ein anderes Hindernis wie etwa die Erde.

Die Zahl der im Zusammenhang mit allen bisherigen Supernova-Explosionen innerhalb unserer Galaxis freigesetzten kosmischen Strahlungsteilchen ist groß genug, um die pro Sekunde registrierten »Treffer« auf der Erde erklären zu können. Zwar verläßt ein bestimmter Prozentsatz dieser Teilchen der galaktischen Supernovae unsere Galaxis, doch wird dieser Verlust im Gegenzug durch jene Teilchen ausgeglichen, die von anderen Galaxien zu uns herüberkommen.

Damit müssen wir also feststellen, daß die Supernovae nicht nur das Rohmaterial bereitstellten, aus dem die Erde und die lebende Materie auf unserem Planeten entstehen konnten, daß sie weiterhin nicht nur die Wärme lieferten, die jene Gas- und Staubwolke, aus der sich später unser Sonnensystem bildete, vor einer vorzeitigen Kondensation bewahrte, daß sie darüber hinaus nicht nur durch eine gelegentliche Schockwelle schließlich die Entstehung des Sonnensystems und damit der Erde anregten, sondern daß sie auch noch die treibende Kraft für die evolutiven Veränderungen des Lebens auf unserer Erde zu immer komplexeren Organismen darstellen und damit am Ende auch die Entwicklung der Menschen ermöglicht haben.

Supernovae sind somit titanische Schmelztiegel im Kosmos, gewaltige Hochöfen, die jene Stoffe produzieren, aus denen Leben ist, und die ihre Umgebung so umgestalten, daß die Entstehung dieses Lebens und seine Entwicklung – zumindest einmal – möglich wurde.

11 Die Zukunft

Das Erdmagnetfeld

Die bislang beschriebene Rolle der Supernovae für uns Menschen war rundherum positiv. Ist es aber denkbar, daß Supernovae uns unter gewissen Voraussetzungen auch zum Nachteil gereichen, ja bedrohen können? Können sie eventuell den Fortbestand der Menschheit ernsthaft gefährden? Den Fortbestand des Lebens insgesamt auf dieser Erde?

Zweifellos wird eine Supernova in unserer unmittelbaren Umgebung todbringende Energiemengen freisetzen. Würde dieses Schicksal unsere Sonne ereilen, so würde nicht nur das Leben auf diesem Planeten binnen kürzester Zeit ausgelöscht, sondern der gesamte Planet atomisiert. Schon ein bloßer Novaausbruch würde vermutlich reichen, um die Erde zu sterilisieren.

Ich habe jedoch schon mehrfach darauf hingewiesen, daß wir derartige Ereignisse nicht zu befürchten brauchen: Unsere Sonne ist weder genügend massereich noch Partner eines engen Doppelsternsystems, um jemals als Nova oder gar Supernova aufzuleuchten. Sie wird sich vielmehr in fünf bis sechs Milliarden Jahren zu einem mittelmäßigen Roten Riesen aufblähen und wenig später zu einem Weißen Zwerg schrumpfen, doch bis dahin droht dem Leben von dieser Seite her keine Gefahr (allenfalls der ziemlich unwahrscheinliche Fall einer engen Begegnung mit einem anderen Stern könnte das Entwicklungstempo der Sonne beeinflussen).

Bedeutet der Supernova-Ausbruch eines anderen Sterns in der Sonnenumgebung eine ähnlich große Gefahr? Selbst die nächsten Sterne, die man als mögliche Kandidaten für ein solches Ereignis ansieht, sind derzeit mehr als 300 Lichtjahre entfernt. Würde einer von ihnen morgen als Supernova aufblitzen, so könnte dies zwar einige unangenehme Folgen für uns haben, doch wäre die Menschheit insgesamt über eine solche Entfernung davon wahrscheinlich nicht bedroht.

Die vergleichsweise nahen Supernovae der Vergangenheit haben schließlich bei uns auch keine erkennbaren Spuren hinterlassen, weder die Supernova des Jahres 1054, die den Crabnebel entstehen ließ, noch jene prähistorische Supernova im Sternbild Vela, die nahe genug war, um einige Tage lang so hell wie der Vollmond zu leuchten; jedenfalls wissen wir von keinerlei Folgeerscheinungen. Einzig der starke Auswurf kosmischer Strahlungsteilchen könnte auch bei entfernteren Supernovae direkte Auswirkungen auf der Erde zeigen, und so wollen wir diesen Punkt noch einmal genauer betrachten.

Die Gesamtenergie der auf die Erde treffenden kosmischen Strahlung ist überraschend groß. Sie wird etwa ähnlich hoch eingeschätzt wie die Gesamtenergie des auf die Erde treffenden Sternlichtes (mit Ausnahme des Sonnenlichtes). Zwar ist die Zahl der ankommenden kosmischen Strahlungsteilchen wesentlich geringer als die der ankommenden Lichtteilchen, doch sind die einzelnen Partikeln der kosmischen Strahlung wesentlich energiereicher als die einzelnen Photonen.

Im großen und ganzen ist die »Trefferrate« der kosmischen Strahlung ziemlich gleichbleibend, wenn man von den gelegentlichen niederenergetischen Teilchenschauern eines Sonnenflares absieht. Aber nehmen wir einmal an, daß diese Trefferrate aus irgendeinem Grund eine Zeitlang deutlich ansteigt. Könnte dies Schaden anrichten? Die Antwort lautet: Ja!

Die Teilchen der kosmischen Strahlung führen zu Mutationen, die für das bisherige Tempo der Evolution unerläßlich waren, doch dürfen wir dabei nicht vergessen, daß der überwiegende Teil der Mutationen schädliche Auswirkungen zeigt. Zum Glück sorgt die natürliche Auslese unter normalen Bedingungen dafür, daß die wenigen positiven Mutationen überleben und sich langsam ausbreiten, während die Träger nachteiliger Veränderungen allmählich aussterben. Doch selbst unter diesen normalen Bedingungen bauen solche negativen Mutationen eine gewisse »Erblast« auf, die dazu führt, daß ein bestimmter Prozentsatz der jeweiligen Population für den Überlebenskampf unzureichend ausgestattet ist.

Was aber, wenn die Bedingungen nicht länger als normal bezeichnet werden können? Wenn die Intensität der kosmischen Strahlung vorübergehend deutlich über das normale Niveau ansteigt? Dies würde eine Zunahme der Mutationsrate auslösen und damit eine Zunahme der Erblast. Diese Erblast könnte so groß werden, daß die Population der betroffenen Art ziemlich plötzlich dezimiert würde und die wenigen positiven Mutationen nicht mehr in der Lage wären, die Situation zu retten – das völlige Aussterben dieser Art wäre die bittere Konsequenz, und es würde vermutlich nicht nur eine Art treffen.

Aber kann die Intensität der kosmischen Strahlung vielleicht auch noch aus einem *anderen* Grund als durch den Ausbruch einer nahen Supernova meßbar ansteigen? Bedauerlicherweise *kann* dies sehr wohl passieren, und möglicherweise droht uns während der nächsten paar tausend Jahre ein solcher unabwendbarer Anstieg auch ohne Supernova-Ausbruch. Um dies zu verstehen, müssen wir in Gedanken noch einmal etwas zurückblättern.

Nicht alle kosmischen Strahlungsteilchen, die in die Nähe der Erde gelangen, treffen auch wirklich mit ihr zusammen. Die Erde besitzt ein Magnetfeld, wie wir seit den Tagen des englischen Physikers William Gilbert (1544–1603) wissen; er veröffentlichte im Jahre 1600 ein Büchlein, in dem er seine Experimente mit einer Kugel aus magnetischem Material beschrieb. Eine Kompaßnadel verhielt sich in der Umgebung dieser Kugel genauso wie auf der Erde, und daraus schloß Gilbert, daß auch die Erde in gewisser Weise eine Kugel aus magnetischem Material sein müsse.

Wenn man sich vorstellt, daß Punkte gleicher Magnetstärke durch stetige Kurven miteinander verbunden werden, so erhält man eine ganze Schar magnetischer Kraftlinien (»Feldlinien«). Sie alle gehen von zwei einander gegenüberliegenden Punkten der Erdoberfläche aus, die als die magnetischen Pole bezeichnet werden; dabei liegt der magnetische Nordpol auf der Südhalbkugel der Erde am Rande der Antarktis, der magnetische Südpol dagegen auf der Nordhalbkugel am Rande des nordamerikanischen Kontinents. Dazwischen verlaufen die Feldlinien nach außen gewölbt in annähernd Nord-Süd-Richtung um die Erde herum und erreichen ihre größte Höhe etwa auf halber Strecke zwischen den beiden Polen.

Jedes elektrisch geladene Teilchen, das von außen an die Erde herankommt, muß auf dem Weg zur Erdoberfläche herab diese magnetischen Feldlinien kreuzen, und das kostet Energie. Das eindringende Teilchen verliert also an Energie und damit an Geschwindigkeit, und falls es nicht genau auf den magnetischen Äquator zufliegt, wird es auch noch in Richtung zu den magnetischen Polen hin abgelenkt.

Je geringer die Energie eines Teilchens ist, desto stärker unterliegt es dieser Ablenkung, und so können niederenergetische Teilchen vom irdischen Magnetfeld so abgelenkt werden, daß sie längs der Magnetfeldlinien zu den Polen gleiten müssen und erst dort in die oberen Atmosphäreschichten eindringen können.

Die kosmischen Strahlungsteilchen sind so energiereich, daß sie vom irdischen Magnetfeld nur geringfügig abgelenkt werden. Jene Teilchen jedoch, die ohne diese Störeinwirkung nur eben noch streifend auf die Erdoberfläche prallen würden, sausen aufgrund der magnetischen Ablenkung vorbei; und jene, die unter schrägem Winkel anfliegen, können so abgelenkt werden, daß sie nicht in den dicht besiedelten äquatornahen und gemäßigten Breiten aufschlagen, sondern in den dünnbesiedelten polnahen Regionen.

Das Erdmagnetfeld reduziert die Folgen der kosmischen Strahlung also geringfügig und senkt damit das mögliche Gefahrenpotential ab, ohne gleichzeitig ihren positiven Einfluß auf die Mutationsrate und damit das Evolutionstempo in Frage zu stellen.

Ein schwächeres Erdmagnetfeld könnte die kosmischen Strahlungsteilchen weniger wirksam von den äquatornahen Gegenden fernhalten, und entsprechend müßte die Intensität der kosmischen Strahlung dort zunehmen.

Interessanterweise ist die Stärke des erdmagnetischen Feldes, die sogenannte magnetische Flußdichte, nicht konstant: sie hat seit 1670, als die Wissenschaftler zum ersten Mal diese Größe bestimmten, um etwa 15 Prozent abgenommen. Wenn sich diese Entwicklung mit gleichbleibendem Tempo fortsetzte, wäre das Erdmagnetfeld etwa im Jahre 4000 vollständig verschwunden.

Aber wird die Entwicklung unverändert weitergehen? Auf den ersten Blick erscheint dies ziemlich unwahrscheinlich. Viel eher würde man eine mehr oder minder periodisch schwankende Flußdichte erwarten, bei der die Intensität des Magnetfeldes bis auf einen nicht allzu niedrigen Minimalwert abnimmt, dann wieder bis zu einem nicht allzu hohen Maximalwert ansteigt, wieder abnimmt und ansteigt, und so weiter.

Man könnte also meinen, daß wir erst in einigen tausend Jahren anhand der dann vorliegenden Meßdaten sagen können, was wirklich zu erwarten ist, doch hat sich mittlerweile herausgestellt, daß wir gar nicht so lange zu warten brauchen. Innerhalb der Erdkruste gibt es verschiedene Mineralien mit schwach magnetischen Eigenschaften. Wenn zum Beispiel flüssige Lava nach einem Vulkanausbruch abkühlt und erstarrt, bilden solche Mineralien kleine Kristalle aus, die sich nach den vorhandenen Feldlinien des Erdmagnetfeldes ausrichten. Diese Kristalle zeigen also wie winzige Kompaßnadeln die magnetische Nord-Süd-Richtung an, und weil man mit Hilfe eines normalen Magneten feststellen kann, welches der beiden Kristallenden der magnetische Nordpol und welches der Südpol ist, kann man auch die Richtung des Magnetfeldes (seine Polarisation) zum Zeitpunkt der Erstarrung herausfinden (der magnetische Nordpol des Kristalls zeigt zum heute auf der Nordhalbkugel gelegenen erdmagnetischen Südpol, der magnetische Südpol des Kristalls entsprechend zum heute auf der Südhalbkugel gelegenen erdmagnetischen Nordpol).

Im Jahre 1906 untersuchte der französische Physiker Bernard Brunhes (1869–1930) die magnetische Ausrichtung verschiedener Vulkangesteine und fand in manchen Fällen, daß die Kristalle eine gegenüber der heutigen Magnetfeldrichtung umgekehrte Polarisation des Erdmagnetfeldes anzeigten: die internen Nordpole zeigten nach Süden, die Südpole nach Norden. Zunächst wurde dieses überraschende Ergebnis ignoriert, weil es wenig Sinn zu haben schien, doch fand man im Laufe der Zeit weitere Hinweise dieser Art, und mittlerweile kann man den Effekt weder leugnen noch ignorieren.

Warum aber sind einige Gesteine in der »falschen« Richtung magnetisiert? Ganz offensichtlich muß das Erdmagnetfeld zwischenzeitlich seine Polarisation umgekehrt haben. Seine Intensität reicht zwar aus, die winzigen Magnete während der Erstarrungsphase des flüssigen Gesteins entsprechend der dann herrschenden Feldrichtung auszurichten, doch wenn das Erdmagnetfeld später seine Richtung umkehrt, kann es die Anzeige der einmal ausgerichteten Kristallmagnete nicht neu einstellen: Die Kristalle zeigen dann in die »falsche« Richtung.

In den 60er Jahren begann man, die magnetischen Eigenschaften des Meeresbodens zu untersuchen. Der Boden des Atlantischen Ozeans zum Beispiel hat sich im Verlauf der letzten 150 Millionen Jahre immer weiter verbreitet, weil aus einer schmalen, zentralen Spalte ständig neues, geschmolzenes Gestein aus dem Erdinnern aufsteigt und den bereits existierenden Meeresboden weiter auseinanderdrückt. So sind die Gesteine unmittelbar neben diesem »mittelozeanischen Rücken« die geologisch jüngsten Formationen, während das Alter des Gesteins mit zunehmender Entfernung ansteigt. Die Magnetisierung des Gesteins ändert sich ebenfalls mit dem Abstand zur Nachschublinie: Zunächst stößt man auf eine Zone, in der die Magnetisierungsrichtung der heutigen Magnetfeldrichtung entspricht, weiter weg kehrt sich die Magnetisierungsrichtung um (die Kristalle sind »falsch« polarisiert), dann folgt wieder eine Zone normaler Ausrichtung, und so weiter; dabei passen die Streifen auf beiden Seiten des mittelozeanischen Rückens spiegelbildlich zusammen.

Aus Altersbestimmungen kann man ableiten, daß sich das Erdmagnetfeld in unregelmäßigen Abständen umkehrt: Manchmal liegen nur 50 000 Jahre zwischen einer solchen Umpolung, mitunter auch 20 Millionen Jahre. Offenbar nimmt die magnetische Flußdichte mehr oder minder periodisch ab und sinkt dabei auf Werte »unter Null«, was einer Umkehr der Feldrichtung entspricht, um nach Erreichen eines »tiefsten« Wertes (maximale Stärke bei umgekehrter Polarisation) wieder umzuschlagen, den Nullpunkt zu durchlaufen und bis auf einen Höchstwert (maximale Stärke bei heutiger Polarisation) anzusteigen; dieser Prozeß scheint sich immer und immer wieder zu wiederholen.

Was veranlaßt das Magnetfeld zu einer solch weitgehenden Schwankung einschließlich der Richtungsumkehr? Die Wissenschaftler haben noch keine Antwort auf diese Frage, aber sie sind sich ziemlich sicher, daß wir bereits mitten in einer solchen Abklingphase stecken.

Gegenwärtig beobachten wir eine ständige Abnahme der magnetischen Flußdichte, die etwa um das Jahr 4000 zu einer Umkehr der Feldrichtung führen wird. Während einiger Jahrhunderte vorher und nachher wird das magnetische Feld so schwach sein, daß es die kosmischen Strahlungsteilchen nicht mehr länger wirksam aus den äquatornahen Bereichen heraushalten kann.

Mit der wechselnden Stärke des erdmagnetischen Feldes schwankt auch die Menge der auftreffenden kosmischen Strahlung: wenn das Magnetfeld am stärksten ist, erreicht die Trefferrate ein Minimum und ein Maximum, wenn das Magnetfeld vorübergehend verschwindet.

Wenn das Erdmagnetfeld auf Null abgesunken ist und besonders viel kosmische Strahlungsteilchen auf die Erde treffen, streben auch die Mutationsrate und die Erblast ihrem Höhepunkt entgegen. Dann kommt der Augenblick, an dem die Wahrscheinlichkeit des Aussterbens für manche Arten am größten ist.

Die Massensterben

Im Laufe der Erdgeschichte sind immer wieder Arten ausgestorben, aber dieser Prozeß lief keineswegs gleichförmig ab. Vielmehr fanden die Paläontologen bei ihren Untersuchungen der fossilen Aufzeichnungen, daß es offenbar Perioden gegeben haben muß, in denen weit mehr Arten als sonst ausstarben, ja sogar Perioden, die innerhalb vergleichsweise kurzer Zeit einer großen Mehrheit der damals existierenden Arten das Ende brachten.

Solche Phasen werden mitunter etwas dramatisierend als »Massensterben« bezeichnet. Der bekannteste Einschnitt liegt etwa 65 Millionen Jahre zurück: Damals verschwanden die großen Reptilien, einschließlich der als Dinosaurier zusammengefaßten Arten, die zuvor über viele Jahrmillionen hindurch die Erde beherrscht hatten, zusammen mit zahlreichen anderen Lebensformen von der Weltbühne.

Könnten solche Massensterben mit den Perioden der magnetischen Umpolung zusammenfallen? Steht uns das nächste Massensterben dieser Art, bei dem dann vielleicht auch die Menschheit ausgelöscht wird, in nur 2000 Jahren bevor?

Vermutlich brauchen wir eine solch düstere Zukunft *nicht* zu befürchten. Zwar können wir die magnetischen Umpolungen nicht über beliebig viele Millionen Jahre zurückdatieren, doch wissen wir, daß es in den letzten 50 Millionen Jahren etliche Ereignisse dieser Art gegeben haben muß, die *nicht* von derartigen Massensterben begleitet waren. Entsprechend müssen wir nicht davon ausgehen, daß unsere Erbschäden in zweitausend Jahren dramatisch anwachsen und zu einem Aussterben der Menschheit führen werden.

Eigentlich ist dies nicht überraschend. Das Erdmagnetfeld ist nicht sehr stark und kann daher die energiereichen Teilchen der kosmischen Strahlung ohnehin kaum ablenken. Wenn daher das Erdmagnetfeld sich umpolt und zwischenzeitlich verschwindet, wird die Trefferrate der kosmischen Strahlung nicht so sehr zunehmen, daß sie zu einer echten Bedrohung wird, weil sie umgekehrt durch das existierende Magnetfeld auch nicht besonders stark abgeschwächt wird.

Was aber, wenn die Intensität der kosmischen Strahlung unabhängig vom Zustand des Erdmagnetfeldes ansteigt? Was, wenn in geringer Entfernung eine Supernova hochgeht? Dann gäbe es doch eine vorübergehende Flut kosmischer Strahlungsteilchen, die bei vergangenen Ereignissen dieser Art für die beobachteten Massensterben verantwortlich gewesen sein könnte.

Stellen wir uns einmal eine Supernova in einer Entfernung von vielleicht 30 Lichtjahren vor. Sie würde im Maximum vielleicht 0,1 Prozent der Sonnenhelligkeit erreichen und damit weit heller als der Vollmond leuchten. Wenn sie am Nachthimmel der Erde aufblitzen würde, könnte sie die Nächte in einen hellen Dämmerschein tauchen, während sie am Taghimmel bequem neben der Sonne zu erkennen wäre. Unabhängig von ihrer Position aber würde sie die Erde spürbar erwärmen und uns ganz schön ins Schwitzen bringen. (Hier übertreibt Asimov, denn eine Zunahme der Wärmestrahlung um 0,1 Prozent ist geringer als der Unterschied in der Sonneneinstrahlung zwischen sonnennächstem und sonnenfernstem Bahnpunkt, der seinerseits wenig Einfluß auf die jahreszeitlichen Temperaturschwankungen hat; Anm. d. Ü.)

Viel schlimmer noch wäre der Anstieg des kosmischen Strahlungsbombardements auf ein Vielhundert-, wenn nicht Tausendfaches des normalen Wertes; und dieser Anstieg könnte über Jahre hinweg nachwirken. Dieser Effekt hätte alle möglichen nur denkbaren unangenehmen Konsequenzen für das Leben. So könnte die

Ozonschicht dermaßen geschwächt werden, daß die harte UV-Strahlung der Sonne ungehindert zur Erdoberfläche vordringen könnte, was zumindest ebenso tödliche Konsequenzen hätte wie die kosmische Strahlung selbst. Ein Teil des Stickstoffs und des Sauerstoffs in der Atmosphäre könnte miteinander zu Stickoxiden reagieren, die dann das Sonnenlicht abschwächen würden; die Folge wäre ein Temperatursturz. Und schließlich würde die Mutationsrate ansteigen und mit ihr die Erblast.

Falls all dieses eintritt, wenn die Erde gerade einmal nicht durch ihr Magnetfeld geschützt wird, wären die Folgen noch etwas schlimmer. Ist es also denkbar, daß für die Massensterben in der Vergangenheit Magnetfeldumpolung und eine gleichzeitige nahe Supernova verantwortlich waren?

Wir kennen keine Sterne im Umkreis von 30 Lichtjahren, die für eine Supernova-Explosion in Frage kämen, und so erscheint die Fragestellung auf den ersten Blick lächerlich. Die Sonne bewegt sich jedoch um das Zentrum der Milchstraße, und das gilt für all die anderen Sterne in der Galaxis. Dabei bewegen sie sich nicht alle gleich. Die Sterne, die weiter vom Zentrum entfernt sind, bewegen sich langsamer als die in der Nähe des Zentrums. Manche (wie etwa die Sonne) bewegen sich auf nahezu kreisförmigen Bahnen, andere dagegen auf ziemlich elliptischen Kurven, die einen annähernd in der Ebene der Milchstraße, andere in einer Ebene mit einem beträchtlichen Winkel zu ihr.

So kommt es immer wieder zu Veränderungen der jeweiligen Sternumgebung: Sterne nähern sich gegenseitig und entfernen sich wieder voneinander. Dabei ist die Wahrscheinlichkeit eines gegenseitigen Zusammenstoßes zwar äußerst gering, doch eine Annäherung auf weniger als 30 Lichtjahre nicht ungewöhnlich; schließlich steht der Stern Alpha Centauri nur etwa 4,3 Lichtjahre entfernt, der Stern Sirius knapp 9 Lichtjahre. Dies war nicht immer so und wird auch nicht auf ewig so bleiben.

Wäre es also denkbar, daß die Sonne in ihrer mittlerweile mehr als 4,6 Milliarden Jahre langen Geschichte hin und wieder in die Nähe von Sternen geriet, die just zu dieser Zeit als Supernova explodierten? Und könnte sich dies in Zukunft wiederholen? Könnten solche Ereignisse als Erklärung für die Massensterben herhalten, vor allem für das plötzliche Verschwinden der Dinosaurier vor 65 Millionen Jahren?

Ende der 70er Jahre schienen immer mehr Wissenschaftler diese Kopplung für möglich zu halten.

Doch dann entdeckte der amerikanische Physiker Walter Alvarez in einer 65 Millionen Jahre alten Gesteinsschicht eine überraschend hohe Konzentration des ansonsten recht seltenen Metalls Iridium. Dies führte ihn zu der Hypothese, daß die Erde damals von einem großen Asteroiden getroffen worden sein könnte und dabei soviel Staub in die Stratosphäre geschleudert wurde, daß die Sonne über längere Zeit verdunkelt wurde und die Erde merklich auskühlen konnte. Dies wiederum könnte das große Sterben der Dinosaurier ausgelöst haben. Schließlich legte sich der Staub als dünne Schicht über die ganze Erde und lagerte dabei auch das Iridium ab, das der Asteroid offenbar in größeren Mengen enthalten haben mußte.

Seither sind eine Reihe von zusätzlichen Daten zusammengetragen worden, die diese Vorstellung unterstützen. Im Jahre 1983 meldeten einige Wissenschaftler sogar, sie hätten Anzeichen für ein überraschend regelmäßiges Auftreten der Massensterben in Abständen zwischen 26 und 28 Millionen Jahren gefunden (ein Befund, der mittlerweile wieder ziemlich umstritten ist; Anm. d. Ü.). So mußten sich die Astronomen überlegen, was wohl zu einer Periodizität mit derart langen Zeiträumen führen könnte.

Eine Hypothese vermutete zum Beispiel einen fernen Sonnenbegleiter, der jedoch zu wenig massereich wäre, um als heller Stern leuchten zu können (solche Objekte werden von den Astronomen inzwischen Braune Zwerge genannt); er sollte die Sonne innerhalb von 27 Millionen Jahren einmal umrunden und ihr dabei so nahe kommen, daß er mit seiner Schwerkraft die Bahnen der Kometen in der weit jenseits der Plutobahn vermuteten Kometenwolke beeinflussen könnte, wodurch jedesmal einige hunderttausend Kometen ins innere Sonnensystem geschleudert würden. Ein paar von ihnen würden dann sicher mit der Erde zusammenstoßen und hier die verheerenden Massensterben auslösen.

Das letzte große Massensterben liegt etwa 11 Millionen Jahre zurück, und wenn das beschriebene Szenario zutrifft, wird das nächste erst in rund 16 Millionen Jahren anstehen. Dann gäbe es keinen Grund zu unmittelbarer Besorgnis. In diesem Fall wären die Supernovae an den großen Massensterben »schuldlos« (gegen einen solchen massearmen, fernen Sonnenbegleiter sind inzwischen schwerwiegende himmelsmechanische Bedenken geäußert worden, so daß seine Realität stark in Zweifel gestellt werden muß; Anm. d. Ü.). Dennoch können wir nicht ausschließen, daß hin und wieder eine nahe Supernova genügend kosmische Strahlung in unsere Richtung schleudert und damit ein »Massensterben außer der Reihe« auslöst.

Weltraum

In Zukunft wird es spezielle Voraussetzungen geben, unter denen eine sehr viel größere Gefahr von der kosmischen Strahlung ausgehen kann als heute.

Ein Beispiel dafür ist die bemannte Weltraumfahrt. Schon jetzt haben sich mehrere hundert Menschen vorübergehend im erdnahen Weltraum jenseits der Atmosphäre aufgehalten, mehr als zwei Dutzend sind sogar bis zum Mond geflogen.

Ein Astronaut, der die Erde in einem Raumschiff umrundet, bewegt sich zwar außerhalb der schützenden Atmosphäreschichten, aber noch immer innerhalb des Erdmagnetfeldes, das einen Teil der kosmischen Strahlung von der Sonne und aus den Tiefen des Weltraums ablenkt.

Bislang sind keine Schäden bekannt geworden, die auf eine erhöhte Dosis kosmischer Strahlung zurückzuführen wären. Selbst die sowjetischen Kosmonauten, die etliche Monate bis hin zu einem Jahr in der Erdumlaufbahn geblieben sind, haben ihren Aufenthalt anscheinend ohne Komplikationen dieser Art überstanden.

Ein Mondfahrer dagegen bewegt sich auf dem Weg zum Mond auch außerhalb des irdischen Magnetfeldes, und der Mond selbst kann keinen vergleichbaren Schutz bieten. Die Apollo-Astronauten waren daher bis zu 12 Tage der ungeschwächten kosmischen Strahlung ausgesetzt, doch auch bei ihnen sind keine bleibenden Schäden bekannt geworden.

In absehbarer Zeit wird es wahrscheinlich jedoch zu weit längeren Bestrahlungsdauern kommen. So sehen sowjetische und amerikanische Pläne einen bemannten Flug zum Mars für die Zeit um 2010 vor, und ein solches Unternehmen wird mehrere Jahre dauern.

Denkbar ist auch die Errichtung von Weltraumkolonien, die viele hundert oder tausend Menschen für unbegrenzte Zeit aufnehmen können; sie werden dann nicht nur über Jahre, sondern über Jahrzehnte und Generationen hinweg der kosmischen Strahlung ausgesetzt sein. Was wird geschehen, wenn Kinder im Weltraum gezeugt und geboren werden und im Weltraum aufwachsen? Wird die Zahl der Mutationen ansteigen? Wird es gehäuft zu Mißgeburten kommen? Wird eine dramatische Zunahme der Erbschäden das Leben im Weltraum erschweren oder gar unmöglich machen?

Wenn die Weltraumkolonien groß genug sind, können sie zumindest teilweise gegen die kosmische Strahlung abgeschirmt werden; dies geht auch ohne kilometerdicke Atmosphäreschichten oder ein planetenweites Magnetfeld.

Solche Raumsiedlungen könnten aus Metall und Glas gebaut werden, das man aus Mondgestein gewinnen kann. Pulverisiertes Mondgestein könnte auch als Untergrund herhalten, mit dem die Innenwände der Raumsiedlungen bedeckt würden (durch eine langsame Rotation würde die Fliehkraft dafür sorgen, daß das Material an den Innenseiten der Außenwände haften bliebe). Dieser »Weltraumboden« könnte zum einen für die Landwirtschaft, zum anderen aber auch als Strahlenschutz genutzt werden.

Wirklich lange Raumflüge werden wohl nur mit hinreichend großen Raumschiffen unternommen, die als kleine, abgeschlossene Welten konzipiert und im Weltraum selbst zusammengebaut würden. Auch sie könnten mit einer solchen doppelt nutzbaren Schicht aus pulverisiertem Mondgestein ausgestattet werden, doch auch dann kann die Gefährdung durch die kosmische Strahlung vorübergehend ansteigen. Hin und wieder wird es ungewöhnlich starke Sonnenflares geben, die eine Überdosis an kosmischen Strahlungsteilchen ins Sonnensystem hinausschleudern. Solch eine Bedrohung wird jedoch rasch wieder abklingen und außerdem nur niederenergetische Teilchen heranführen, die größtenteils vom Weltraumboden abgeschwächt werden.

Das unerwartete Aufblitzen einer Supernova kann die Strahlungsdosis ebenfalls ansteigen lassen. Dies wird zwar seltener eintreten als ein energiereiches Sonnenflare, dafür aber auch energiereichere Teilchen über eine längere Periode freisetzen. Mit großer Wahrscheinlichkeit werden sich solche Supernovae jedoch in hinreichend sicherer Entfernung abspielen, so daß sie keine allzu große Gefahr bedeuten können.

Natürlich kann man sich auch Gefahrenkombinationen ausmalen, die dann am Ende doch zu einem tragischen Ausgang führen. Wenn es erst einmal Weltraumsiedlungen gibt und eine auf den Weltraum hin orientierte Gesellschaft, dann wird es notgedrungen auch Menschen geben, die in kleinen, ungeschützten Raumschiffen zwischen den einzelnen Siedlungen hin und her pendeln oder – nur durch einen dünnen Raumanzug geschützt – außerhalb einer Siedlung arbeiten müssen. Wenn dann ein plötzlicher Schauer kosmischer Strahlungsteilchen über sie hinwegrauscht (mögen sie nun von der Sonne oder einer Supernova stammen), kann dies zu Schäden mit vielleicht tödlichem Ende führen. Im Prinzip sind solche Ereignisse dann jedoch vergleichbar mit den heute bekannten Naturkatastrophen, wenn zum Beispiel durch ein Erdbeben, einen Schneesturm oder auch nur einen Blitzschlag Menschenleben verlorengehen.

Vielleicht werden wir eines Tages auch so viel über die Supernovae wissen, daß wir die Gefahr eines bevorstehenden Supernova-Ausbruchs rechtzeitig und zuverlässig genug beurteilen können. Es ist sogar denkbar, daß wir dann auch die Ereignisse auf der Sonnenoberfläche besser verstehen und starke Sonnenflares vorhersagen können. Dann könnte man gefährdete Personen im voraus in Schutzräume schicken, wo sie warten müßten, bis die größte Gefahr vorüber ist.

Die nächste Supernova

Für uns Menschen am Erdboden stellt eine Supernova auch innerhalb der Galaxis keine tödliche Gefahr dar, sondern wird vielmehr dann, wenn sie nicht durch interstellare Staubwolken verdeckt ist, zu einem strahlenden Punkt am Nachthimmel werden. Eine Supernova in vergleichsweise geringer Entfernung kann heller leuchten als alle Sterne, heller noch als die hellsten Planeten, kann vielleicht sogar (wie die Supernova des Jahres 1006 im Sternbild Lupus) mit dem Mond konkurrieren; eine solch helle Supernova wäre auch am Taghimmel mit bloßem Auge zu erkennen.

Allerdings haben wir seit dem Jahre 1604 innerhalb unserer Galaxis keine Supernova mehr beobachten können, schon gar nicht mit bloßem Auge. In gewisser Weise können wir uns betrogen fühlen, denn angesichts der erwarteten Supernovahäufigkeit hätten wir während dieser Zeit durchaus mit einigen Supernovae rechnen können.

Für die Astronomen wiegt dieses Ausbleiben einer galaktischen Supernova noch viel schwerer als für die übrigen Menschen, die sich lediglich an dem besonderen Anblick ergötzen könnten. Würde morgen eine helle Supernova aufleuchten, dann könnten die Wissenschaftler mit ihren modernen Teleskopen und Detektoren innerhalb weniger Tage weit mehr über die Supernovae und Fragen der Sternentwicklung allgemein herausfinden als während der vergangenen 400 Jahre seit der letzten, mit bloßem Auge beobachteten Supernova.

Wie lange kann diese himmlische »Dürre« noch andauern? Haben wir eine reelle Chance, in der näheren Zukunft doch noch eine helle Supernova aufblitzen zu sehen?

Durchaus! Wir können sogar einigermaßen vernünftige Überlegungen über den möglichen Ort des Geschehens anstellen.

Falls in den nächsten Jahren eine Supernova aufblitzen soll, muß der betreffende Stern sich jetzt bereits in der letzten Entwicklungsphase unmittelbar vor dem Kollaps befinden. Es muß also ein Roter Riese sein. Und damit die Supernova zu

einem spektakulären Anblick führen kann, darf dieser Rote Riese nicht allzu weit
von uns entfernt stehen. Bei der Suche nach möglichen Kandidaten für die nächste
Supernova sollten wir uns also zuerst unter den benachbarten Roten Riesen umsehen.

Der nächste Stern dieser Art ist Scheat im Sternbild Pegasus. Seine Entfernung
wird mit etwa 180 Lichtjahren angegeben, sein Durchmesser mit etwa 125 Sonnendurchmessern. Für Rote Riesen ist dies nicht besonders groß. Falls er sich
nicht noch weiter aufbläht, kann er kaum mehr als fünf Sonnenmassen in sich
vereinen, und das reicht nach allem, was wir heute wissen, nicht für eine Supernova aus. Falls Scheat mehr Masse besitzt, wird er seinen Durchmesser zwar noch
vergrößern, aber dann dauert es vielleicht noch eine Million Jahre, ehe er als Supernova aufleuchtet.

Der Stern Mira im Walfisch ist etwa 220 Lichtjahre entfernt und hat einen mittleren Durchmesser von etwa 420 Sonnendurchmessern, muß also deutlich mehr
Masse besitzen als die Sonne (eine Ansicht, die von den Astronomen nicht geteilt
wird – die Massenangaben reichen bis maximal zwei Sonnenmassen; Anm. d. Ü.).
Hinzu kommen nicht ganz regelmäßige Pulsationen, die darauf hindeuten könnten, daß der Stern sich seiner Endphase nähert. Mira könnte also ein möglicher
Kandidat für die nächste Supernova in unserer Umgebung sein (leider fällt Mira
angesichts der erwähnten kleinen Masse als Supernovakandidat von vornherein
aus; Anm. d. Ü.).

Darüber hinaus gibt es noch drei weitere, vergleichsweise nahe Rote Riesen in
einer Entfernung von etwa 430 bis 530 Lichtjahren: Ras Algethi im Sternbild
Herkules (rund 400mal größer als die Sonne), Antares im Skorpion mit etwa
700fachem Sonnendurchmesser und Beteigeuze im Orion mit einer mittleren
Größe von 750 Sonnendurchmessern; während Ras Algethi jedoch nur einige wenige Sonnenmassen in sich vereint, schwanken die Angaben für Antares zwischen
10 und 15 Sonnenmassen, für Beteigeuze sogar zwischen 15 und 20 Sonnenmassen.

Beteigeuze entspricht in vielerlei Hinsicht dem Erwartungsbild einer Prae-Super-

244

nova. Man hat einen sehr intensiven stellaren Wind nachgewiesen, der pro Jahr etwa ein Hunderttausendstel Sonnenmasse davonträgt (das entspricht etwa der Masse des Mondes innerhalb von 1,5 Tagen).

Angesichts einer solch starken Materieströmung ist es nicht verwunderlich, daß Beteigeuze von einer ausgedehnten Gashülle umgeben ist, die nach neueren Untersuchungen auffallend wenig Kohlenstoff enthält. Normalerweise bedeutet dies gleichzeitig einen erhöhten Gehalt an Stickstoffatomkernen, und genau dies beobachtet man bei einigen Supernova-Überresten. Wenn daher die äußere Hülle eines Roten Riesen bereits mit Stickstoff angereichert ist, könnte dies sehr wohl ein Anzeichen dafür sein, daß die Supernova-Explosion nicht mehr allzu lange auf sich warten läßt.

Wenn Astronomen sagen, daß ein Ereignis nicht mehr allzu lange auf sich warten ließe, heißt das nicht, daß man nun jeden Abend erwartungsvoll oder gar ungeduldig zum Himmel blicken muß. »Bald« kann bei einem Stern sehr wohl tausend oder gar zehntausend Jahre bedeuten. Beteigeuze kann schon morgen als Supernova aufblitzen (beziehungsweise vor rund 520 Jahren explodiert sein, denn so lange braucht der gleißende Lichtblitz bis zu uns), es kann genauso gut aber auch noch einige tausend Jahre dauern. Wir wissen es nicht.

Wenn die Astronomen allerdings die Gelegenheit bekämen, eine nahe Supernova zu beobachten, könnten sie daraus vielleicht so viele Informationen über die Explosion eines Sterns gewinnen, daß sie den nächsten Supernova-Ausbruch bereits präziser voraussagen können.

Als Supernova würde Beteigeuze wahrscheinlich alle bisherigen Supernovae in der Geschichte der Menschheit übertreffen, da dieser Stern weniger weit von uns entfernt ist als die übrigen bekannten Supernovae-Überreste. Die chinesische Supernova des Jahres 1054 zum Beispiel leuchtete in einer zwölfmal größeren Distanz auf.

Zur Zeit des Maximums könnte Beteigeuze fast an die Helligkeit des Vollmondes heranreichen. Während der Vollmond seine Helligkeit jedoch über eine Fläche von etwa 0,25 Quadratgrad verteilt, wäre bei Beteigeuze die gesamte Helligkeit in einem winzigen Punkt konzentriert. Es wäre daher ratsam, nicht zu lange auf diesen gleißenden Lichtpunkt zu starren, da man sonst eine Beschädigung der Netzhaut befürchten müßte (ähnlich wie bei einer ungeschützten Beobachtung der Sonne).

Ein Supernova-Ausbruch von Beteigeuze wird einen deutlichen Anstieg der kosmischen Strahlungsintensität auslösen, vor allem dann, wenn das Magnetfeld der Erde gerade in einem Umpolungsprozeß begriffen ist. Dies würde vermutlich bei etlichen Arten zu einer Zunahme der Erbschäden führen und vielleicht sogar die eine oder andere Spezies aussterben lassen, und falls sich zu diesem Zeitpunkt Menschen ohne ausreichenden Schutz im Weltraum befänden, wären sie durch den Anstieg der kosmischen Strahlung ernsthaft gefährdet.

Und doch muß Beteigeuze keineswegs die nächste, mit bloßem Auge sichtbare Supernova in unserer Galaxis sein. Etliche Astronomen sind vielmehr davon überzeugt, daß der früher schon erwähnte Stern eta Carinae ein viel besserer Kandidat ist.

Von eta Carinae geht ein noch stärkerer Sternwind aus als von Beteigeuze, und so ist dieser Stern von einer dichteren Gaswolke umgeben als jener. Diese Gashülle verschluckt einen Großteil des Sternlichts und läßt den Stern daher dunkler erscheinen; die so aufgenommene Energie gibt die Hülle dann wieder in Form von Infrarotstrahlung an die Umgebung ab. Da einerseits die Gesamtenergie unverändert bleiben muß, andererseits die Energie eines einzelnen Infrarotphotons kleiner ist als die eines Lichtphotons, muß die Infrarothelligkeit von eta Carinae extrem groß sein. Tatsächlich erreicht uns von diesem Stern mehr IR-Strahlung als von jedem anderen Objekt außerhalb des Sonnensystems.

Auch die Gashülle von eta Carinae enthält nur wenig Kohlenstoff, dafür aber sehr viel Stickstoff. Hinzu kommt, daß eta Carinae noch instabiler als Beteigeuze ist und in der Vergangenheit schon mehrere kleinere Ausbrüche durchgemacht hat – in einem Fall bis zu einer Helligkeit, die ihn zum zweithellsten Stern (nach Sirius) aufsteigen ließ.

Doch Sirius ist nur knapp neun Lichtjahre entfernt, eta Carinae dagegen rund

9 000 Lichtjahre. Wenn eta Carinae also annähernd Siriushelligkeit erreichte, dann muß er in Wirklichkeit aufgrund der tausendmal größeren Entfernung vorübergehend millionenfach heller geleuchtet haben als jener.

Eta Carinae könnte also durchaus näher am Abgrund stehen als Beteigeuze, doch würde er im Falle einer Explosion weit weniger eindrucksvoll erscheinen. Eta Carinae ist etwa 17mal weiter entfernt als Beteigeuze, kann daher allenfalls etwa 1/300 der Helligkeit erreichen, die wir von Beteigeuze erwarten können. Hinzu kommt, daß eta Carinae weit südlich des Himmelsäquators steht und daher von Europa aus nicht beobachtet werden kann.

Wir dürfen allerdings auch nicht vergessen, daß die größere Entfernung zu einer geringeren Strahlungsbelastung als im Falle von Beteigeuze führt.

Damit ist kaum etwas übriggeblieben von der Vision des Aristoteles, der den Himmel als einen Ort der Ruhe und Vollkommenheit ansah, frei von jedweden Veränderungen. Wir wissen heute, daß wir in einem stürmischen Universum leben, in dem äußerst energiereiche Prozesse ablaufen. Wir wissen, daß wir jederzeit mit bloßem Auge Zeuge einer Sternexplosion werden können und daß ein solches spektakuläres Ereignis nicht ganz ungefährlich für uns sein kann.

Doch dieses Wissen braucht uns nicht unglücklich zu machen – ganz im Gegenteil. Ohne den vorangegangenen Tod anderer Sterne wäre die Sonne nicht das, was sie ist, wäre die Erde nicht in ihrer heutigen Form entstanden, wären wir alle einschließlich der übrigen Lebensformen auf diesem Planeten nie geworden. Erst die Supernovae haben es möglich gemacht, daß wir Menschen (und vor allem die Leser dieses Buches) sich jeden Abend aufs neue an dem Anblick der Sterne erfreuen können – jener Welten, aus deren Innerstem all unsere Atome stammen.

12 Die Supernova 1987A

Das Jahrhundertereignis

Als das vorliegende Buch von Isaac Asimov 1985 in den USA und Kanada erschien, war der Lichtblitz einer weiteren Supernova noch etwa anderthalb Lichtjahre von der Erde entfernt. Seit rund 170 000 Jahren rasten die Photonen bereits durch die Weiten des Kosmos, um die Botschaft von einer gigantischen Sternexplosion in der Großen Magellanschen Wolke zu verkünden, dem unserer Galaxis am nächsten stehenden Sternsystem. Am Morgen des 24. Februar 1987 erreichte diese Nachricht schließlich auch die Erde.

In jener Nacht bemerkte Oscar Duhalde, Nachtassistent am 1,20-Meter-Spiegelteleskop des amerikanischen Las Campanas Observatoriums in Chile, gegen Mitternacht Ortszeit (etwa 3 Uhr Weltzeit oder 4 Uhr MEZ) auf dem Weg zur Kantine am Rande der Großen Magellanschen Wolke einen lichtschwachen Stern, den er zuvor an dieser Stelle noch nie bemerkt hatte. Zur gleichen Zeit fotografierte der kanadische Astronom Ian Shelton von der University of Toronto mit einem kleineren Teleskop am gleichen Observatorium die Große Magellansche Wolke. Als er gegen 1.30 Uhr Ortszeit die Aufnahme entwickelte, fiel ihm der neue Stern ebenfalls auf. Er ging sofort zu seinen Kollegen am 1,20-Meter-Spiegel, um mit ihnen die Beobachtung zu diskutieren. Eine Nova konnte es nicht sein, die würde über die Entfernung von rund 170 000 Lichtjahren allenfalls die achte oder neunte Größenklasse erreichen und damit für das bloße Auge unsichtbar bleiben. Also mußte dort draußen, gewissermaßen vor unserer kosmischen Haustür, eine Supernova aufgeleuchtet sein, die hellste seit 383 Jahren, seit Johannes Kepler den neuen Stern im Sternbild Schlangenträger entdeckt hatte.

Noch in der gleichen Nacht versuchte ein Kollege Sheldons vergeblich, die Jahrhundertentdeckung telefonisch an das Zentralbüro für astronomische Telegramme in Cambridge im US-Bundesstaat Massachusetts zu melden, damit von dort aus alle Sternwarten der Erde benachrichtigt werden konnten. So mußte die Nachricht am nächsten Morgen von der rund 160 Kilometer entfernten Ortschaft La Serena per Telex nach Cambridge übermittelt werden.

Dort wußte man noch nichts von der Supernova, doch schon eine halbe Stunde später kam eine erste Bestätigung aus Neuseeland, und dann stand das Telefon der Zentrale nicht mehr still. Mittlerweile war die Helligkeit des neuen Sterns noch weiter angestiegen, konnte er nicht mehr übersehen werden, und so trafen aus allen Sternwarten südlich einer geographischen Breite von rund 10 Grad Meldungen über den neuen Stern ein.

Die Nachricht verbreitete sich wie ein Lauffeuer unter den Astronomen und erreichte schließlich auch die nur rund 40 Kilometer Luftlinie vom Las Campanas Observatorium entfernte Europäische Südsternwarte auf dem 2 400 Meter hohen Berg La Silla. Dort weilte gerade Claus Madsen, der Leiter des ESO-Fotolabors. Er hatte am 23. Februar ein Farbfoto der Großen Magellanschen Wolke aufgenommen, das – wie sich später herausstellte – die Supernova noch nicht zeigte. Jetzt, 48 Stunden später, fotografierte er die gleiche Himmelsgegend ein zweites Mal, diesmal mit der Supernova, deren Helligkeit mittlerweile auf 4,6 Größenklassen angestiegen war.

Aber nicht nur der ESO-Fotograf richtete an jenem Abend des 24. Februar 1987 sein Instrument auf die Supernova – auch die 13 Teleskope dieses größten Observatoriums auf unserem Planeten zeigten in dieser und den folgenden Nächten alle in dieselbe Richtung. Man wollte natürlich so viel Daten wie möglich von diesem Jahrhundertereignis sammeln, auf das die Astronomen so lange hatten warten müssen.

Gebraucht wurden zum einen präzise Helligkeitsmessungen in verschiedenen Spektralbereichen, zum anderen sehr genaue Spektren, aus denen man die Veränderungen am Ort der Supernova herauslesen konnte.

Helligkeitsmessungen in verschiedenen Spektralbereichen liefern eine Angabe über die Farbe des Sternlichtes: Ein Stern, der im roten Bereich des Spektrums mehr Energie abstrahlt als im blauen Bereich, erscheint uns rötlich leuchtend, ein Stern, der im blauen Bereich mehr Energie aussendet als im roten Bereich, dagegen bläulich. Die Farbe des Sternlichts aber erlaubt eine Abschätzung der Temperatur an der Oberfläche des Sterns.

Jeder weiß, daß zum Beispiel Eisen, wenn es ins Feuer gehalten wird, nach einiger Zeit zunächst dunkelrot zu leuchten beginnt und dann mit steigender Temperatur immer heller und heller wird, wobei sich die Farbe über orange und gelb bis schließlich fast weiß verändert. Dieser Zusammenhang zwischen Temperatur und Farbe hat sogar in unserer Alltagssprache seinen Niederschlag gefunden: Wenn man einen Mitmenschen »zum Kochen« bringt, dann treibt man ihn gewissermaßen »zur Weißglut«.

Den mathematischen Zusammenhang hat der deutsche Physiker und Nobelpreisträger Wilhelm Wien (1864–1928) im Jahre 1893 in dem nach ihm benannten Verschiebungsgesetz formuliert: Das Intensitätsmaximum verlagert sich mit steigender Temperatur zu immer kürzeren Wellenlängen. Wenn man also die Wellenlänge der maximalen Intensität einer Strahlung kennt, kann man daraus die Temperatur des strahlenden Körpers berechnen. Da dieses Strahlungsmaximum die »Farbe« des Lichts dominiert, ist also die Farbe ein brauchbares Maß für die Temperatur; Astronomen sprechen in diesem Zusammenhang von der *Farbtemperatur*.

Die Helligkeitsmessungen der Supernova 1987A konnten zwar vom Erdboden aus nur den Bereich des sichtbaren Lichts erfassen, doch lieferte ein speziell für die Beobachtung der UV-Strahlung ausgerüsteter Satellit, der International Ultraviolet Explorer (IUE), ergänzende Informationen über den kurzwelligeren Teil des Spektrums.

Die ersten Daten, die noch in der Nacht zum 25. Februar gewonnen wurden, ergaben eine Temperatur von rund 15 000 Grad; vier Tage später war der Wert bereits auf etwa 6 000 Grad zurückgegangen. In der gleichen Zeit veränderte sich die Helligkeit der Supernova allerdings kaum. Wie ist das möglich?

Um das zu verstehen, denken wir einmal an die Helligkeit einer Fahrradlampe. Sie hängt zweifellos von der Temperatur des Glühdrahtes ab: Wenn wir kräftig in die Pedale treten, dreht sich auch der Dynamo entsprechend schnell; er liefert dann genügend Strom, um den Glühdraht aufzuheizen, damit dieser hell leuchten kann. Müssen wir dagegen langsamer fahren, so dreht sich auch der Dynamo nicht mehr so schnell und liefert nur noch einen geringen Strom, der den Glühdraht kaum mehr aufheizt – die Fahrradlampe leuchtet weniger hell. Es gäbe aber noch eine zweite Möglichkeit, die Helligkeit zu reduzieren: Man braucht nur einen Teil der Lampe abzudecken und damit die Oberfläche zu verkleinern, durch die das Licht heraustreten kann.

Auf vergleichbare Weise hängt die Leuchtkraft eines Sterns nicht nur von seiner Temperatur ab, sondern auch von der Größe seiner leuchtenden Oberfläche. Bleibt also, wie im Fall der Supernova, die Leuchtkraft unverändert, während die Temperatur deutlich absinkt, so kann dies nur heißen, daß im gleichen Zeitraum die Oberfläche der leuchtenden Kugel (und damit ihr Radius) größer geworden sein muß. Genau dies erwartet man natürlich auch, wenn eine Supernova explodiert und Gasmassen in die Umgebung schleudert.

Bevor wir jedoch aus der gemessenen Temperaturänderung auf die Ausdehnung der expandierenden Gaswolke schließen, müssen wir uns zunächst klar darüber werden, was wir überhaupt leuchten sehen bei einer Supernova-Explosion.

Die theoretischen Betrachtungen, die in den 70er und frühen 80er Jahren angestellt wurden, haben gezeigt, daß ein solches Ereignis in zwei Schritten abläuft. Bei einem Überriesen muß man zwischen einem kompakten Kern und einer Hülle unterscheiden, in der die Materie extrem dünn verteilt ist. Da der Kernbrennstoff im Innern bei diesem weit fortgeschrittenen Entwicklungsstadium nahezu aufgebraucht ist, muß der Stern zur Deckung der immer noch gewaltigen Energieabstrahlung eine zusätzliche Quelle anzapfen, die sich aus der Verteilung seiner Masse ergibt: Der Kern beginnt zu schrumpfen. Dieser Prozeß endet schließlich in einem dramatischen Kollaps und führt zur Entstehung eines Neutronensterns von vielleicht 20 Kilometer Größe.

In einer zweiten, unmittelbar auf den Kollaps folgenden Phase stürzt dann die Materie der äußeren Hülle, die nun nicht mehr durch den Strahlungsdruck aufgebläht wird, mit hoher Geschwindigkeit auf den Neutronenstern herab. Beim Aufprall selbst entsteht eine Art Überschallknall, der sich in die herabstürzende Hülle hinein ausbreitet; seine Energie reicht aus, um deren zum Neutronenstern hin gerichtete Bewegung umzukehren und die Reste der Hülle mit großer Geschwindigkeit auseinanderzutreiben.

Aus der Temperaturänderung während der ersten Tage kann man schließen, daß sich die expandierenden Gasmassen Anfang März, also sechs Tage nach der Explosion, bereits etwa 3,5 Milliarden Kilometer vom Ort des Geschehens entfernt hatten (Radius der Neptunbahn um die Sonne: 4,5 Milliarden km). Daraus kann man die »effektive Ausbreitungsgeschwindigkeit« zu etwa 7 000 Kilometer pro Sekunde errechnen.

Die ebenfalls aufgenommenen, detailreichen Spektren enthielten zahlreiche Linien, die deutlich gegenüber ihrer normalen Position blauverschoben waren. Aus ihnen konnte man die Expansionsgeschwindigkeit der leuchtenden Gase sogar direkt ableiten und erhielt am 25. Februar Werte zwischen 15 000 und 20 000 Kilometer, die aber in der Folgezeit deutlich zurückgingen und sich schließlich bei rund 7 000 Kilometer pro Sekunde einpendelten.

Die Expansionsgeschwindigkeit fällt naturgemäß etwas höher aus als die »effektive« Geschwindigkeit: Mit fortschreitender Ausdehnung des Gases werden die äußeren Bereiche zunehmend »durchsichtig«, so daß die Größe der »Leuchtsphäre« hinter der Front der fortgeschleuderten Gase zurückbleibt.

Natürlich versuchten die Astronomen, den Zeitpunkt der Supernova-Explosion möglichst genau zu ermitteln, um eine Vorstellung davon zu bekommen, wie lange der sich anschließende Helligkeitsanstieg wohl gedauert haben mochte. Dabei kamen ihnen Beobachtungen zu Hilfe, die an verschiedenen Orten der Erde tief unter der Erdoberfläche gewonnen wurden.

Dies klingt zwar auf den ersten Blick paradox, weil mit Sicherheit kein sichtbares Licht oder sonst eine elektromagnetische Strahlung der Supernova tausend und mehr Meter tief in den Erdboden eindringen kann. Für eine ganz spezielle Sorte von Elementarteilchen ist die Erde jedoch so gut wie durchsichtig. Die Rede ist von den Neutrinos, neutralen Partikeln, die wahrscheinlich ebenso wie die Photonen keine Masse besitzen, dafür aber auch die Anwesenheit anderer Materie kaum zur Kenntnis nehmen, sie also weitgehend ungehindert durchdringen können.

Diese Neutrinos waren im Jahre 1931 von dem österreichischen Physiker Wolfgang Pauli (1900–1958) zunächst »erfunden« worden, um den Energieerhaltungs-
satz zu »retten«: Bei sorgfältigen Beobachtungen einer speziellen Art des radioaktiven Zerfalls war den Physikern aufgefallen, daß die aus dem Atomkern freigesetzten Elektronen offenbar nicht die gesamte freiwerdende Energie enthielten.
Pauli löste diesen vermeintlichen Widerspruch gegen den Satz von der Erhaltung
der Energie, indem er die Existenz eines weiteren, zunächst nicht nachweisbaren
Teilchens annahm. Dieses Teilchen, so konnte Pauli voraussagen, mußte elektrisch neutral sein und durfte – wenn überhaupt – allenfalls eine sehr kleine Masse
besitzen, viel weniger als das Elektron jedenfalls; dennoch sollte es wie die Photonen Energie transportieren können, genau jenen Betrag nämlich, der bei der Ener-
giebilanz des radioaktiven Beta-Zerfalls scheinbar verlorenging.
Der italienische Physiker Enrico Fermi prägte für dieses »Geisterteilchen« den
Namen *Neutrino*, was soviel wie »kleines neutrales Teilchen« heißt (im Gegensatz
zu dem ein Jahr später von dem Engländer James Chadwick (1891–1974) gefunde-
nen Neutron, das etwas massereicher als das elektrisch positiv geladene Proton
ist).
Neutrinos entstehen, wenn ein Neutron zerfällt und sich in ein Proton und ein
Elektron umwandelt. Der umgekehrte Prozeß läuft bei der Bildung eines Neutronensterns ab.
Wenn der atomare Energievorrat des Sterns im Innern völlig aufgezehrt ist, gewinnt die Eigengravitation die Oberhand, gegen die sich der Stern bislang durch
den Energieüberschuß aus der Kernverschmelzung erfolgreich aufgelehnt hatte,
und das mühsam aufgebaute »Kerngerüst« bricht wie eine Streichholz-Konstruk-
tion unter der Last eines Elefanten in sich zusammen: Im Zentrum entsteht ein
Klumpen aus dicht gepackter Kernmaterie, von dem ein Fingerhut voll auf der
Erde soviel wöge wie 600 vollbeladene Supertanker oder 1,5 Millionen Elektrolo-
komotiven der Deutschen Bundesbahn.
Bei diesem Kollaps werden im Prinzip die Elektronen der (allerdings aufgrund
der extremen Temperaturen ohnehin bereits »geknackten«) Atomhüllen in die

Atomkerne gepreßt, wo sie mit den Protonen unter Aussendung von Antineutrinos zu Neutronen reagieren; der Prozeß verläuft in Wirklichkeit natürlich wesentlich komplexer, doch das Ergebnis bleibt gleich: Bei der Entstehung eines Neutronensterns werden extrem viele Antineutrinos gebildet, die den Löwenanteil der beim Kollaps freiwerdenden Energie davontragen und so eine effektive Kühlung des Kernbereichs darstellen. Da sie mit der übrigen Materie kaum reagieren, können sie den Ort ihrer Entstehung nahezu ungehindert verlassen, wenn auch die unvorstellbaren Bedingungen im Innern eines kollabierenden Sterns selbst den Neutrinos einen gewissen Widerstand entgegensetzen. So entsteht eine Art Neutrinosphäre mit einem Radius von vielleicht 70 Kilometer, außerhalb derer die Neutrinos ungestört davonjagen können – ähnlich, wie die Lichtphotonen im heißen Sonnengas sich erst im Bereich der dünnen Photosphäre ungestört bewegen und von dort aus in den umgebenden Raum abgestrahlt werden können. Insgesamt 19 solcher Antineutrinos wurden am frühen 23. Februar 1987 innerhalb weniger Sekunden an zwei Stellen auf der Erde registriert. Eine derartige Häufung kann nach Ansicht der Wissenschaftler nicht zufällig sein, sondern muß auf einen regelrechten Neutrinoschauer zurückgeführt werden, wie er etwa im Zusammenhang mit der Entstehung des Neutronensterns am Ort der Supernova 1987A entstanden sein muß.

Die Detektoren, riesige Tanks in Japan und den USA, die 2140 beziehungsweise 6800 Tonnen Wasser enthalten, waren ursprünglich für die Suche nach Hinweisen auf den Zerfall von Protonen gebaut worden. Bei diesem – vorerst noch hypothetischen – Protonenzerfall können unter anderem Positronen entstehen (die Antiteilchen der Elektronen), welche dann auf ihrem nahezu lichtschnellen Flug durch das Wasser ein spezielles Leuchten auslösen, die sogenannte Cerenkov-Strahlung. Empfindliche Fotozellen, die an den Wänden dieser Tanks montiert sind, registrieren die Strahlung und können somit – neben zahlreichen Störeffekten – auch den Zerfall eines Protons aus den zahllosen Wassermolekülen innerhalb des Tanks melden.

Durchdringt ein energiereicher Neutrinoschauer einen solchen Tank, so besteht eine gleichwohl geringe Chance, daß eines der Teilchen auf ein Proton trifft und seine Energie abgeben muß. Dabei wandelt sich das Proton in ein Neutron und ein Positron um, das auch in diesem Fall die typische Cerenkov-Strahlung auslöst. Zunächst sorgten die Neutrinomessungen für einige Verwirrung unter den Astronomen, gab es doch zusätzlich zu dem gegen 7.35 Uhr Weltzeit am 23. Februar etwa zeitgleich in den USA und in Japan registrierten Neutrinoschauer Meldungen über einen zweiten Neutrinosturm, der bereits vierdreiviertel Stunden früher insgesamt fünf Spuren in einem Detektor im Mont Blanc Tunnel hinterlassen haben sollte. War der Sternkern am Ende in zwei Schritten kollabiert – zunächst zu einem Neutronenstern und 283 Minuten später zu einem Schwarzen Loch? Und wenn es wirklich so gewesen wäre, warum entstand das Schwarze Loch dann nicht gleich beim ersten Schritt? Waren vielleicht die Vorstellungen der Theoretiker über die Entstehung eines Neutronensterns falsch?

Ehe diese zweifellos sehr brennenden Fragen beantwortet werden konnten, mußte zunächst der Explosionsprozeß selbst rekonstruiert werden, um herauszufinden, wieviel Materie in den kollabierten Sternkern hineingepreßt worden sein mochte. Dazu aber bedurfte es möglichst genauer Angaben über den Zustand des Sterns vor der Explosion.

Der Vorläufer-Stern

Das umfangreiche Plattenarchiv der ESO ermöglichte alsbald eine Identifizierung des explodierten Sterns mit einem Objekt der 12. Größenklasse. Für Verwirrung und eine monatelange Diskussion unter den Theoretikern sorgte jedoch die Klassifizierung dieses Vorläufer-Sterns mit der Katalogbezeichnung »Sanduleak –69.202«: Er war entgegen den Erwartungen kein Roter Riese, sondern ein Blauer Überriese, ein Stern also, der nach dem bisherigen Verständnis der Sternentwicklung zum Zeitpunkt der Explosion eigentlich noch viel zu jung war, um bereits als

Supernova zu enden. Man fand sogar ein wenn auch nur grob aufgelöstes Spektrum, das im Jahre 1977 zusammen mit vielen anderen Sternspektren auf einer sogenannten Objektivprismen-Aufnahme dokumentiert war; obwohl es für eine saubere Spektralklassifizierung nicht geeignet war, entsprach sein Gesamteindruck dem eines blauen Überriesensterns.

Allerdings, so zeigten hochauflösende Bilder dieser Region vor dem 23. Februar, stand Sanduleak −69.202 nicht völlig allein; vielmehr fand man noch zwei weitere Sterne in seiner unmittelbaren Nachbarschaft, die genauso gut explodiert sein konnten. Ob einer von ihnen ein Roter Riese war? Oder hatte man vielleicht sogar einen vierten Stern völlig übersehen, dessen Position noch enger mit der von Sanduleak −69.202 zusammenfiel?

Leider trog diese Hoffnung: Der weiter entfernte »Nachbar« erwies sich auf den alten Aufnahmen als eher noch blauer, während die Natur des anderen Sterns nicht eindeutig geklärt werden konnte, da er zu nahe an dem »Hauptstern« stand und von ihm überstrahlt wurde.

Eine rasche Klärung erhoffte man sich vom International Ultraviolet Explorer; er hatte schon geholfen, die Temperaturabnahme der expandierenden Gasmassen während der ersten Tage nach der Explosion zu verfolgen. Als er am 1. März 1987 erneut auf die Position der Supernova in der Großen Magellanschen Wolke ausgerichtet wurde, registrierten seine Detektoren zwei Spektren, darunter auch das eines Blauen Überriesen. Zunächst ließ dies die Vermutung zu, daß Sanduleak −69.202, der vermeintliche Vorläuferstern, doch noch existierte und statt seiner der eng benachbarte »Stern 3« als Supernova explodiert war. Eine präzisere Messung der Sternhelligkeiten Mitte April ergab dann jedoch, daß der übriggebliebene Blaue Überriese rund drei Größenklassen schwächer erschien als Sanduleak −69.202; offenbar hatte man die UV-Strahlung der Sterne 2 und 3 registriert, während Stern 1 wirklich zu existieren aufgehört hatte.

Damit war zwar eine Unklarheit endgültig beseitigt: Die Astronomen waren Zeugen der Supernova-Explosion eines Blauen Überriesen geworden. Doch mit dieser Gewißheit wuchs der Druck auf die Theoretiker, den frühen Tod eines Blauen

Überriesen zu erklären. Was mochte dazu geführt haben, daß dort, in einer Entfernung von 170 000 Lichtjahren, ein solcher Stern einen nach klassischem Verständnis viel zu frühen Tod gefunden hatte?

Das Rätselraten der Astronomen dauerte rund zwei Monate, ehe der Amerikaner Dave Arnett von der University of Chicago eine – wie es schien – rettende Idee hatte. Arnett wies darauf hin, daß der Stoff, aus dem die Sterne in der Großen Magellanschen Wolke entstehen, etwas anders zusammengesetzt ist als in einer Spiralgalaxie wie unserer Milchstraße. Das hängt mit der Entwicklung dieses Systems zusammen, die offenbar sehr viel langsamer abgelaufen ist als bei einer Spiralgalaxie. Die Große Magellansche Wolke gehört nämlich zu den sogenannten irregulären Galaxien, jenen Systemen, die im Gegensatz zu den elliptischen Galaxien und den Spiralgalaxien keine klare Strukturierung erkennen lassen.

Als Maß für das »Entwicklungstempo« einer Galaxie gilt unter anderem der Gehalt an interstellarem Gas und Staub. Spiralgalaxien wie unsere Milchstraße, die eine Kernregion aus alten Sternen und eine flache Scheibe mit eingelagerten, von sehr jungen Sternen bevölkerten Spiralarmen besitzen, enthalten in diesen Spiralarmen auch große Mengen an interstellarem Gas und Staub, die etwa 10 Prozent der Gesamtmasse ausmachen. Elliptische Systeme dagegen zeigen keine solche altersspezifische Struktur: Ihre Sterne sind alle etwa gleich alt (so alt wie die Sterne in der Kernregion einer Spiralgalaxie); dafür findet man in solchen Systemen so gut wie gar keine interstellare Materie.

Bei ihnen ist der Prozeß der Sternentstehung in einer sehr frühen Entwicklungsphase offenbar sehr rasch abgelaufen, so daß binnen kurzer Zeit die gesamte interstellare Materie zu vergleichsweise massearmen Sternen kontrahierte; weil aber die Protogalaxie zu diesem Zeitpunkt noch eine im wesentlichen sphärische Gestalt besaß, erfüllten auch die fertigen Sterne einen solchermaßen sphärischen Raumbereich.

In Spiralgalaxien dagegen vollzog sich der Prozeß der Sternentstehung viel langsamer und kam erst so richtig in Schwung, als die kontrahierende Protogalaxie sich durch die zunehmende Rotationsgeschwindigkeit bereits merklich abgeplattet und eine galaktische Scheibe gebildet hatte. Hier konzentrierte sich der größte Teil der interstellaren Materie und ermöglichte so die Entstehung auch sehr massereicher Sterne, die dann nach vergleichsweise kurzer Zeit als Supernovae explodierten und so zu einer Anreicherung mit schwereren Elementen führten.

Irreguläre Galaxien schließlich sind gewöhnlich sehr massearm im Vergleich zu den elliptischen Systemen oder den Spiralgalaxien (die Große Magellansche Wolke zum Beispiel umfaßt etwa 20 Milliarden Sonnenmassen oder ein Zehntel der Masse unserer Galaxis). Das reicht nicht für eine rasche Kontraktion, so daß ein solches System auch noch keine innere Struktur entwickeln konnte. Und weil unter solchen Voraussetzungen die Sternentwicklung kaum in Gang kommen konnte, findet man zum einen bis zu 50 Prozent und mehr Materie noch in Form von interstellarem Gas und Staub und registriert zum anderen einen deutlich geringeren Gehalt an schwereren Elementen – die langsame Sternentstehungsrate führte zu nur wenigen Supernovae, die diese schwereren Atome jenseits des Heliums produzieren und freisetzen konnten.

Während der Metallgehalt im interstellaren Gas unserer Galaxis etwa 2 Prozent ausmacht, liegt er für die Materie innerhalb der Großen Magellanschen Wolke bei 0,5 Prozent oder einem Viertel des bei uns üblichen Wertes.

Von diesem Metallgehalt hängt im Prinzip die Durchlässigkeit der äußeren Sternschichten für die im Inneren produzierte Strahlungsenergie ab: Je geringer die »Verschmutzung«, desto leichter kann die Energie nach außen dringen, und desto weniger stark muß sich der Stern unter dem Strahlungsdruck von innen aufblähen; ein kleinerer Radius aber läßt den Stern bei gleicher Energieproduktion heißer (und blauer) erscheinen.

Während Arnett jedoch zusammen mit einigen anderen Theoretikern vermutete, der Stern Sanduleak −69.202 sei schon bald nach dem Verlassen der Hauptreihe als Blauer Überriese explodiert, glaubten andere, daß er eine wechselvollere Geschichte einschließlich des Rote-Riese-Stadiums durchlebt haben müsse. In diesem zweiten Fall, der also von einem Farbwechsel »blau-rot-blau« ausgeht, wird allerdings ein beachtlicher Materieverlust während der roten Phase unterstellt, der

etwa die Hälfte der Sternmasse davontrug – ein kosmischer Striptease gewissermaßen, bei dem die Hülle des Roten Überriesen abgestreift und der heiße, blaue Kern
freigelegt wurde.

Asimov hat die verschiedenen Wege beschrieben, auf denen ein Stern Materie an
seine Umgebung verlieren kann. In diesem Fall kommt wohl nur ein mehr oder
minder starker Sternwind in Frage, ähnlich dem, den wir derzeit bei Beteigeuze
beobachten, ein Sternwind, der alle paar hunderttausend Jahre eine Sonnenmasse
davonträgt.

Modellrechnungen mit Hochleistungsrechnern haben gezeigt, daß eine solch
wechselvolle Geschichte durchaus möglich ist. Geht man etwa von einem Stern mit
20 Sonnenmassen und der für die Große Magellansche Wolke typischen Element-
verteilung aus, so beobachtet man während der ersten neun Millionen Jahre einen
normalen Hauptreihenstern, der allerdings aufgrund seiner im Vergleich zur Sonne
wesentlich größeren Masse deutlich heißer und damit heller als jene ist: Seine
Oberflächentemperatur liegt bei etwa 35 000 Grad, und er strahlt einige zehntausendmal heller als die Sonne; sein Durchmesser dagegen übertrifft den der Sonne
nur um rund das Fünffache (Mintaka, der rechte der drei Gürtelsterne des Orion,
präsentiert sich heute in einer vergleichbaren Form). Während dieser Zeit wird der
gesamte Wasserstoffgehalt im Kernbereich des Sterns in Helium umgewandelt.

Nach etwa 9,7 Millionen Jahren setzt das Heliumbrennen ein, bei dem schwerere
Atomkerne entstehen. Damit steigt im Zentrum die Temperatur an, und der Druck
aus dem Innern wächst, so daß sich der Stern aufblähen und dabei an der Oberfläche abkühlen muß: Etwa 300 000 Jahre nach dem Beginn des Heliumbrennens
erscheint er als Roter Überriese mit einer Oberflächentemperatur von etwa 4 000
Grad und einem Radius von rund 600 Sonnenradien.

Innerhalb dieser ersten 300 000 Jahre hat der Stern durch den nun einsetzenden
stärkeren Sternwind bereits anderthalb Sonnenmassen verloren, doch der Wind
»frischt noch auf«: Während der nächsten 300 000 Jahre treiben zwei Sonnenmassen davon, und nach einer Million Jahre sind insgesamt sechs Sonnenmassen abgeströmt. Der Stern ist jetzt etwa 10,8 Millionen Jahre alt.

Allmählich geht auch der Heliumvorrat zur Neige, so daß sich der Stern nach einer neuen Energiequelle umsehen muß. In Frage kommt nur der Kohlenstoff, der während des Heliumbrennens als »Asche« zurückgeblieben ist: Er wird jetzt zu Sauerstoff, Neon und anderen schwereren Elementen verschmolzen. Die Folge ist eine Temperaturerhöhung, die das äußere Erscheinungsbild des Sterns erneut verändert: Während dieser letzten Entwicklungsphase präsentiert er sich als Blauer Überriese mit einer Oberflächentemperatur von etwa 16 000 Grad und vielleicht 30- bis 40fachem Sonnendurchmesser.

Soweit die Theorie. Aber gibt es eine Möglichkeit, diese aus einem Rechenmodell rekonstruierte Geschichte des Sterns auch zu beweisen? Wie kann man herausfinden, ob Sanduleak −69.202 wirklich das Zwischenstadium des Roten Riesen durchlebt hat, anstatt gleich als Blauer Überriese zu explodieren?

Wenn von einem Stern Materie in größeren Mengen an die Umgebung abströmt, dann kann sich dieses Material nicht einfach in Nichts auflösen. Mit anderen Worten: Die etwa zehn Sonnenmassen, die der Stern während der letzten anderthalb Millionen Jahre vor dem Supernova-Ausbruch verloren hat, müssen sich noch in seiner Nähe befinden. Kann diese Materie eventuell nachgewiesen werden?

Auf den ersten Blick erscheint die Chance hierfür ziemlich gering. Eine Abschätzung ergibt, daß die »Sternwindschale« mittlerweile einen Radius von etwa 75 Lichtjahren erreicht haben sollte; so weit jedenfalls müssen sich die ersten Ausläufer bei einer Abströmgeschwindigkeit von etwa 15 Kilometer pro Sekunde nach 1,5 Millionen Jahren vom Stern entfernt haben.

Zehn Sonnenmassen, »verdünnt« auf eine Kugel von 75 Lichtjahren Radius, geben nicht viel her. Zwar hat sich die Materie nicht gleichmäßig auf diesen Raum verteilt, sondern muß näher zum Stern hin noch weit dichter sein als am Außenrand, doch selbst dann erhält man für den zentralen Bereich eine mittlere Dichte von je 18 Milliarden Protonen und Elektronen pro Kubikzentimeter – vorausgesetzt, der Sternwind ist noch nicht »eingeschlafen«. Liegt das Ende des Sternwindes dagegen schon länger zurück, so nimmt auch dieser obere Grenzwert für die

Teilchendichte weiter ab – nach bloß 10 000 Jahren zum Beispiel auf nur noch einige Dutzend Teilchen pro Kubikzentimeter. Die Chancen für einen Nachweis dieses möglichen Rote-Riesen-Sternwindes hingen also ganz entscheidend davon ab, wie lange der Stern im Anschluß an dieses Rote-Riese-Stadium noch als Blauer Überriese existierte, ehe er als Supernova aufblitzte.

Knapp ein Jahr nach dem Supernova-Ausbruch registrierten Astronomen der Europäischen Südsternwarte mit dem 3,60-Meter-Teleskop und einem hochauflösenden Spektrografen auffallend starke und zugleich sehr schmale Spektrallinien der Elemente Sauerstoff, Wasserstoff und Helium, die nicht zu dem übrigen Spektrum des Supernova-Überrestes paßten. Da bei solchen Spektralbeobachtungen weit entfernter Objekte stets die gesamte Strahlungsquelle erfaßt wird, hinterlassen alle Materieströmungen innerhalb der Quelle ihre Spur im Spektrum: Die Strahlung jener Atome, die sich auf uns zu bewegen, erscheint dann aufgrund des Doppler-Effekts entsprechend der Geschwindigkeit blauverschoben, die Strahlung von sich entfernenden Atomen dagegen rotverschoben. Damit liefert die Breite der Spektrallinien einen Hinweis auf die Bewegungsverhältnisse innerhalb der Strahlungsquelle.

Die daraus abgeleitete Geschwindigkeit des beobachteten Gases liegt in der Größenordnung von 15 Kilometer pro Sekunde, und aus der Intensität der einzelnen Spektrallinien konnte man eine Temperatur von rund 55 000 Grad ermitteln. Schließlich gelang es, auch noch den Radius dieser Gashülle zu bestimmen: Er beträgt etwa ein Lichtjahr.

Ist dies nun der Rest des Rote-Riesen-Sternwindes, oder handelt es sich um eine isolierte, von heißen Sternen zum Leuchten angeregte Wasserstoffregion in der Großen Magellanschen Wolke, die lediglich in derselben Blickrichtung wie die Supernova liegt?

Gegen die zweite Deutungsmöglichkeit spricht vor allem die hohe Temperatur. Leuchtende Wasserstoffwolken sind in der Regel nur etwa 9 000 bis 10 000 Grad heiß. Darüber hinaus fällt die Rotverschiebung der Spektrallinien sehr genau mit der Rotverschiebung der Supernova zusammen: Die Gaswolke und der Supernova-Überrest entfernen sich beide mit einer Geschwindigkeit von etwa 285 Kilometer pro Sekunde von uns.

In den Spektren des bereits erwähnten IUE-Satelliten fand man ebenfalls sehr schmale Linien der Elemente Helium, Kohlenstoff, Stickstoff und Sauerstoff; auch sie weisen eine Rotverschiebung auf, die einer Relativgeschwindigkeit von rund 285 Kilometer pro Sekunde entspricht. Da die mit dem IUE-Satelliten beobachteten Gasmassen darüber hinaus auffallend viel Stickstoff, dafür aber weniger Kohlenstoff und Sauerstoff enthalten, kann es eigentlich kaum Zweifel geben, daß es sich wirklich um den inneren (und damit letzten) Teil des Sternwindes eines Roten Riesen handelt.

Allerdings gibt es auch Argumente, die auf den ersten Blick gegen diese Deutung sprechen. So läßt sich aus dem Intensitätsverhältnis zweier Linien des gleichen Elementes ein Wert für die Dichte der Elektronen ableiten: Sie liegt bei etwas 30 000 pro Kubikzentimeter. In einer Entfernung von einem Lichtjahr sollte die Elektronendichte des Sternwindes dagegen auf einige Dutzend pro Kubikzentimeter abgenommen haben. Erklärt werden müßte auch die für einen Tausende von Jahren alten Sternwind überraschend hohe Temperatur von 55 000 Grad.

Aber vielleicht gibt es doch einen Mechanismus, der die Dichte des Rote-Riesen-Sternwindes nachträglich erhöht.

Eine solche Möglichkeit existiert tatsächlich. Wenn der Rote Überriese zu einem Blauen Überriesen wird, hört der Sternwind ja nicht etwa auf. Im Gegenteil! Von der dann wieder viel heißeren Sternoberfläche kann eine wenngleich weniger dichte Strömung mit sehr viel größerer Geschwindigkeit ausgehen.

Dieser Sternwind eines heißen, blauen Überriesen »bläst« mit einer typischen Geschwindigkeit von etwa 1000 km/s (und damit rund 100mal schneller als der des Roten Überriesen); entsprechend dringt er gewissermaßen mit Überschallgeschwindigkeit von innen gegen den langsameren Sternwind des Roten Riesen vor, wird gebremst und türmt die Materie des Rote-Riesen-Sternwindes ähnlich wie ein Schneepflug vor sich auf, wodurch die Teilchendichte beträchtlich erhöht wird; Werte von einigen zehntausend Teilchen pro Kubikzentimeter sind auf diese Weise durchaus zu erzielen. Wenn wir nun auch noch die Temperaturerhöhung erklären können, gibt es eigentlich keinen Zweifel mehr daran, dort wirklich den innersten Teil des Rote-Riesen-Sternwindes gefunden zu haben.

Hier kommt uns der sehr energiereiche Lichtblitz der Supernova zu Hilfe, der einen hohen Anteil an Ultraviolettstrahlung enthält. Solche UV-Strahlung heißer Sterne reicht zum Beispiel aus, um interstellaren Wasserstoff in weitem Umkreis zum Leuchten anzuregen – planetarische Nebel, aber auch die ausgedehnten leuchtenden Gasnebel wie etwa den Orionnebel.

All diese Indizien zusammen sollten für die Rekonstruktion der letzten Entwicklungsphase des Sterns Sanduleak –69.202 ausreichen: Der Blaue Überriese, der vor rund 170 000 Jahren in der Großen Magellanschen Wolke explodierte, muß nach allem, was wir wissen, zuvor das Stadium eines Roten Riesen durchlebt und dabei soviel Materie verloren haben, daß am Ende die ganze Sternhülle abgeströmt und der innere, heißere Sternteil freigelegt war.

Man kann sogar abschätzen, wann sich der Übergang vom Roten Riesen zum Blauen Überriesen vollzogen hat. Geht man davon aus, daß der »Schneepflug« an der Grenze zwischen »rotem« und »blauem« Sternwind mit einer Geschwindigkeit von etwa 50 Kilometer pro Sekunde vorankommt, so schafft er die Strecke von einem Lichtjahr (den Radius der beobachteten Gaswolke) in rund 5 000 Jahren. Viel länger kann daher der schnelle Wind des Blauen Überriesen noch nicht wehen.

Die Suche nach dem Pulsar
von Hermann-Michael Hahn

Knapp drei Monate nach dem Ausbruch erreichte Supernova 1987A ihr Helligkeitsmaximum. Sie leuchtete jetzt wie ein Stern der zweiten Größenklasse und hatte damit ihre Leuchtkraft gegenüber dem Zustand vor der Explosion um knapp das Zehntausendfache erhöht – trotz allem eine für Typ-II-Supernovae vergleichsweise geringe Helligkeitszunahme. Anschließend ging die Helligkeit ziemlich gleichförmig wieder zurück und sank Ende November 1987 unter die sechste Größenklasse ab, so daß das Objekt nicht länger mit bloßem Auge beobachtet werden konnte.

Die Helligkeitsabnahme entsprach in ihrem zeitlichen Verlauf der nachlassenden Intensität radioaktiver Strahlung des Elementes Kobalt-56, das mit einer Halbwertszeit von 78 Tagen zerfällt; das radioaktive Kobalt-56 seinerseits war aus dem Zerfall von radioaktivem Nickel-56 mit seiner Halbwertszeit von rund 6 Tagen entstanden. Die dabei freiwerdende sehr energiereiche Gammastrahlung wurde im Innern der Explosionswolke durch den Zusammenstoß mit den Partikeln so weit »abgeschwächt«, daß sie schließlich auch als sichtbares Licht beobachtet werden konnte.

Sechs Wochen nach der Supernova-Explosion wurde im Rahmen eines europäisch-sowjetischen Gemeinschaftsexperimentes eine bundesdeutsche HEXE in den Weltraum geschossen; hinter diesem beziehungsreichen Kürzel verbarg sich allerdings keine Reverenz an den Aberglauben, sondern ein Beispiel modernster bundesdeutscher Raumfahrttechnik im Dienste der Wissenschaft: das High Energy X-Ray Experiment, ein Detektor zum Nachweis hochenergetischer Röntgenstrahlung.

HEXE war eine von vier Apparaturen zur Beobachtung der kosmischen Röntgenstrahlung, die an Bord der sowjetischen Raumstation Mir zum Einsatz kamen. Das Gerät, mit einer Auffangfläche von 800 Quadratzentimeter der bislang größte Detektor seiner Art, kann Röntgenstrahlung mit Wellenlängen zwischen 5 und

80 Milliardstel Millimeter registrieren. Der Start, der schon lange im voraus geplant war, kam den Wissenschaftlern äußerst gelegen, denn nun konnten sie sofort mit der Suche nach einer möglichen Röntgenstrahlung der Supernova beginnen.

Es dauerte jedoch noch bis zum Herbst 1987, ehe eine solche Röntgenstrahlung gefunden wurde. Auch sie war nach Ansicht von Professor Joachim Trümper vom Max-Planck-Institut für Extraterrestrische Physik in Garching ein Nebenprodukt der Gammastrahlung aus dem Zerfall von radioaktivem Kobalt. Die allmähliche Abnahme der Röntgenintensität, die Hand in Hand mit dem Verblassen im sichtbaren Bereich verlief, ermöglichte sogar eine Mengenbestimmung für diese Atomsorte: etwa 2 Zehntausendstel Sonnenmassen oder knapp 70 Erdmassen an Kobalt-56 waren damals entstanden, von denen nach acht Monaten aber fast 90 Prozent bereits wieder zu Eisen zerfallen waren.

Unterdessen warteten die Astronomen ungeduldig darauf, daß die expandierenden Gasmassen durchsichtig genug wurden, um einen Blick auf das Zentrum der Explosion zu erlauben. Immerhin sollte man dort den Überrest jenes Sterns finden, der als Supernova explodiert war. Hatte sich tatsächlich ein Neutronenstern gebildet, und wenn ja, würde man seine Strahlungspulse empfangen können? Wie schnell würde er sich um seine Achse drehen, und wieviel Energie würde er in Form von Strahlung aussenden? Oder war vielleicht doch ein Schwarzes Loch entstanden, wie manche Forscher aufgrund des möglichen zweiten Neutrinoschauers vom 23. Februar 1987 vermutet hatten?

Statt nach innen wurden die Blicke der Astronomen jedoch zunächst einmal nach außen gelenkt: Gegen Ende des Jahres 1987 tauchten plötzlich sogenannte Lichtechos auf, ringförmige Strukturen, die offenbar durch Reflexion des Supernova-Blitzes an interstellaren Gas- und Staubwolken hervorgerufen wurden.

Damit bot die Supernova 1987A eine willkommene Gelegenheit, den Raum zwischen dem Ort der Sternexplosion und der Erde mit einer zuvor unbekannten Detailfülle zu erkunden; immerhin leuchtete sie wie ein riesiger Suchscheinwerfer den Raum zwischen sich und uns aus, so daß die Astronomen auch zuvor unsichtbare, weil dunkle Materie, erkennen konnten. Und so, wie man Staubteilchen in der Luft oder auf einem vermeintlich blank polierten Möbelstück im Gegenlicht besonders gut erkennen kann, machte sich auch diese interstellare Materie in der Umgebung der Supernova bemerkbar – in Form der Lichtechos eben.

Gleich zwei solcher Lichtreflexe konnten Astronomen ein Jahr nach dem Supernova-Ausbruch mit dem 3,60-Meter-Spiegel der Europäischen Südsternwarte auf La Silla fotografieren. Dies erscheint auf den ersten Blick ebenso überraschend wie das kreisrunde Aussehen der Lichtechos und die aus den Beobachtungsdaten errechneten Distanzen zur Supernova, doch gibt es für alles ganz einleuchtende Erklärungen.

Als die Supernova hochging, breitete sich vom Ort des Geschehens ein Lichtblitz kugelschalenförmig in alle Richtungen aus. Nach etwa 170 000 Lichtjahren raste diese Kugelschale über die Erde hinweg, wurden wir späte Zeugen dieses Sterntodes in rund 170 000 Lichtjahren Distanz. Auf dem Weg nach draußen traf der Lichtblitz aber auch auf interstellare Gas- und Staubwolken, die einen Teil des Lichts in unsere Richtung reflektierten. Dieses Licht gelangt also erst auf Umwegen zu uns und braucht entsprechend länger – im Falle der im Februar 1988 beobachteten Lichtechos eben rund ein Jahr mehr. Sein Weg muß um etwa ein Lichtjahr weiter gewesen sein als der direkte Weg zu uns.

Das ringförmige Aussehen ergibt sich dann zwingend. Der Umweg ist ja nicht nur in einer bestimmten Richtung ein Lichtjahr länger, sondern in alle Richtungen rund um die direkte Verbindung Supernova-Erde – aus dem gleichen Grund erscheint der Regenbogen oder ein Halo um Sonne oder Mond kreisrund.

Für die Erklärung gleich mehrerer, gleichzeitig auftretender Lichtechos müssen wir etwas weiter ausholen. Wenn ein Gärtner ein elliptisches Blumenbeet anlegen soll, rammt er zwei Pfähle in den Boden und verbindet sie mit einer Schnur, die länger als der doppelte Abstand zwischen beiden Pfählen ist; die beiden Enden der Schnur werden zusammengeknotet. Dann spannt er die Schnur und führt sie um die Pfähle herum – so entsteht eine Kurve, deren Punkte von beiden Pfählen zusammen jeweils gleich weit entfernt sind.

Wenn nun das Licht der Supernova in verschiedenen Richtungen nach unter-

schiedlichen Entfernungen auf reflektierende Materie trifft, können die räumlichen Verhältnisse durchaus dazu führen, daß die Lichtechos gleichzeitig bei uns ankommen. Aus dieser Überlegung gewinnt man aus den Radien der Lichtechos vom Februar 1988 für die Abstände der interstellaren Wolken zur Supernova Distanzen von rund 400 beziehungsweise 1000 Lichtjahren. Eine solch große Entfernung mag im ersten Augenblick überraschen, denn wie sollte der Lichtblitz der Supernova nach nur einem Jahr gleichzeitig eine 400 und eine 1000 Lichtjahre entfernte Gaswolke erreichen können, wenn es doch in einem Jahr nur ein Lichtjahr zurücklegen kann. (Genau dies ist ja die Definition für die Entfernung von einem Lichtjahr: die Strecke, die das Licht bei seiner Geschwindigkeit von 300000 Kilometer pro Sekunde, innerhalb von einem Jahr zurücklegt.)
Hat sich das Licht in diesem Fall also schneller als mit Lichtgeschwindigkeit ausgebreitet, noch dazu mit zwei verschiedenen Geschwindigkeiten? Natürlich nicht – Albert Einstein behält auch nach der Supernova 1987 A recht mit seiner Behauptung, daß sich das Licht im Vakuum des Weltalls mit konstanter Geschwindigkeit ausbreitet, mit Lichtgeschwindigkeit eben. Der Umweg, den die Lichtstrahlen von der Supernova über die Lichtechos bis zu uns genommen haben, ist in beiden Fällen jeweils nur ein Lichtjahr länger gewesen als der direkte Weg von der Supernova zu uns, und deshalb leuchteten die beiden Lichtechos in so unterschiedlicher Entfernung zur Supernova »für uns« gleichzeitig auf.
Fast schien es, als sollten die Astronomen auch zwei Jahre nach dem Supernova-Ausbruch noch keinen Hinweis auf die mögliche Existenz eines Pulsars besitzen. Doch dann meldeten amerikanische Astronomen, sie hätten am 18. Januar 1989 mit dem 4-Meter-Spiegel auf dem Cerro Tololo Interamerican Observatory, etwa 100 Kilometer südlich der Europäischen Südsternwarte, Signale von einem extrem rasch rotierenden Neutronenstern registriert.
Die Nachricht wurde am 8. Februar veröffentlicht und schlug unter den Kollegen wie eine Bombe ein. Das Erstaunen der Fachwelt war um so größer, als die von Carl Pennypacker und John Middleditch bekanntgegebenen Daten für den Pulsar allen bisherigen Annahmen über die Frühgeschichte eines Neutronensterns wi-

dersprechen: Immerhin sollte er sich fast zweitausendmal in der Sekunde um seine Achse drehen und darüber hinaus eine Umlaufbewegung mit einer Periode von acht Stunden aufweisen – um einen Schwerpunkt, den er mit einem Objekt von etwa Jupitermasse teilt.

Unmöglich ist eine solch rasche Rotation zwar nicht, weil die Rotationsgeschwindigkeit am Äquator des Pulsars auch dann noch lediglich ein Fünftel bis ein Viertel der Lichtgeschwindigkeit erreichen würde und die Stabilität des Neutronensterns trotz der unvorstellbaren Fliehkräfte noch so eben gewahrt bliebe – unglaublich war die extreme Rotationsgeschwindigkeit allein deshalb, weil man nicht so recht wußte, wie der kollabierende Stern seine Rotation so sehr beschleunigen konnte. Da gibt es zwar den berühmten Pirouetteneffekt, der bei jeder Eisläuferin zu beobachten ist, wenn sie ihre Arme an den Körper legt, um die Drehgeschwindigkeit zu erhöhen. Aber wie dieser Pirouetteneffekt, der auf der Erhaltung des Drehimpulses beruht, bei einem kollabierenden Stern funktioniert, ist noch völlig ungeklärt, zumal auch so gut wie gar nichts über das Rotationsverhalten im Innern eines Sterns bekannt ist.

Der Pulsar wäre aber nicht nur aufgrund seiner extrem raschen Rotation ein »explosiver« Fund gewesen, der die so fundiert erschienenen Theorien über die Endphase der Sternentwicklung erschüttert hätte. Wenn er sich wirklich knapp 2 000mal um seine Achse drehte, dann hätte er aufgrund der aus den Messungen abgeleiteten Helligkeit nur über ein vergleichsweise sehr schwaches Magnetfeld verfügen können, tausendfach schwächer als das Magnetfeld, das man bei einem anderen Neutronenstern hatte messen können.

Kein Wunder also, daß andere Astronomen versuchten, diese Messungen durch eigene Beobachtungen bestätigen oder aber (zumindest indirekt) widerlegen zu können.

An der Europäischen Südsternwarte zum Beispiel rüsteten die Techniker innerhalb weniger Tage einen Detektor so um, daß er entsprechend kurze Pulse registrieren konnte, und Mitte Februar wurde dann der 3,60-Meter-Spiegel an zwei Nächten für insgesamt acht Stunden auf den vermeintlichen Pulsar gerichtet. Da der dortige Chefastronom, Jorge Mellnick, an der Messung beteiligt war, fiel es nicht schwer, eine »Sondererlaubnis« für die Beobachtung zu bekommen – die übrigen 12 Kuppeln mußten nämlich wegen zu hoher Luftfeuchte und der Gefahr von Kondenswasser-Niederschlag an den Instrumenten geschlossen bleiben. Die Auswertung der sogleich zum Max-Planck-Institut für Extraterrestrische Forschung in Garching überspielten Daten lieferte jedoch keinen Hinweis auf eine irgendwie gepulste Helligkeitsschwankung, weder bei der von den amerikanischen Astronomen gemeldeten Frequenz von 1968, 629 Hertz noch bei irgendeiner anderen Frequenz bis hinauf zu 5 000 Hertz. Damit konnte die Existenz eines rotierenden Neutronensterns an der Stelle der Supernova 1987A nicht bestätigt werden – zumindest nicht anhand direkt zu beobachtender Lichtpulse. Astronomen des südafrikanischen Observatoriums in Kapstadt glaubten dagegen, zumindest indirekte Anzeichen für die Anwesenheit einer zusätzlichen Energiequelle gefunden zu haben; sie stützten sich dabei auf die Helligkeitsentwicklung der bei der Supernova weggeschleuderten Gasmassen. Während der ersten 400 Tage nach der Supernova-Explosion war die Helligkeit sehr gleichmäßig zurückgegangen, so, wie man es erwarten würde, falls die Energie aus dem radioaktiven Zerfall von Kobalt-56 zu Eisen-56 stammte. Seither nahm die Helligkeit nach Angaben der südafrikanischen Astronomen jedoch langsamer ab, schien eine weitere Energiequelle hinzugekommen zu sein, hinter der sich der gesuchte Pulsar verbarg; da hierfür jedoch auch andere Erklärungen möglich waren (zum Beispiel eines der bereits mehrfach beobachteten »Lichtechos« oder der radioaktive Zerfall von Kobalt-57), blieb die Frage nach der Existenz des Neutronensterns weiterhin offen.

Rätselhaft mußte den Astronomen auch die gemeldete Frequenzdrift erscheinen, die auf eine Umlaufbewegung des Pulsars innerhalb eines »Doppelsternsystems« zurückgeführt wurde – wobei der andere Körper allerdings lediglich rund ein tausendstel Sonnenmasse besitzen sollte und daher mit dem Planeten Jupiter vergleichbar wäre. Da die Drift der Pulsarfrequenz sinusförmig mit einer Periode von etwa acht Stunden erschien, konnte dieses Objekt dann allenfalls 3,3 Millionen Kilometer vom Pulsar entfernt sein (eine Pulsarmasse von drei Sonnenmassen vorausgesetzt); das aber hätte geheißen, daß es sich vor dem Kollaps des Blauen Überriesen Sanduleak −69.202 bereits weit innerhalb des Sterns bewegt haben müßte (der Radius eines Blauen Überriesen wird mit etwa 20 Sonnenradien oder 14 Millionen Kilometer beziffert).

Fiel es schon schwer, sich vorzustellen, wie ein solches Objekt in der zwar dünnen Atmosphäre eines heißen Überriesen bestehen kann, so erschien ein unbeschadetes Überleben der Supernovaexplosion völlig ausgeschlossen. So neigten manche Astronomen dazu, die Qualität dieser Beobachtung in Frage zu stellen; andere schlugen zur »Rettung« der Daten vor, daß sich aus den weggeschleuderten Gasmassen vielleicht ein planetenähnlicher Körper gebildet haben könnte, der nun den angeblichen Pulsar zu einer leicht tänzelnden Umlaufbewegung zwingen konnte.

Wieder andere meinten, die rasche Rotation des Pulsars sei durch nachträgliche Beschleunigung zustande gekommen, etwa als Folge einer kräftigen Materieströmung. Allerdings gingen sie davon aus, daß man an jenem 23. Februar 1987 doch nicht das katastrophale Ende des Blauen Überriesen Sanduleak −69.202 beobachtet habe, sondern die Explosion eines zuvor übersehenen, sehr engen Begleiters, der dann ein Roter Riese gewesen sein könnte (mit dieser Hypothese wollten sie die weiter oben geschilderten Schwierigkeiten umgehen, die Explosion eines Blauen Überriesen zu erklären). Die dann doch »ganz normale« Supernova wäre an dem engen Nachbarstern Sanduleak −69.202 natürlich nicht spurlos vorübergegangen, sondern hätte zum Beispiel einen Teil der äußeren Hülle wegreißen können – Materie, die dann zu dem aus dem Roten Riesen entstandenen Pulsar hinübergeströmt wäre und ihn nachträglich auf die von den amerikanischen Astronomen beobachtete Rotationsperiode beschleunigt hätte.

Die nächsten Monate und Jahre werden zeigen, welche der verschiedenen Hypothesen, die zur Erklärung der Supernova 1987A entwickelt wurden, der Wirklichkeit am nächsten kommt. Mit Sicherheit läßt sich aber schon jetzt sagen, daß diese Supernova in der Großen Magellanschen Wolke die heile Welt der Astronomen empfindlich erschüttert hat.

Register

Isaac Asimov
Die Erforschung der Erde
und des Himmels

Titel der Originalausgabe:
Exploring the earth and the cosmos
Aus dem Amerikanischen von Hermann-Michael Hahn
Gebunden

In diesem Buch erzählt Asimov die abenteuerliche
Geschichte der menschlichen Entdeckungen und For-
schungsphantasien.
Wie kaum ein anderer Autor überschaut er das Wissen seiner Zeit und ordnet es zu einer Reise an die Grenzen des
Raumes, der Zeit, der Materie und der Energie. Die sonst
so spröden Erkenntnisse der Astronomie, Biologie, Geologie und Physik werden zu faszinierenden Einblicken in
ein staunenswertes Universum.

Kiepenheuer & Witsch

ISAAC ASIMOV
AUSSERIRDISCHE ZIVILISATIONEN
Titel der Originalausgabe: *Extraterrestrial Civilisations*
Aus dem Amerikanischen von Hermann-Michael Hahn.
Gebunden

Wieder einmal läßt uns Asimov, ausgerüstet mit den neue-
sten wissenschaftlichen Informationen, einen Blick in die
Tiefe des Weltalls tun, diesmal auf der Suche nach einer
Beantwortung der Frage: Sind wir allein im Weltall?
Sind wir die einzigen intelligenten Lebewesen, die das
Universum auf der Suche nach Leben durchforschen?
Asimov prüft diese Frage, die die Menschheit seit Jahrhunderten beschäftigt, mit unbestechlichem wissenschaftlichen Blick. Er zeigt, daß die Astronomie unserer Tage
diese Frage ganz neu stellt und mit neuen erregenden Details beantwortet.

KIEPENHEUER & WITSCH